U0268162

"十四五"职业教育国家规划教材

变电站综合自动化

主　编　曾　毅　黄亚璇　苏慧平
参　编　程立川
主　审　吕泽承

北京理工大学出版社
BEIJING INSTITUTE OF TECHNOLOGY PRESS

内 容 提 要

本书阐述了变电站综合自动化系统的功能、原理、结构形式及实际应用，介绍了系统的相关设备和应用技术以及具体的操作、运行、维护、测试及常见故障处理等。

全书共分为七个项目，主要内容包括变电站综合自动化系统的组建、线路保护测控柜的安装与运行维护、变压器保护测控屏柜的运行与维护、直流系统的安装与运行维护、系统的数据通信与网络构建、变电站监控系统的运行与操作、变电站综合自动化系统的管理。

本书理论联系实际，图文并茂、通俗易懂、实用性强，可作为高职高专电力技术类专业教材，也可供变电站生产运行维护人员、电力行业相关人员参考使用。

图书在版编目（CIP）数据

变电站综合自动化/曾毅，黄亚璇，苏慧平主编. —北京：北京理工大学出版社，2020.6（2023.7 重印）

ISBN 978 - 7 - 5682 - 8609 - 1

Ⅰ. ①变…　Ⅱ. ①曾…　②黄…　③苏…　Ⅲ. ①变电所－综合自动化系统

Ⅳ. ①TM63

中国版本图书馆 CIP 数据核字（2020）第 107892 号

出版发行 / 北京理工大学出版社有限责任公司

社　　　址 / 北京市海淀区中关村南大街 5 号

邮　　　编 / 100081

电　　　话 / （010）68914775（总编室）

　　　　　（010）82562903（教材售后服务热线）

　　　　　（010）68944723（其他图书服务热线）

网　　　址 / http：//www. bitpress. com. cn

经　　　销 / 全国各地新华书店

印　　　刷 / 三河市天利华印刷装订有限公司

开　　　本 / 787 毫米×1092 毫米　1/16

印　　　张 / 19.5　　　　　　　　　　　　　　责任编辑 / 陈莉华

字　　　数 / 375 千字　　　　　　　　　　　　文案编辑 / 陈莉华

版　　　次 / 2020 年 6 月第 1 版　2023 年 7 月第 4 次印刷　　责任校对 / 周瑞红

定　　　价 / 49.80 元　　　　　　　　　　　　责任印制 / 施胜娟

本书数字资源获取说明

方法一

用微信等手机软件"扫一扫"功能，扫描本书中二维码，直接观看相关知识点视频。

方法二

Step1: 扫描下方二维码，下载安装"微知库"APP。

Step2: 打开"微知库"APP，点击页面中的"电力系统自动化技术"专业。

Step3: 点击"课程中心"选择相应课程。

Step4: 点击"报名"图标，随后图标会变成"学习"，点击"学习"即可使用"微知库"APP进行学习。

安卓客户端

IOS 客户端

前　言

党的二十大报告指出，"坚持把发展经济的着力点放在实体经济上，推进新型工业化，加快建设制造强国、质量强国、网络强国、数字中国。""加快发展数字经济，促进数字经济和实体经济深度融合，打造具有国际竞争力的数字产业集群。"目前，我国电网正向着数字化电网转型升级，以数字化促进电力生产运营的高效管理。具有功能综合化、系统模块化、通讯网络化、管理智能化特征的综合自动化变电站，是对传统变电站二次系统及技术管理的重大变革。变电站综合自动化融合了计算机技术、现代电子技术、网络通信技术，实现对变电站数据的采集与处理、感知变电站设备运行工况、实时监视与控制，达到提高工作效率、安全稳定地变电、送电等目的。

在此背景下，校企双元以典型的110kV变电站综合自动化系统为项目载体，"产教融合、科教融汇"，开发了国家职业教育电力系统自动化技术专业教学资源库课程，同步开发编写工学结合的新形态一体化教材；利用丰富立体、自主建设开发的产教融合教学资源及国家职业教育专业教学资源库课程平台，积极推动电网智能化、数字化转型升级中对"新兴学科、交叉学科的建设"。

按照党中央关于"加快建设网络强国、数字中国"的重大战略部署，结合电力工业数字化转型升级对技术技能人才"知原理、会操作、能运维、会排故、强技能"的要求，本书在项目内容编写设计上，以"精简理论知识、突出生产应用、强化技能训练"为原则，使学习者掌握变电站综合自动化系统工作原理，了解自动化技术在生产实际中的应用，培养学习者的工程思维能力，引导学习者"怀抱梦想又脚踏实地，敢想敢为又善作善成，立志做有理想、敢担当、能吃苦、肯奋斗的新时代好青年，让青春在全面建设社会主义现代化国家的火热实践中绽放绚丽之花。"

本书按变电站综合自动化系统的组成，分模块设计学习项目，主要内容包括变电站综合自动化系统的组建、线路保护测控柜的安装与运行维护、变压器保护测控柜的运行维护、直流系统的安装与运行维护、系统数据通信与网络构建、变电站监控系统的运行与操作、变电站综合自动化系统的管理。

本书融合了变电站综合自动化的基础知识及新设备的现场应用，采用"基础知识＋技能训练"的编写模式，便于教学与自学。内容新颖、实用，图文并茂，配备有可实施的项目任务单，通过任务实施，使学生在教、学、做中内化理论知识，提升岗位技能。

本书由曾毅、黄亚璇、苏慧平主编。其中，项目一、项目三、项目六由广西电力职业技术学院黄亚璇编写，项目二由广西电力职业技术学院曾毅编写，项目四、项目五、项目七由内蒙古机电职业技术学院苏慧平编写，全书由第一主编曾毅统稿，同时对项目任务单进行整体规划与设计。广西电网有限责任公司南宁供电局程立川参与了本书的编写，广西电网有限责任公司电力科学研究院吕泽承主审。

本书编写过程中，编者参考了大量相关著作、文献和技术资料，在此对相关书籍、文献、著作的作者表示深深的感谢和敬意！

由于编者的水平所限，书中不当之处在所难免，诚请读者与专家批评指正。

编　者

目　录

变电站综合自动化系统的组建

 **项目描述**

　　项目一共分为三个学习任务，分别为变电站综合自动化系统的认识、变电站综合自动化系统的结构及变电站综合自动化系统的结构配置。通过三个学习任务的学习，了解变电站综合自动化的现状与发展，理解变电站综合自动化系统的基本功能，理解变电站综合自动化系统的概念，掌握一次与二次设备的功能与作用，掌握变电站综合自动化系统的结构及其配置。能辨识不同变电站综合自动化系统的结构，能归纳分层分布式结构的层及每层针对的设备，能说明不同组屏方式的特点，能对典型的变电站进行综合自动化系统的简单配置，达到初步认知变电站综合自动化系统的目的。

 教学目标

一、知识目标

（1）掌握变电站一次设备与二次设备的功能作用。

（2）理解变电站综合自动化系统的概念。

（3）了解变电站综合自动化系统的不同结构形式。

（4）掌握变电站综合自动化系统的分层分布式结构。

（5）掌握变电站综合自动化系统的结构配置。

（6）了解不同电压等级变电站的综合自动化系统配置特点。

（7）理解变电站综合自动化系统的基本功能。

（8）了解变电站综合自动化系统的发展前景。

二、能力目标

（1）具有辨识变电站综合自动化系统中一次与二次设备的能力。

（2）具备识别不同变电站综合自动化系统结构的能力。

（3）具备归纳变电站综合自动化系统分层分布式结构中每层所配设备的能力。

（4）具备识别间隔层设备的不同组屏方式的能力。

三、素质目标

（1）培养良好的电力安全意识。

（2）培养良好的团队精神和与人沟通的能力。

教学环境

建议在配置变电站综合自动化系统的实训室展开，便于"教、学、做"一体化教学模式的具体实施。实训室配置一套完整的变电站综合自动化系统、学生使用的监控主机、教师使用的多媒体设备等。

任务一 变电站综合自动化系统的认识

教学目标

1. 知识目标
（1）了解变电站综合自动化系统的发展与前景。
（2）理解变电站综合自动化系统的定义。
（3）理解变电站综合自动化系统的基本功能。
（4）掌握变电站综合自动化系统的一次设备与二次设备。
2. 能力目标
（1）具备辨识变电站的一次设备与二次设备及其作用的能力。
（2）具备识别变电站综合自动化系统的功能的能力。
3. 素质目标
（1）培养良好的沟通交流及与人协作的能力。
（2）培养良好的电力安全意识。

一、变电站及其发展

变电站是电力系统的重要组成部分，电力网是由变电站（所）和不同电压等级输电线路组成的网络。而电力系统是由发电机、变压器、输电线路及用电设备（或发电厂、变电所、输配电线路及用户），按照一定的规律连接而成的统一整体。动力系统是在电力系统的基础上，把发电厂的动力部分（如火力发电厂的锅炉、汽轮机和水力发电厂的水库、水轮机以及核动力发电厂的反应堆等）包含在内的系统，如图 1-1 所示。

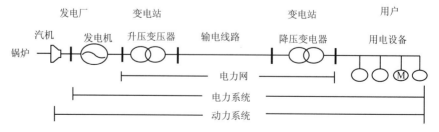

图 1-1 电力系统示意简图

1. 变电站概述

变电站是电力系统中进行电压等级的变换、接收和分配电能、控制电力的流向和调整电压的电力场所。在发电厂内的变电站是升压变电站,其作用是将发电机发出的电能升压后馈送到高压电网中。

变电站的构成,从电气技术的角度来说,是由一次与二次设备组成的。从工程和实践的角度来说,变电站的主要组成部分如下。

(1) 主控室。

(2) 室外土建,包括设备框架、设备基础、站区道路、电缆沟。

(3) 一次设备。

(4) 二次设备。

(5) 电源系统。

(6) 通信系统,包括通信设备、配线架。

(7) 环境系统,包括火灾自动报警、图像监视等。

2. 变电站的分类

(1) 变电站按电压等级划分,可分为 110 kV 变电站、220 kV 变电站、500 kV 变电站等。

(2) 变电站按作用与地位划分,可分为中枢(枢纽)变电站、中间(区域)变电站、终端变电站等。

(3) 变电站按变压划分,可分为升压变电站、降压变电站。

(4) 变电站按规模划分,可分为大型变电站、中型变电站、小型变电站、箱式变电站等,如图 1-2 (a) ~ (d) 所示。

(a)

(b)

图 1-2 不同规模的变电站

(a) 某 1 000 kV 变电站局部;(b) 某 220 kV 变电站局部

(c) (d)

图 1-2 不同规模的变电站（续）

(c) 某 110 kV 变电站；(d) 某 10 kV 箱式变电站

电压等级与变压器容量是变电站的两个主要指标，电压等级决定了该变电站在电网中的地位，变压器容量决定了该变电站的电能变换能力。

3. 变电站的发展

从第一个真正意义上的电力系统建立开始，就出现了变电站，变电站作为电力系统中不可缺少的部分，与电力系统共同发展了 100 多年。在这 100 多年的发展历程中，变电站在建造场地、电压等级、设备情况等方面都发生了巨大的变化。

在变电站的建造场地上，由原来的全部敞开式户外变电站，逐步出现了户内变电站和一些地下变电站，变电站的占地面积相比原来的敞开式户外变电站缩小了很多。

在电压等级上，随着电力技术的发展，由原来以少量 110 kV 和 220 kV 变电站为枢纽变电站，由 35 kV 变电站为终端变电站的小电网输送模式，逐步发展成以特高压 1 000 kV 变电站和 500 kV 变电站为枢纽变电站，220 kV 或者 110 kV 变电站为终端变电站的大电网输送模式。

在电气设备方面，一次设备由原来敞开式的户外设备为主，逐步发展到全封闭气体组合电器（GIS）和半封闭气体组合电器（HGIS）；二次设备由早期的晶体管和集成电路保护发展到微机保护。

二、变电站综合自动化系统的概述

变电站综合自动化系统是利用先进的计算机通信技术、现代电子技术、继电保护技术和信息处理技术等，通过变电站二次设备的功能组合、优化设计，实现对变电站电气设备的运行情况进行监视、测量、控制、调整以及与调度通信的一种综合性的自动化系统。因此，变电站综合自动化系统是一次设备与二次设备以及计算机通信设备的有机组合。下面对变电站的一次设备与二次设备的功能作用进行简要阐述。

1. 变电站的一次电气设备及其作用

变电站的一次设备是指直接参与电能的输送、分配及使用的电气设备，主要包括电力变压器、电压互感器、电流互感器、高压断路器、隔离开关、接地开关（接地刀闸）、电抗器、高压电容器、高压熔断器、避雷装置、母线等。

（1）电力变压器。电力变压器利用电磁感应原理，实现电能的转换与传输分配。变压器按用途分，可分为升压、联络、降压变压器；按相数分可分为单相变压器、三相变压器；按绕组分可分为双绕组变压器、三绕组变压器。

变压器的文字符号为 B 或者 T，图形符号见表 1-1。

（2）电压互感器。电压互感器的作用是将高电压转换为低电压，一次绕组与被测量电路并联，二次绕组与测量仪表或继电器等电压线圈并联。电压互感器相当于空载运行的降压变压器。按绝缘方式可分为干式、浇注式、油浸式电压互感器；按绕组数可分为双绕组、三绕组、四绕组电压互感器；按结构原理可分为电磁式和电容式电压互感器。

电压互感器的文字符号为 PT 或 TV，其图形符号见表 1-1。

（3）电流互感器。电流互感器的作用是将大电流转换为小电流，其一次绕组串联在被测电路中，二次绕组匝数较多，与测量仪表和继电器等电流线圈串联使用。正常运行时，电流互感器二次绕组所串接的测量仪表和保护装置的电流线圈阻抗很小，所以电流互感器是在接近于短路的状态下工作。

电流互感器的文字符号为 CT 或 TA，其图形符号见表 1-1。

（4）高压断路器。高压断路器是在规定的时间内关合、承载和开断规定的异常电流的开关电器，它具有两方面的作用，一是控制作用，二是保护作用。高压断路器具有专门的灭弧装置，它按灭弧介质来分，分为油断路器、压缩空气断路器、真空断路器、SF_6 断路器等。

高压断路器的文字符号为 QF，图形符号见表 1-1。

（5）隔离开关。隔离开关没有专门的灭弧装置，不能开断负荷电流和短路电流，但在分闸状态可以形成明显的断开点。隔离开关按所配操动机构可分为手动式、电动式、气动式、液压式；按支柱绝缘子数目可分为单柱式、双柱式和三柱式。

隔离开关的文字符号为 QS，图形符号见表 1-1。

（6）接地开关（刀闸）。接地开关（刀闸）的主要作用是保护工作人员在检修状态时的人身安全。它可以独立安装，也可以与隔离开关一起安装。

接地开关（刀闸）的文字符号为 QE 或 QG，其图形符号见表 1-1。

（7）电抗器。电抗器具有限流和滤波作用。按结构，将导线绕成螺线管形式，构成了空心电抗器；为了让螺线管具有更大的电感，便在螺线管中插入铁芯，称为铁芯电抗器。按用途来分可分为并联电抗器、限流电抗器、滤波电抗器、消弧电抗器（消弧线圈）、通信电抗器。串联电抗器与电容器串联可以限制电网中的高次谐波，还可降低电容器组的涌流倍数和涌流频率，保护电容器组。并联电抗器可以补偿容性无功，调整运行电压，提高运行的可靠性。

电抗器的文字符号为 L 或 LC，其图形符号见表 1-1。

（8）高压电容器。电容器在调谐、旁路、耦合、滤波等电路中起着重要的作用。电容器可以并联或串联的方式连接在线路中。电容器连接在线路中，可以进行无功功率的补偿，提高功率因数。

电容器的文字符号为 C，其图形符号见表 1-1。

（9）高压熔断器。高压熔断器作为线路短路和过电流的保护设备，是应用最普遍的保护器件之一。将熔断器串联于被保护电路中，当被保护电路的电流超过规定值，并经过一定时间后，由熔体自身产生的热量熔断熔体，使电路断开，从而起到保护的作用。

户内式高压熔断器都是限流型熔断器。户外式高压熔断器主要用于输电线路和电力变压器的过负荷与短路保护，按其结构与工作原理可分为跌落式熔断器和支柱式熔断器。

高压熔断器的文字符号为 FU，其图形符号见表 1-1。

（10）母线。母线的主要作用是汇集、传输与分配电能。母线可分为硬母线与软母线，使用的材料可以为铜、铝、铝合金和钢等材料。

母线的文字符号为 WB 或 W，其图形符号见表 1-1。

（11）避雷装置。变电站内的避雷装置主要有避雷器、避雷针、避雷线三种形式。避雷器并联在被保护设备或设施上，正常时装置与地绝缘，当出现雷击过电压时，装置与地由绝缘变成导通，并击穿放电，将雷电流或过电压引入大地，起到保护作用。过电压终止后，避雷装置迅速恢复高阻绝缘状态，保持正常。避雷器主要用来保护电力设备和电力线路，也用作防止高电压侵入室内的安全措施。避雷器有保护间隙、管型避雷器、阀型避雷器和氧化锌避雷器等。

避雷器的文字符号为 F，图形符号见表 1-1。保护间隙的文字符号为 F，图形符号见表 1-1。

表 1-1　常用高压电气设备简表

序号	设备名称	图形符号	文字符号	序号	设备名称	图形符号	文字符号
1	双绕组变压器		T 或 B	7	电力电容器		C
2	三绕组变压器		T 或 B	8	有一个二次绕组的电流互感器		TA 或 CT
3	电抗器		L	9	具有两个二次绕组的电流互感器		TA 或 CT
4	分裂电抗器		L	10	电压互感器		TV 或 PT
5	避雷器		F	11	三绕组电压互感器		TV 或 PT
6	保护间隙		F	12	母线		WB

续表

序号	设备名称	图形符号	文字符号	序号	设备名称	图形符号	文字符号
13	断路器		QF	19	熔断器式负荷开关		Q
14	隔离开关		QS	20	熔断器式隔离开关		Q
15	负荷开关		QL	21	接触器触点		K 或 KM
16	接地刀闸		QG 或 QE	22	电缆终端头		W 或 WC
17	熔断器		FU	23	输电线路		WL 或 L
18	跌落式熔断器		FU	24	接地		

2. 变电站内的二次设备

电力系统的安全稳定运行，除了一次设备以外，还需要配置对一次设备进行保护、测量、监视、控制的装置设备，以确保供电质量与运行的可靠性。二次设备是指对一次设备的工作进行监测、控制、调节、保护以及为运行、维护人员提供运行工况或生产指挥信号所需的低压电气设备。目前，随着计算机通信技术及继电保护技术的发展，变电站的二次系统向着数字化与智能化的方向发展。

在变电站中，主要的二次设备有低压熔断器、按钮、指示灯、控制开关、继电器、控制电缆、仪表、信号设备、保护装置、自动装置等，如图1-3所示。一个变电站运行情况的优劣，在很大程度上取决于二次设备的工作性能与二次设备的先进性程度。

图1-3　变电站内的二次设备

三、 变电站综合自动化系统的主要功能

变电站综合自动化系统应具有功能综合化、结构微机化、操作监视屏幕化、运行管理智能化等特征。综合自动化系统的主要功能有以下几个方面。

1. 继电保护功能

继电保护功能是变电站综合自动化系统最基本、最重要的功能，对于保障变电站正常运行有着重要的作用。综合自动化系统不仅要具备常规变电站系统保护及设备保护的功能外，还需独立于监控系统。即当系统网络软硬件发生故障退出运行时，微机继电保护单元仍能正常运行。

变电站综合自动化系统中，继电保护按保护对象划分，主要包括电力变压器保护、母线保护、馈线保护、电容器保护等电气设备的保护。按保护原理划分，可分为差动保护、电流速断保护、过电流保护、过电压保护、零序保护等。

2. 自动控制功能

变电站综合自动化系统配置有自动化装置，如电压无功控制（VQC）装置、低频减载装置、备用电源自动投入装置、小电流接地选线装置以及自动重合闸装置等。这些自动配置的装置不仅可以大大地提高供电可靠性，减少停电次数，还可以保证电能质量，优化无功补偿，实现电力系统的稳定运行。

3. 实时数据采集

在变电站的安全运行过程中，监控系统必须对采集到的信息数据，如电压、电流、频率、有功功率、无功功率、主变压器油温等"四遥"的内容，不断地进行测量、监视，并与上级调度通信一致。实时数据采集主要采集变电站运行实时数据和设备运行状态。

模拟量的采集，如母线电压、主变电流、馈出线电流与电压等。

状态量的采集，如断路器、隔离开关、接地刀闸及继电器触点位置信号。

数字量的采集，如微机保护或自动装置发出的信息、保护装置发出的测量值及定值、GPS 信息等。

4. 运行监控功能

变电站的监控系统充分利用计算机通信技术实现系统运行工况监视，变电站一次系统运行状态监视，遥测量的越限监视，遥信变位的声光报警，事故信号及预告信号的告警显示，变压器分接头、电容器组自动调节与投切，保护测定值的显示与修改，在线自诊断等。主变压器及各条线路的功率及功率因数计算、电能计算及统计、事件顺序记录及事故追忆等。还可以满足数据库数据的建立与维护、数据的处理与记录，画面的生成与显示、制表、报告生成等需要。

5. 远动及四遥功能

实现远动装置常规的遥测、遥信、遥控、遥调功能，即将采集的数据量和模拟量实时地送往调度中心，并接受上级调度中心的控制和调节操作命令。若有事故发生，及时向调度中心报警，并将故障录波和其他继电保护信息送往调度中心，同时接受调度中心发来的操作控制命令。

6. 自诊断、自恢复和自动切换

（1）自诊断。对监控系统的硬件与软件故障的自动诊断，并给出自诊断信息，提供给维护人员及时检修与更换。

（2）自恢复。当由于某种原因导致系统停机时，能自动产生恢复信号，进而对外围接口重新初始化，实现无扰动的软、硬件自恢复。

（3）自动切换。在双机系统中，若一台主机出现故障，所有工作自动切换到另一台主机，在切换过程中所有数据不能丢失，实现一主一备。

7. 数据通信功能

数据通信包括：现场级间的通信，即间隔层与站控层之间数据与信息的交换；系统与控制中心的信息交换，即远动管理机将变电站的模拟量、状态量等传送至控制中心。

四、变电站综合自动化系统的基本特征

变电站综合自动化就是通过监控系统的局域网通信，将微机保护、微机自动装置、微机远动装置采集的模拟量、开关量、状态量、脉冲量及一些非电量信号，经过数据处理及功能的重新组合，按照预定的程序和要求，对变电站实现综合性的监视和调度。因此，综合自动化的核心是自动监控系统，而综合自动化的纽带是监控系统的局域通信网络，它把微机保护、微机自动装置、微机远动功能综合在一起，形成一个具有远方数据功能的自动监控系统。

（1）功能实现综合化。变电站综合自动化技术是在微机技术、数据通信技术、自动化技术基础上发展起来的。它综合了变电站内除一次设备和交、直流电源以外的全部二次设备。微机监控系统综合了变电站的仪表屏、操作屏、模拟屏、变送器屏、中央信号系统等功能、远动的 RTU 功能及电压和无功补偿自动调节功能。

微机保护（和监控系统一起）综合了事件记录、故障录波、故障测距、小电流接地选线、自动按频率减负荷、自动重合闸等自动装置功能，设有较完善的自诊断功能。

（2）系统构成模块化。保护、控制、测量装置的数字化门采用微机实现，并具有数字化通信能力，利于把各功能模块通过通信网络连接起来，便于接口功能模块的扩充及信息的共享。另外，模块化的设计理念，方便变电站实现综合自动化系统模块的组态，以适应工程的集中式、分布分散式和分布式结构集中式组屏等方式。

（3）结构分布、分层、分散化。综合自动化系统是一个分布式系统，其中微机保护、数据采集和控制以及其他智能设备等子系统都是按分布式

结构设计的，每个子系统可能有多个 CPU 分别完成不同的功能，由庞大的 CPU 群构成一个完整的、高度协调的有机综合（集成）系统。实现变电站综合自动化的强大功能，要求综合系统往往有几十个甚至更多的 CPU 同时高效并列运行才能实现。另外，按照变电站物理位置和各子系统功能分工的不同，综合自动化系统的总体结构又按分层原则来组成。按 IEC（国际电工委员会）标准，典型的分层原则是将变电站综合自动化系统分为三层，即变电站层、间隔层与设备层。

随着技术的发展，自动化装置逐步按照一次设备的位置实行就地分散安装，由此可构成分散（层）分布式综合自动化系统。

（4）操作监视可视化、直观化。变电站实现综合自动化后，不论是有人值守还是无人值守变电站，运行维护人员主要的工作是在主控站或调度室内，面对彩色屏幕显示器，对变电站的设备和输电线路进行全方位的监视与操作。通过计算机上的 CRT 显示器，全方位地监视变电站的实时运行情况并对各开关设备进行操作控制。当出现异常情况时，CRT 屏幕闪烁的画面、文字提示或语言报警自动实现信号报警，运行维护人员可迅速收到并及时处理。

变电站综合自动化系统
—定义（动画视频）

（5）通信局域网络化、光缆化。计算机局域网络技术和光纤通信技术在综合自动化系统中得到普遍应用。因此，系统具有较高的抗电磁干扰能力，能够实现高速数据传送，满足实时性要求，组态更灵活，易于扩展，可靠性大大提高，而且大大简化了常规变电站中繁杂量大的电缆，方便施工。

（6）运行管理智能化。智能化不仅表现在常规的自动化功能上，如自动报警、自动报表、电压无功自动调节、小电流接地选线、事故判别与处理等方面，还表现在能够在线自诊断，并不断将诊断结果送往远方的主控端。这是区别于常规二次系统的重要特征。简而言之，常规二次系统只能监测一次设备，而本身的故障必须靠维护人员去检查、发现。综合自动化系统不仅监测一次设备，还可实时检测，进行自诊断、自恢复，充分体现其智能性。

运行管理智能化极大地简化了变电站二次系统，取消了常规二次设备，功能庞大，信息齐全，可以灵活地按功能或间隔形成集中组屏或分散（层）安装的不同的系统组态。进一步说，综合自动化系统打破了传统二次系统各专业界限和设备划分原则，改变了常规保护装置不能与调度（控制）中心通信的缺陷。

（7）数字化与无纸化。采用计算机监控系统后，彻底颠覆了传统的技术手段与管理方式，人为因素的影响大大减少，效率也随之提高。变电站的数据信息不仅能直观明了地显示在屏幕上，而且可以让运行维护人员自定义处理。原来的人工抄表记录则完全由计算机自动生成报表所代替。变电站内、变电站之间的信息也可以通过计算机网络实时传输，实现无纸化管理。这不仅减轻了运行维护人员的劳动量，而且提高了数据的精确度和管理的科学性。

任务二　变电站综合自动化系统的结构

 教学目标

1. 知识目标

（1）了解变电站综合自动化系统的不同结构及其特点。

（2）理解电气间隔的含义。

（3）掌握变电站综合自动化系统的分层分布式结构。

（4）掌握分层分布式结构的间隔层组屏方式。

2. 能力目标

（1）具备识读不同变电站综合自动化系统结构的能力。

（2）具备辨识变电站综合自动化系统的分层分布式结构的能力。

（3）具备识别分层分布式结构中间隔层的不同组屏方式的能力。

3. 素质目标

（1）培养良好的沟通交流及与人协作的能力。

（2）培养独立分析与思考的能力。

一、变电站综合自动化系统的典型结构及其特点

从 20 世纪 80 年代末期，我国自行设计的第一个变电站综合自动化系统投运以来，结构系统在不断地完善与进步，由早期的集中式结构发展成为目前的分层分布式结构。在分层分布式结构中，按照继电保护与测量、控制装置安装位置的不同，可分为集中组屏、全分散安装及分散与集中组屏相结合的 3 种类型，并且结构形式正逐步向完全分散式方向发展。

1. 集中式结构

集中式结构主要出现在变电站综合自动化系统形成的初期，如图 1−4 所示。集中式是传统结构形式，所有二次设备以遥测、通信、电能计量、遥控、保护功能划分成不同的子系统。集中结构也并非指由一台计算机完成保护、监控等全部功能，可以一台或几台计算机完成变电站的保护、测量、控制、调节功能。多数集中式结构的微机保护、微机监控和调度等通信功能也是由不同的微型计算机完成的，只是每台微型计算机承担的任务多一些。例如，监控机要负担数据采集、数据处理、开关操作、人机联系等多项任务；担任保护任务的计算机，可能一台微机要负责几回低压线路的保护等。

集中式结构是按变电站的规模配置相应容量、功能的微机保护装置和监控主机及数据采集系统，将它们安装在变电站主控室内。主变压器、各种进出线路及站内所有电气设备的运行状态通过电流互感器、电压互感器经电缆传送到主控制室的保护装置或监控计算机上，并与调度控制端的主计算机进行数据通信。监控计算机完成当地显示、控制和制表打印等

功能。

集中式结构的主要特点是集中采集变电站的模拟量、开关量与数字量等信息，并集中进行计算与处理，所有二次设备以遥测、遥信、电能计量、遥控、保护功能划分成不同的子系统。集中式结构存在不少缺点，例如，每台计算机的功能较集中，如果一台计算机出现故障，影响范围较大，彰显出供电的可靠性较差。其次，集中式保护与运行维护人员的工作习惯不匹配，再加上调试和程序设计麻烦等问题，限制了系统的自动化发展。

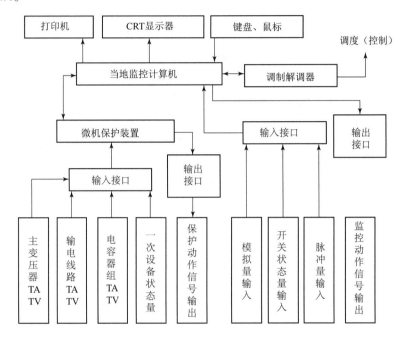

图1-4 集中式变电站综合自动化系统结构框图

2. 分层分布式结构

变电站综合自动化系统将迅速发展的先进的计算机技术、通信技术、电子技术、继电保护技术应用至系统中，使得系统的结构及性能发生了很大的改变。

变电站综合自动化系统按电气间隔为对象实现保护、测量、控制、调节等功能，监控主机对继电保护装置、测量控制装置实行数据交换与监视，形成分层分布式结构。

1）电气间隔

在电力系统中，变电站是由一些连接紧密、具有某些共同功能的部分组成的。例如，进线或出线与母线之间的开关设备；断路器、隔离开关及接地刀闸和与母线连接的设备；变压器与两个不同电压等级母线之间相关的开关设备。将一次断路器和相关设备组成虚拟间隔，这些间隔构成电网中受保护的子部分，如一台变压器或一条线路的一端，对应开关设备的控制，具有某些共同的约束条件，如互锁或者定义明确的操作序列。

变电站中的电气间隔是指一个完整的回路，含断路器、隔离开关、互感器、避雷器等。凡具有功能完善的电气单元称为一个间隔，如进出线间隔、母线设备间隔，如图 1 – 5 所示，图中用虚线框标注的部分就表示一个电气间隔，并且标明了对应的各个电气间隔设置的相应保护测控装置。

电气间隔部分的识别对于检修或扩展计划非常重要。也就是说，检修时哪些部分断开，同时对变电站其余部分影响最小，需要以电气间隔为依据进行分析。同理，变电站有扩展计划时，如果需要增加一条新线路，根据现有的电气间隔，可以合理设计哪些部分必须增加，哪些部分不需要配置，达到优化资源的目的。

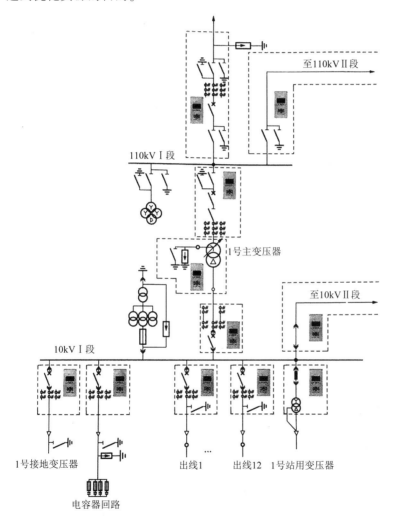

图 1 – 5 某 110 kV 降压变电站部分电气主线图

2）分层分布式结构

按照国际电工委员会（IEC）推荐的标准，变电站综合自动化系统的分层分布式结构按设备的功能来进行分层，将整个系统分为三层，即变电站层（或站控层）、间隔层（或单元层）和设备层（或过程层）。这三层组成了变电站综合自动化系统，三层之间互相联系，信息层层关联，缺一不可，各自完成分配的功能，是一个有机的整体系统。所谓分布是指变电站计算机监控系统的构成在资源逻辑或拓扑结构上的分布，主要强调从系统结构的角度来研究和处理功能上的分布问题。

站控层又称为变电站层，主要包括的设备有监控主机、工程师工作站、远方信号传输装置（RTU）和通信设备等。

间隔层又称为单元层，主要包括按间隔布置的继电保护装置、测量控制装置、PT切换装置、公共信号装置、故障录波装置、电压和无功控制装置等自动装置及二次低压电气设备。

设备层又称为过程层，主要包括变压器、电压互感器、电流互感器、高压断路器、隔离开关、接地刀闸、电容器、电抗器、避雷器等一次设备。分层分布式结构的设备功能分层，以110 kV变电站为例，如图1-6所示。

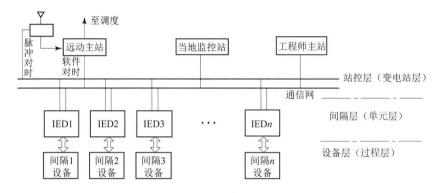

图1-6　某110 kV变电站综合自动化系统的分层分布式结构

在图1-6中，由于间隔层的各IED（智能电子装置）是以微处理器为核心的计算机装置，站控层各设备也是由计算机装置组成的，它们之间通过网络相连。因此，从计算机系统结构的角度来说，变电站综合自动化系统的间隔层和站控层构成的是一个计算机系统。

按照"分布式计算机系统"的定义：它是由多个分散的计算机经互联网络构成的统一的计算机系统，该计算机系统又是一个分布式的计算机系统。在这种结构的计算机系统中，各计算机既可以独立工作，分别完成分配给自己的各种任务，又可以彼此之间相互协调合作，在通信协调的基础上实现系统的全局管理。

将变电站综合自动化系统的功能分散给多台计算机来完成是分布式系统的最大特点。分布各功能模块（常是多个CPU）之间采用网络技术或串行方式实现数据通信，选用具有优先级的网络系统较好地解决了数据传输的瓶颈问题，提高了系统的实时性。分布式结构方便系统扩展和维护，局部故障不影响其他模块正常运行。

在分层分布式结构的变电站综合自动化系统中，间隔层和站控层共同构成的分布式计算机系统，间隔层各IED与站控层的各计算机分别完成各自的任务，并且共同协调合作，完成对全变电站的监视、控制等任务。

以 10 kV 线路间隔并且 10 kV 线路间隔配置有保护测量控制一体化装置为例，简要描述该间隔实现保护、测量、控制及监视的工作原理。

保护部分从母线电压互感器采集电压，从电流互感器采集电流，完成对 10 kV 线路故障或异常状态的检测，从而决定是否作用于本线路的断路器或信号。

测量部分从母线电压互感器取得电压，从本线路测量用电流互感器取得电流，主要完成有功功率（p）、无功功率（Q）、频率（f）等运行参数的测量。控制部分主要完成开关设备的手动分合、遥控分合等功能。

监控部分通过通信网络（如 RS – 485、现场总线或以太网 Ethernet）实现与监控主机的通信，达到数据与信息交换的目的。

综上所述，变电站综合自动化系统的分层分布式结构，三层既互相独立又互相联系，实现变电站内所需的测量、保护、控制及监视的工作目的。

二、变电站综合自动化系统的组屏方式

在变电站综合自动化系统的分层分布式结构中，有不同的组屏方式。所谓的组屏方式，针对的是分层分布式结构中间隔层的设备，可以有不同的安装布置方式。

一般情况下，在分层分布式变电站综合自动化系统中，站控层的各主要设备都布置在主控室内。间隔层中的电能计量单元和根据变电站需要而选配的备用电源自动投入装置、故障录波装置等公共单元均分别组合为独立的一面屏柜或与其他设备组屏，也安装在主控室内。间隔层中的各个 IED 通常根据变电站的实际情况安装在不同的地方。

按间隔层中 IED 的安装位置，变电站综合自动化系统有三种不同的组屏与安装方式，分别为集中组屏方式、全分散组屏方式及分散与集中相结合方式。

1. 集中组屏方式

分层分布式系统的集中组屏方式是按间隔为对象，把配置有单元层装置的屏柜，如主变压器屏柜、线路屏柜、公用信号屏柜、直流电源屏柜和电能计量屏柜等，集中组屏安装在主控室中，如图 1 – 7 所示。

图 1 – 7　某变电站综合自动化系统的集中组屏方式

对于一些一次设备比较集中的变电站，有不少是组合式设备，分布面不广，所用信号电缆不太长。因此，虽然采用集中组屏比分散式安装增加电缆，但它具有便于设计、安装和调试管理以及可靠性比较高的优点，比较适合中、低压一次设备比较集中的变电站，尤其适合老站改造。

集中式组屏方式的主要缺点是安装时需要的控制电缆相对较多且长，这是因为反映变电站内一次设备运行工况的参数都需要通过电缆送到主控室内各个屏上的保护测控装置内，而保护测控装置发出的控制命令也需要通过电缆送到各间隔断路器的操作机构处，由此，增加了电缆的投资。

2. 全分散组屏方式

这种安装方式也是按间隔为对象，将间隔层中所有电气间隔的保护测控装置分散安装在所对应的开关柜上或距离一次设备较近的保护小间内。各装置只通过通信线（如光缆或双绞线等），与主控室内的变电站层设备之间交换信息。从图 1－8 可见保护小间。

图 1－8　某变电站综合自动化系统的全分散式组屏方式

分散安装的组屏方式减少了主控室的面积，简化了二次系统的配置，节省了二次电缆，检修维护方便，现场安装调试工作量减少，优势比较明显。

3. 分散与集中相结合方式

分散与集中相结合的组屏方式是将变电站电压等级较低的保护测控装置分散安装在所对应的开关柜上或保护小间内，而将电压等级比较高的保护测控装置、变压器保护测控装置采用集中组屏安装在主控室里。

这种安装方式在我国比较常见，分散与集中相结合的方式如图 1－9（a）、（b）所示。

对于 10～35 kV 线路保护测控装置采用分散式安装，即就地安装在 10～35 kV 配电室内各对应的开关柜上或保护小间内，如图 1－9（a）所示。而各保护测控装置与主控室内的变电站层设备之间通过单条或双条通信电缆（如光缆或双绞线等）交换信息，这样就节约了大量的二次电缆。

高压线路保护和变压器保护、测控装置以及其他自动装置，如备用电源自投入装置和电压、无功综合控制装置等，都采用集中式组屏结构，即将各装置分类集中安装在控制室内的线路保护屏（如 110 kV 线路保护屏柜、220 kV 保护屏柜等）和变压器保护屏柜上面，如图 1－9（b）所示，使这些重要的保护装置处于比较好的工作环境，对可靠性较为有利。

（a）   （b）

图 1 - 9 某变电站综合自动化系统的分散与集中相结合的组屏方式

三、综合自动化变电站控制与常规变电站控制模式的比较

（1）综合自动化变电站可采用远方、站控、就地三级控制。

分层分布式自动化系统从软硬件上分层分级考虑了变电站的控制与防误操作，提高了变电站的可控性及控制与操作的可靠性。常规站只能通过控制屏控制开关（KK 开关）把手来控制，其电气联锁设计联系复杂，在实际使用中，设备提供的接点有限，且各电压等级间的联系很不方便，使得闭锁回路的设计出现多余闭锁及闭锁不到位的情况。

（2）综合自动化变电站的核心为系统监控主机，用成熟可靠的计算机系统实现整个变电站的控制与操作、数据采集与处理、运行监视、事件记录等功能，可靠性高且功能齐全。常规站中，人是整个监控系统的核心，人的感官对信息的接受不可避免地存在误差，因而会导致错误的判断和处理。人接受信息的速度有一定限制，对于变化快的信息，有时来不及反应，可能导致不正确的处理；而且由于每个人的文化水平、工作经验、责任心等因素都会影响信息的处理，故处理信息的准确性和可靠性不高。运行的实践证明，值班人员的误判断、误处理常有发生。

（3）变电站综合自动化系统简化了变电站的运行操作，可方便地实现各种类型步骤复杂的顺控操作，且操作安全快速，对于全控的变电站，线路的倒闸操作几分钟便可完成。而常规站实现同样的操作往往需要几个小时，且仍存在误操作的隐患。

（4）计算机监控系统控制命令的传输由模拟式变成数字式，提高了信息传输的准确性和可靠性。特别是分层分布式自动化系统，各保护小间与主控室之间采用光缆传输，提高了信息传输回路的抗电磁干扰能力。分散式布置，控制电缆长度大为缩减，在相同控制电缆截面时，断路器控制回路的电压降减少，有利于断路器的准确动作。常规变电站控制一般采用强电一对一的控制方式，信息及控制命令都是通过控制电缆传输。

任务三 变电站综合自动化系统的结构配置

 教学目标

1. 学习目标

（1）理解变电站综合自动化系统的结构配置方法。

（2）理解不同电压等级变电站的综合自动化系统的配置特点。

（3）掌握变电站综合自动化系统的结构配置。

2. 能力目标

（1）具备识读变电站综合自动化系统结构配置的能力。

（2）具有被配置变电站综合自动化系统结构的能力。

3. 素质目标

（1）培养良好的沟通交流及与人协作的能力。

（2）培养独立分析与思考的能力。

一、变电站综合自动化系统的配置方法

变电站综合自动化系统按照其规模可分为小站模式和大站模式两种，按照网络拓扑结构可以分为辐射型网络和双环网络两种。宜根据变电站的规模及变电站的电力系统中的重要性采用不同的结构。

简而言之，变电站综合自动化系统的配置，需要依据变电站一次系统的电压等级、主变压器台数、进出线数、变电站的重要程度等多方面因素综合考虑。

1. 小站模式

小站模式一般在中、小型变电站中采用，图 1-10（a）、（b）分别为 35 kV 及 110 kV 变电站综合自动化系统配置示意图。

35 kV 变电站综合自动化系统配置图——小站模式，如图 1-10（a）所示。

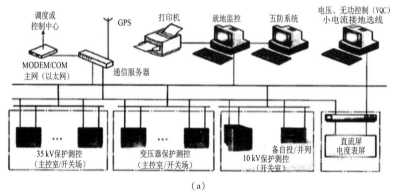

（a）

图 1-10 35 kV 与 110 kV 变电站综合自动化系统配置图——小站模式

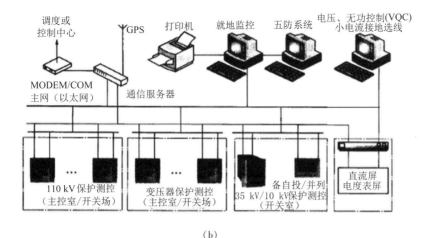

(b)

图 1 - 10 35 kV 与 110 kV 变电站综合自动化系统配置图——小站模式（续）

本例两个电压等级的变电站综合自动化系统都只配置一台就地监控主机、一台远方信号传输装置，就地监控通过单一的以太网与间隔层设备实现通信。即这两个系统都是间隔层的设备与监控中心的设备之间使用单一的主网络进行数据的通信交换。

2. 大站模式

大站模式一般在大、中型重要的枢纽变电站中采用，如图 1 - 11 所示。图中综合自动化系统均采用以太网的双主网与双子网结构，传输介质可用光纤或网络线来完成相互之间的通信，实现数据的交换。

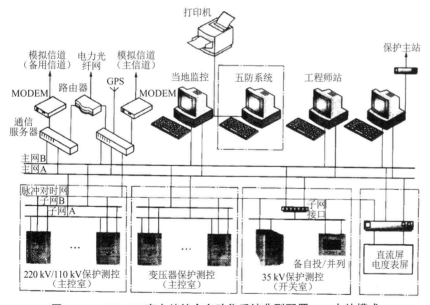

图 1 - 11 220 kV 变电站综合自动化系统典型配置——大站模式

在图 1 - 11 中，间隔层的网络也可以使用单一网络形式，间隔层的设备可以按集中组屏方式配置于主控室，也可以分散安装布局在保护小间内。

二、变电站综合自动化系统结构配置实例

下面对变电站综合自动化系统的小站模式与大站模式相应的结构配置案例进行阐述。在对系统结构进行配置时，需先分析变电站的电气主接线图的一次设备，再按照变电站的电气间隔划分来进行分层分布式结构配置。在此，小站模式以 110 kV 变电站，大站模式以 220 kV 变电站为代表进行结构配置的说明。

1. 小站模式——110 kV 变电站综合自动化系统典型的配置

1）系统电气主接线图

该 110 kV 变电站的电气主接线图如图 1-12 所示，共配有两台有载调压变压器，实现 110 kV 和 10 kV 两个电压等级的变换，其中 110 kV 侧采用内桥式接线，通过变压器降压为 10 kV 后，供变电站周围负荷用电。10 kV 侧为单母线分段方式，两段母线中间配有母联，既可单母运行也可分段运行，方式灵活。

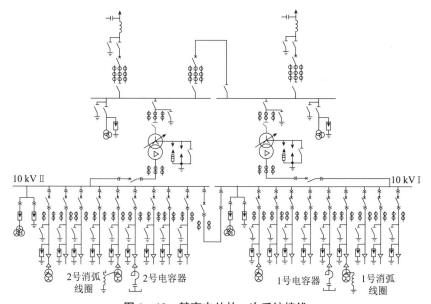

图 1-12 某变电站的一次系统接线

2）配置方案

根据该变电站的一次系统情况，基于分层分布式结构，进行变电站综合自动化系统的配置。可以按照一次设备的电气间隔来进行，以实现各个一次设备间隔的保护、测量、控制、监视与通信功能，满足对变电站的监控功能、电压无功控制、小电流接地选线等功能。该变电站综合自动化系统的网络结构可以用图 1-13 表示。

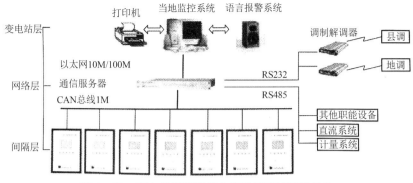

图 1-13　变电站配置的综合自动化系统网络结构

（1）110 kV 电气间隔。

在继电保护功能方面，鉴于 110 kV 侧采用的是内桥接线方式，进线部分的保护由上一级线路保护完成或主变压器后备保护承担，所以不必再单独配置。对进线和桥断路器的控制，可配置一台三相操作箱分别对应于两条进线和桥断路器，并具有防跳、压力闭锁等功能。

在测控功能方面，针对二回 110 kV 进线和桥开关可分别设置数字式断路器测控装置，对本间隔的断路器、隔离开关的参数和信息进行测量和控制等。

在自动控制功能方面，可配置数字式备用电源自投装置，实现桥备投或进线备投功能、变压器备自投功能或用户需求的多种备自投方案。

（2）主变压器间隔。因为变压器测控的重要性，可以采用集中组屏方式，将测控装置安装在主控室。设置两面变压器保护测控屏柜，分别对应于 1 号与 2 号主变压器间隔。

对于主变压器保护功能，可配置数字式变压器主保护装置和后备保护装置。

测控功能上，针对主变压器间隔可配置数字式变压器测控装置，以及变压器的温控装置和变压器分接头控制装置。完成变压器的遥测（主变压器分接头挡位的采集，主变压器温度）、遥控量（主变压器挡位的调节，中性点隔离开关的控制）。

在自动控制功能方面，数字式变压器测控装置与监控系统中的电压无功控制模块配合共同完成变电站的 VQC 无功电压控制功能。

（3）10 kV 出线间隔部分。采用就地分散安装方式，配置测量、监视、保护一体化装置，分别安装在 10 kV 开关柜上，完成保护功能、测控功能、自动控制功能。10 kV 母线分段间隔（母联间隔）可配置数字式母分保护及母联备自投装置。

（4）10 kV 电容器间隔部分。可配置数字式电容器保护测控装置，完成电容器的保护功能、测控功能、自动控制功能。接地变压器是专为消弧线圈所设，对于 10 kV 接地变压器间隔可配置数字式低压变压器保护测控装置。

（5）直流充馈电间隔。主要采集直流系统故障、直流屏交流失压、控制电源故障、合闸电源故障、合母控母故障等。配置一台逆变电源，将直流电源逆变成交流 220 V，以供给后台监控主机与通信设备用电。

（6）远动功能。配置通信服务器，将站内网络中的数据进行分析处理，并按调度方的通信规约进行发送，完成与调度的通信。通信服务器提供多种通信接口，如 CAN 总线接口、以太网接口、RS－232、RS－485等，并可根据需要扩展，支持多种常用的通信规约并可根据要求增加新规约。各种接口与规约可以根据需要灵活配置。

全站校时系统，可配置卫星时钟装置 GPS、接收卫星时钟，通过其通信接口与通信服务器进行通信，实现网络层对时广播命令，以保证全系统时钟统一。

（7）监控系统。配置监控机一台或两台及必要的通信设备及打印机，软件方面配置后台监控软件与组态软件，完成人机界面的操作和使用，实现实时监控。监控系统的电源可配置一台逆变电源，将直流电源逆变成交流 220 V，以供给后台监控机使用，以防因停电造成事故。

2. 大站模式——220 kV 变电站综合自动化系统典型的配置

在我国，220 kV 变电站综合自动化系统的结构属于大站模式，中、大型枢纽变电站一般配置双机、双网（一主一备）的组网结构，以增强电网运行的可靠性。

1）电气主接线图

220 kV 变电站在电力系统中处于比较重要的位置，是枢纽变电站。220 kV 侧的电气主接线方式主要有单母线分段，双母线、双母线双分段等形式。110 kV 侧的接线方式主要有单母线分段、双母线等。35 kV 侧（或 10 kV 侧）的接线方式主要有单母线分段。主变压器一般配置有两台三绕组的变压器，也可配置三台。

2）系统配置

在 220 kV 变电站中，保护系统与监控系统常常独立配置，只有 35 kV（或 10 kV）等电压等级相比较低的部分，才会采用保护测控二合一的装置。一般配置两台操作员工作站（即两台监控主机）、两台远动工作站、一台工程师工作站。为减少投资，工程师工作站也可作为选配。变电站层网络通信设备，一般按双网配置两台独立的交换机。

间隔层设备的布置和配备遵循分层分布式结构的特点，一般按照电气间隔来实施，一部分可集中组屏于主控室，另一部分可按照电气间隔的布置安装在保护小间内。每个电气单元由一个测控装置完成本电气间隔的所有测控功能。

220 kV、110 kV 的测控装置按断路器配置，每台断路器配置一台测控装置。主变压器各侧及本体各配置一台测控装置。220 kV、110 kV、35 kV（或 10 kV）按每段母线单独配置一台测控装置，每台站用变压器配置一台测控装置。35 kV（或 10 kV）电气间隔一般采用保护测控一体化装置，其保护信息通常利用数据通信方式直接接入监控系统中。

网络结构模式通常采用双以太网结构（主网 A 与主网 B），传输介质可以采用光纤或双绞线来完成相互之间的通信。某 220 kV 变电站综合自动化系统网络结构如图 1－14 所示。

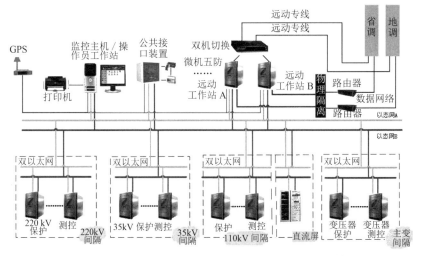

图 1 - 14 某 220 kV 变电站综合自动化系统网络结构简图

3）间隔层组屏方案

220 kV 变电站监控系统的变电站层设备通常布置于主控制室。两台远动工作站组两面屏，包括变电站层网络设备，电力数据网络设备组一面屏，其余设备通常不组屏。

220 kV 变电站监控系统的间隔层设备集中组屏布置于 1～2 个继电器小室。测控装置的组屏原则为 220 kV 和 110 kV 设备按两个电气间隔单元单独各组一面屏。每台变压器组一面屏。35 kV、10 kV 线路及电容器、电抗器一般按四个电气间隔组成一面屏。35 kV、10 kV 也可就地安装于保护小间（或开关柜）的布置方式。公共信息管理机单独组屏。

三、知识拓展

1. 变电站综合自动化系统的发展历程

（1）我国第一套微机保护装置：1984 年，国电南自。

（2）我国第一套分布式综合自动化系统：1994 年，大庆。

（3）我国第一套就地安装保护装置：1995 年，CSL200A。

（4）我国第一套 220 kV 综合自动化变电站：1996 年，珠海南屏。

（5）我国第一套全下放式 220 kV 综合自动化变电站：1999 年，丹东。

（6）我国第一套全国产 500 kV 综合自动化变电站：1999 年，南昌。

（7）我国第一套将专家系统应用到变电站综合自动化系统中：2000 年。

（8）国内第一家引进现场总线 LonWorks：由华北电力大学创办的四方公司引进。

2. 变电站综合自动化系统的发展前景

（1）保护监控一体化。这种方式在 35 kV 及以下的电压等级中已普遍采用，今后在 110 kV 及以上的线路间隔和主变压器各侧中采用此方式已是大势所趋。它的好处是高度地将功能按一次单元集中化，以利于稳定信息采集和设备状态控制，极大地提高了性能效率比。其目前的缺点也是显而易见的，此种装置的运行可靠性必须极高，否则任何形式的检修维护都将迫使一次设备的停役。这也是目前 110 kV 及以上的电压等级还采用保护和监控分离设置的原因之一。随着技术的发展，冗余性、在线维护性设计的出现，将使保护监控一体化成为必然。

（2）设备安装就地化、户外化。综合自动化装置将和一次设备整合在一起。其电气的抗干扰性能，设备抗热寒、抗雨雪、防腐蚀等各项环境指标将达到一个极高的地步。目前的综合自动化装置都是安装在低电压的中置柜上和室内的开关室内，户外的仅是一些实现简单功能的柱上设备。随着高电压等级的推广，其设备都将就地安装在户外的端子箱上，对环境条件要求不严。这种方式最终将带来无人值班变电站没有建筑小室或仅设一个控制小室，其内最多也就是一台控制显示终端。这将极大地减少整个变电站的二次电缆，使变电站的建设简化、快速，设备调试简单、易行，同时也极大提高变电站的运行稳定性和可靠性。

（3）人机操作界面接口统一化、运行操作设备无线化。前面所提到的无人无建筑小室的变电站，变电运行人员如果在就地查看设备和控制操作，将通过一个手持式可视无线终端，边监视一次设备边进行操作控制，所有相关的量化数据都显示在可视无线终端上，巡视操作非常简洁明了，并随时配合有软件防误操作的逻辑判断和语音提示，还可通过加配数字摄像头，将图像传给远方监护人员或技术分析人员。所有这些人机界面数据来源，都将通过本变电站的一个无线网络节点和整个变电站的数据网连在一起，并通过此变电站的远传广域接口，和整个电网的实时 SCADA 系统连接在一起，使远方监护诊断成为可能，并在控制操作时可实现变电站间逻辑闭锁。目前在奥地利 VATECH 公司（原来的伊林）的变电站监控系统组网图就是这种运行监控模式。

（4）防误闭锁逻辑验证图形化、规范化、离线模拟化。在 220 kV 及以上的变电站中，随着自动化水平的提高，电动操作设备日益增多，其操作的防误闭锁逻辑将紧密结合于监控系统之中，并借助监控系统的状态采集和控制链路得以实现。而一个变电站的建成都是通过几次扩建才达到终期规模，这就给每次防误闭锁逻辑的实际操作验证带来难题：如何在不影响一次设备停役的情况下，摆出各种运行状态来验证其正反操作逻辑的正确性？图形化、规范化的防误闭锁逻辑验证模拟操作图正是为解决这一难题而设，其严谨性是建立在监控系统全站的实时数据库之上的，使防误闭锁逻辑验证的离线模拟化成为可能。

（5）就地通信网络协议标准化。目前国内各个地方情况不统一，变电站和调度中心之间的信息传输采用各种形式的规约，如部颁 CDT、DNP3.0、IEC 60870 - 5 - 101 规约、IEC 60870 - 5 - 103 规约等。许多生产厂家各自为政，造成不同厂家设备通信连接的困难和以后维护的隐患。要实现变电站自动化、系统标准化，就要实现传输规约的标准化和传输网络的标准化，做到传输规约和网络的统一，才能实现变电站自动化系统内设备的互换性。这一点对于变电站自动化技术的发展也是非常重要的。因此，为适应这种形势的需要，IED 逐步提出了传输规约技术标准，以实现标准化。

（6）全站数据标准化。变电站的智能监控装置将无电压等级划分，只有下载参数设置版本不同。全站统一数据库包，统一维护组态工具软件，分类分单元下载参数设置数据。其实时运行数据库可通过严密的安全防护措施与整个电力系统实时数据连在一起。

（7）数据采集和一次设备一体化。除了常规的电流、电压、有功、无功、开关状态等信息采集外，对一些设备的在线状态检测量化值，如主变压器的油位、开关的气体压力等，紧密结合一次设备的传感器，直接采集到监控系统的实时数据库中进行量化分析处理。控制操作也不局限于开关和闸刀的分合，如门锁的开启、清洁系统的开启等也将纳入控制范围。高技术的智能化开关、光电式电流电压互感器的应用，必将给数据采集控制系统带来全新的智能化模式。

项目小结

本项目通过了解变电站的种类与站内的设备，理解变电站综合自动化系统的概念，变电站综合自动化系统的特点、优点与基本功能。学习了变电站综合自动化系统的结构及其结构配置，需要重点掌握分层分布式结构及其配置。

变电站综合自动化系统的分层分布式结构，将整个系统的设备，按其功能分成了三层，即变电站层（站控层）、间隔层（单元层）和过程层（设备层）。变电站层主要是针对监控主机、通信设备，间隔层主要针对的是变电站的二次设备，过程层主要针对的是变电站的一次设备。对于间隔层设备，按安装地点的不同有三种不同的组屏方式，即集中组屏方式、集中与分散结合的组屏方式和全分散组屏方式。设备层与间隔层之间主要通过控制电缆来实现信息的传递，间隔层与站控层之间的信息交换则是通过通信网络进行处理，三层之间是一个有机的整体，达到上传下达，维护整个变电站综合自动化系统的可靠运行。

系统的分层结构
（动画视频）

变电站综合自动化系统的结构配置，目前采用较多的是按电气间隔进行配置，在 220 kV 变电站中，保护系统与监控系统常常独立配置。一般配置两台操作员工作站（即两台监控主机）、两台远动工作站、一台工程师工作站。变电站层网络通信设备，一般按双网配置两台独立的交换机。间隔层设备的布置和配备遵循分层分布式结构，一般按照电气间隔来实施，一部分可集中组屏于主控室，另一部分可按照电气间隔的布置安装在保护小间内。每一电气单元由一个测控装置完成本电气间隔的所有测控功能。220 kV、110 kV 的测控装置按断路器配置，每台断路器配置一台测控装置。主变压器各侧及本体各配置一台测控装置。每段母线单独配置一台测控装置，每台站用变压器配置一台测控装置。35 kV 电气间隔一般采用保护测控一体化的装置，其保护信息通常采用数据通信方式直接接入监控系统中。

在此基础上，还对国内典型的变电站综合自动化系统的结构配置进行了阐述，并拓展了变电站综合自动化系统的发展历程与前景等知识面，对变电站综合自动化系统有一个更全面的认知。

思考题

1-1 变电站的分类有哪些？

1-2 变电站综合自动化系统的定义是什么？

1-3 变电站综合自动化系统应用了哪些技术？

1-4 变电站综合自动化系统中"综合"的含义是什么？

1-5 变电站综合自动化的基本功能有哪些？

1-6 变电站综合自动化系统的基本特征有哪些？

1-7 变电站综合自动化系统分层分布式结构的分层是如何定义的？

1-8 变电站综合自动化系统的间隔层有哪些设备？

1-9 变电站综合自动化分层的间隔层组屏方式有哪些？各有哪些优、缺点？

1-10 变电站综合自动化系统的配置方法是什么？

1-11 试比较变电站综合自动化的控制模式与传统变电站系统的控制模式的不同之处。

1-12 结合自己所学的知识，说说对变电站综合自动化系统发展的看法。

线路保护测控柜的安装与运行维护

 项目描述

　　本项目共分为五个学习任务，分别为保护测控柜的安装及二次配线要求、线路保护测控装置的功能及硬件结构、线路保护测控装置的保护测量回路、线路保护测控装置的控制回路、线路保护控制回路常见故障分析与排查。通过五个任务的学习，使学习者能够看懂保护柜、测控柜的安装接线图，能按图施工接线，能理解线路装置的保护、测量、控制二次回路原理，能够看懂二次回路图，具备对微机线路保护柜进行检验、运行维护，对常见异常情况进行分析和处理的基本能力。

 教学目标

　　一、知识目标
　　（1）掌握微机保护测控装置的硬件组成及插件的结构和作用。
　　（2）掌握系统的数据采集与处理方法。
　　（3）掌握开关量输入与输出原理。
　　（4）掌握二次回路中测量、保护、控制回路的工作原理。
　　二、能力目标
　　（1）具备变电站综合自动化系统二次电气识图与按图施工能力。
　　（2）具备依据工程图纸核查二次接线正确性的能力。
　　（3）具备对变电站综合自动化系统常见异常情况进行分析、排查的基本能力。
　　（4）具备对间隔层测控装置，微机线路保护屏柜进行安装、调试及运行、维护能力。
　　三、素质目标
　　（1）有良好的心理素质和敬业精神，遵守职业道德。
　　（2）具有团队协作精神和沟通合作能力。
　　（3）具有对相关专业文件的理解能力和运用所学知识分析、解决问题的能力。

教学环境

建议在理论与实践一体化变电站综合自动化实训室展开教学。实训室配备功能完整的变电站综合自动化系统，配备满足教学要求的监控主机及监控软件、继电保护工程师站、线路保护装置及屏柜、变压器保护装置及屏柜、直流电源屏柜、网络通信屏柜、馈出线保护屏柜、继电保护校验仪等设备，备有万用表、钳形表等基本测量表计以及钳子等常用工器具，配备多媒体投影等设施。

任务一　保护测控柜的安装及二次配线要求

 教学目标

1. 知识目标
(1) 熟悉变电站综合自动化系统中保护屏柜的安装及二次配线要求。
(2) 掌握屏柜二次回路的分类及二次图纸的识图方法。
2. 能力目标
(1) 能应用相对编号法进行查图。
(2) 能依据图纸对间隔层测控装置、微机线路保护屏柜进行配线及接线检查。
3. 素质目标
(1) 具有团队精神和沟通合作能力。
(2) 具有对相关专业文件的理解能力及质量意识。

一、变电站各保护测控柜的安装及二次接线的方法

变电站工程内低压配电屏、保护屏、通信屏、控制屏及场地端子箱、检修电源箱、动力配电箱安装及二次接线安装作业的步骤：施工开始→施工前的准备→开箱检查→屏柜搬运→基础定位→屏柜、端子箱安装→二次屏柜接地→二次电缆施放及接线→施工记录→施工结束。

1. 屏柜安装的方法
(1) 设备开箱检查。屏柜开箱前应首先检查设备包装的完好情况，是否有严重碰撞的痕迹及可能使箱内设备受损的现象；根据装箱清单，检查设备及其备品等是否齐全；对照设计图纸，核对设备的规格、型号、回路布置、柜内装置、接线端子等是否符合要求。

(2) 屏柜搬运。屏柜到达现场后，应立即开箱并将其转运到室内，不允许长期存放在室外，以避免设备受潮。屏柜搬运采用吊车搬运和人工搬运两种方式。

（3）基础定位。户内二次屏柜应按照设计图纸先将二次屏柜置于槽钢基础上，再用油性笔在二次屏柜底部的安装孔内描出孔样，然后将二次屏柜移开，用电钻将描出的孔洞中心钻孔定位。

（4）屏柜的安装。检查预埋基础槽钢的水平度和不直度，按规范要求应少于 1 mm/m，全长不大于 5 mm，位置误差及不平行度不大于 5 mm。

屏柜就位时应小心谨慎，以防损坏屏面上的电气元件及漆层；安装时对屏柜应进行精密调整，为其找平、找正；调整工作可以首先按图纸布置位置由第一列第一面屏柜调整好，再以第一面屏柜为标准调整以后各块屏柜；两相邻屏间无明显的空隙，使屏柜排成一列，做到横平竖直、屏面整齐；经反复调整全部达标后，可进行屏柜的固定。

（5）二次屏柜接地。二次屏柜内接地铜排用于各类保护接地。电缆屏蔽层接地，其有两种不同形式：一种是与柜体绝缘的接地铜排；另一种是与柜体不绝缘的接地铜排。无论采用哪种形式，每根均须通过两根截面不小于 25 mm² 的铜导线与变电站主地网可靠连接。

二次屏柜在进行安装时，已通过焊接或螺栓连接的方式与基础槽钢连接，基础槽钢再通过接地扁钢与变电站的主地网连接。

2. 二次接线的方法

（1）施工准备。确认已具备接线条件，确认现场屏柜安装及二次电缆敷设完毕，设施、工器具齐全。人员应按"专人、专柜"分工。

（2）电缆整理。电缆接线前应进行芯线整理，首先将每根电缆的芯线单独分开，将每根芯线拉直，然后根据每根电缆在端子排的接线位置进行并拢绑扎。

（3）电缆头制作、固定和标识。

①电缆头制作。控制电缆头必须在盘柜内部，标高一致，排列整齐，不得相互叠压。电缆破割点必须高于盘底的电缆防火封堵层表面，同时又不能离端子排过近而影响芯线的正常走向。

电缆破割时，应先用切割刀围绕电缆破割点的一周进行切割，切割深度为电缆外层（绝缘层）剥离，不能伤及内绝缘层和芯线。

②电缆屏蔽层接地。盘柜内电缆屏蔽层要求从电缆头下部背后引出。电缆内有屏蔽铜线时，可穿入适当型号的绝缘保护套管引出接于盘柜内二次地网接地铜排上。

电缆内无屏蔽导线或采用非铜线形式的屏蔽层时，在套热缩管前应用屏蔽导线或黄绿外皮的接地专用多股软线与屏蔽层焊接牢固。注意不得使用带腐蚀性的助焊剂，并选择适当型号的绝缘保护套管引出，压接线端子后接于盘柜内二次地网接地铜排上。

③电缆标识牌的制作与挂设。标牌标识及规格应符合要求，统一使用白色 PVC 电缆标识牌，并用专用打印机进行打印。打印内容应包括电缆编号、型号规格、电缆起点、电缆终点；每根电缆挂设一个标牌，绑扎应牢固，同一排电缆的标牌高度要求一致，排列整齐，便于查阅。图 2 - 1 所示为电缆标识牌现场安装图，图 2 - 2 所示为二次电缆标识牌外观。

（4）二次接线。

①电缆接线前应进行芯线整理，首先将每根电缆的芯线单独打散分开，将每根芯线拉直，不能损伤绝缘或线芯。然后根据每根电缆在端子排的接线位置进行并拢捆扎。

②电缆接线时可根据已接入位置进行二次绑扎，绑扎要求间距一般为150～180 mm。每根电缆芯线宜单独成束绑扎，以便于查找。分线束绑扎间距适当，做到横平竖直、走向合理、整齐美观。

③接线应有组织、有计划逐个系统进行。接线前应校对电缆两端的电缆芯线无误，电缆芯线两端编号必须核对正确，并套入线管号，线管号套入线芯时文字不得倒置。

④接线前应考虑好整个屏柜内电缆的走向。端子排接线应严格按照设计图进行，不能随意更改。芯线应水平地从线芯后部引向端子排，并弯成一个半圆弧（电流回路弯折弧度应足够，以便于使用钳形表测量电流值），每条芯线的半圆弧大小要美观一致，接线应牢靠。

屏内端子排接线示例如图2-3所示。

电缆编号：2UYH-152
电缆始点：35kV 母分刀闸柜
电缆终点：35kV Ⅱ段母段PT柜
电缆规格：KVVP22-0.5-4X4

图2-1 电缆标识牌现场安装　　图2-2 二次电缆标识牌外观

图2-3 屏内端子排接线示例

⑤对于螺栓式端子，要将剥除护套的芯线弯圈，弯圈的方向为顺时针方向，弯制线头的内径与紧固螺钉外径应相吻合，其弯曲的方向应与螺栓紧固的方向一致。

⑥对于多股软铜芯线，要压接线端子才能接入端子。采用的线端子应与芯线的规格、端子的大小和接线方式、端子螺栓规格相配。压接好的线端子外不得出现松散的线芯。

⑦对插入式端子，可直接将剥除护套的芯线插入端子，并紧固螺栓，注意剥除芯线外护套长度要与接入端子的深度一致。

⑧电缆线芯不应有伤痕，端子螺钉必须紧固，芯线与端子应接触良好，无松动现象。每一端子一侧最多接两根线芯且截面应一致。

⑨引入屏、端子箱内的电缆及线芯应排列整齐、编号清晰、避免交叉、固定牢固，并应分别成束，分开排列；接线时尽量使线芯弯度一致、平整、美观。图2-4所示为电缆及端子接线示例。

⑩线管号的规格应和芯线的规格相配，线管号裁切长度要一致，字体大小要一致，线号的内容应包括回路编号和电缆编号。

⑪每根电缆的备用芯应高出端子排最上端位置250～300 mm，以便回路修改增加接线时使用。预留接线剪成统一长度，每根电缆单独布置，备用芯端头宜采用热缩套管封堵处理。图2-5所示为电缆备用芯及端头热缩套管封堵。

 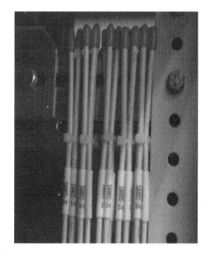

图2-4　电缆及端子接线示例　　**图2-5　电缆备用芯及端头热缩套管封堵**

⑫屏柜内电流回路配线应采用截面不小于2.5 mm²、标称电压不低于450 V/750 V的铜芯绝缘导线，其他回路截面不应小于1.5 mm²；电子元件回路、弱电回路采用锡焊连接时，在满足载流量和电压降及有足够机械强度的情况下，可采用不小于0.5 mm²截面的绝缘导线。

⑬屏柜接线完毕，应对照端子排接线图检查接线是否正确，使用兆欧表检查二次回路绝缘电阻是否符合规范，每个二次回路绝缘电阻不小于1 MΩ。

⑭接线完毕后，应全面清扫干净线头杂物，屏柜下部电缆孔洞均应用耐火材料严密封堵。

二、二次回路的基本知识

1. 概述

为了完成电能的传输与分配任务，变电站中安装了大量的具有不同用途及功能的电气设备，这些电气设备可分为一次设备和二次设备，其接线可相应分为一次接线和二次接线。

一次设备是指直接生产、输送、分配电能的电气设备，又称主设备。它包括变压器、高压断路器、隔离开关、输电线路、母线、电流互感器、电压互感器、电容器和避雷器等。

将一次设备按照功能要求，互相连接而成的高电压、大电流电气回路，称为一次回路或一次接线系统。表述一次回路的图纸，称为一次回路图或电气主接线图。

二次设备是指对一次设备进行保护、测量、监察、控制和调整，并为运行人员提供运行工况或生产信号所需要的低压设备，又称辅助设备，主要包括继电保护装置、自动装置、控制、信号、测量监察、远动装置、操作电源、控制电缆等设备。

将二次设备按照功能要求，互相连接而成的低电压、小电流电气回路，称为二次回路或二次接线系统。

用国家标准规定的电气图形符号和文字符号表示二次设备，并将这些图形符号相互连接而成的电路图，称为二次接线图或二次回路图。二次回路主要包括电气设备的控制回路、测量回路、信号回路、继电保护及自动装置回路、调节回路、操作电源回路等。

二次回路图按不同的绘制方法，分为原理接线图及安装接线图。

2. 原理接线图

二次回路的原理接线图是用来表述二次回路的构成、相互动作顺序和工作原理的。一次设备和二次设备都以整体的形式在图纸中表示出来，其优点是能够使看图者对整个二次回路的构成以及动作原理、过程有一个整体概念。

在原理图中，各电器触点都是按照它们的正常状态来表示的。正常状态是指开关电器在断开位置和继电器线圈中没有电流时的状态。原理接线图分为以下两种类型。

1）归总式原理图

归总式原理图是将二次回路与有关一次设备画在一起，以整体图形符号表示二次设备，按实际电路连接关系绘制的图纸。它能清楚表述回路的构成和工作原理。传统变电站的机电型继电保护和继电保护教材中常采用这类归总式原理图。图 2-6 是 10 kV 线路的电流保护的归总式原理图，其中，KA1、KA2 为电流继电器，KT 为时间继电器，KS 为信号继电器，XB 为保护连接片，QF 为断器，QS 为隔离开关，YT 为断路器操作机构的跳闸线圈。

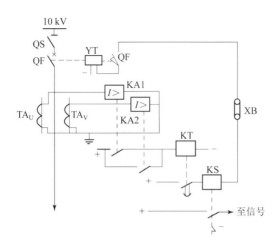

图2-6　10 kV 线路的电流保护的归总式原理

2）展开式原理图

展开式原理图是将二次设备的构成元件，如线圈、触点分别用图形符号表示，按回路性质的不同分为几个部分绘制的图纸，如交流电流回路展开图、交流电压回路展开图、直流操作回路展开图、信号回路展开图等。图2-7是10 kV 线路过流保护展开式原理图。

展开式原理图能清晰表明设备间的连接关系，便于复杂电路的绘制。展开图中同一个二次设备元件，如线圈与触点用相同的文字符号表示；展开式原理图的右侧通常有文字说明，以表明回路的作用。

阅读展开式原理图的基本原则如下：

①整个展开图的绘制和阅读应从上到下、从左到右。

②回路的排列顺序为先交流电流、交流电压回路，后直流操作、直流信号回路等。

③每个回路中各行的排列顺序为：交流回路按 A、B、C、N 相序排列，直流回路按动作顺序自上而下逐行排列。

④每行中继电器的线圈、触点等设备按实际连接顺序绘制。

⑤交流回路的标号除用三位数外，前面加注文字符号。交流回路使用的数字范围是：电压回路为 600～799；电流回路为 400～599。它们的个位数字表示不同的回路；十位数字表示互感器的组数。回路使用的标号组，要与互感器文字符号前的"数字序号"相对应，如1TA 电流互感器的 A 相回路标号应是 A411～A419、电压互感器 2TV 的 A 相回路标号是 A621～A629。

⑥直流正极按奇数顺序标号，负极回路则按偶数顺序编号。回路经过元件（如线圈、电阻、电容等）后，其标号也随着改变。

⑦常用的回路给予固定的编号，如跳闸回路用 33、133、233、333 等，合闸回路用 3、103 等。

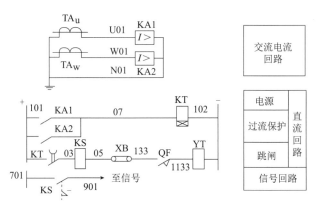

图 2-7 10 kV 线路过流保护展开接线原理框图

3. 安装接线图

安装接线图用来表明二次回路的实际安装情况，是控制屏制造厂生产加工和现场安装施工用图，也可作为二次回路检修、试验的主要参考图。

安装接线图分为屏面布置图、屏后安装接线图、端子排图等。

1）屏面布置图

布置图是以整体规划和有关原理图为依据，满足二次接线设计相关规定所绘制的图纸。常用的有控制室平面布置图以及控制屏、保护屏面布置图等。

屏面布置图是按比例表示屏上各设备的实际安装位置、外形尺寸、排列关系及相互间距离尺寸的施工布置图。同时，图上应附有设备明细表，列出屏中各设备的名称、型号、技术数据及数量等，以便备料和安装加工。图 2-8 所示为某继电保护屏屏正面布置图。

屏后布置图是从屏的背面看到的设备图形，按实际位置和基本尺寸画出，其位置与屏面布置图的左、右正好相反。图上应标明屏上各个设备的代表符号、顺序号以及端子排等的排布情况。

2）屏后安装接线图

屏后安装接线图用来表明屏内各设备在屏背面引出端子间以及与端子排间的连接情况。背视图中应标明各设备的代号、安装单位和型号规格，复杂的设备应绘出设备内部接线图。屏后接线图是制造厂生产过程中配线的依据，也是施工和运行的重要参考图纸。

① 屏后设备标志法。某屏后设备标志如图 2-9 所示，在图形符号内部标出接线用的设备端子号，所标端子号必须与制造厂家的编号一致。

在设备图形符号上方画一个小圆，该圆分为上、下两个部分，上部分标出安装单位编号，可用罗马字母Ⅰ、Ⅱ、Ⅲ来表示；在安装单位编号右下角标出设备的顺序号，如 1、2、3、…。小圆下部分标出设备的文字符号，如 KA、KT、KS 等，以及同型设备的顺序号，如 1、2、3、…。有时在设备图形符号与圆之间标注与设备表相一致的设备型号。

② 相对编号法。如果甲乙两个设备的接线端子需要连接起来，在甲设备的接线端子上，标出乙设备接线端子的编号，同时，在乙设备该接线

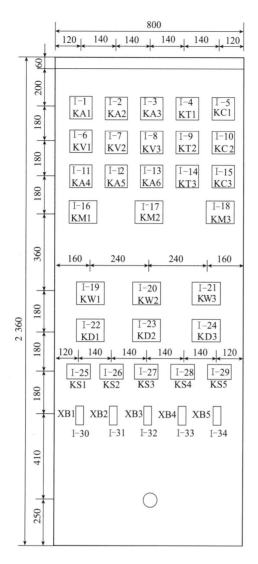

图 2 - 8　某继电保护屏屏正面布置

端子上标出甲设备接线端子的编号，即两个接线端子的编号相对应，这表明甲乙两设备的相应接线端子应该连接起来。这种编号称为相对编号法，目前在二次回路中广泛应用。

例如，如图 2 - 9 所示，电流继电器 KA1 的编号为 I1，KA2 的编号为 I2，时间继电器 KT 的编号为 I3，信号继电器 KS 的编号为 I4。若 KA1 的①号接线端子与 KA2 的①号接线端子相连，则 KA1 的①号接线端子旁标上 "I2 - 1"，即与第 I2 号元件 KA2 的第①个端子相连。与之对应，在 KA2 的①号端子旁标上 "I1 - 1"，这正是 KA1 的①号端子，查找起来十分方便。

3）端子排图

端子排图是用来表示屏上需要装设的端子数目、类型、排列次序以及端子与屏上设备及屏外设备连接情况的图纸。接线端子是二次接线中不可缺少的配件。屏内设备与屏外设备之间的连接是通过端子和电缆来实现的。许多端子组合在一起构成端子排，端子排一般采用垂直布置方式，安装在屏后的两侧。

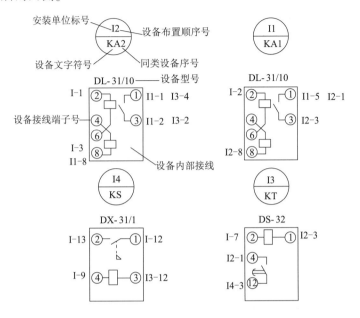

图 2－9　某屏后设备标志

每一安装单位应有独立的端子排，端子排垂直布置时，排列自上而下；水平布置时，排列自左而右，其顺序是交流电流回路、交流电压回路、控制回路、信号回路和其他回路；每一安装单位的端子排应编有顺序号，在最后留 2~5 个端子备用。

正负电源之间，经常带电的正电源与合闸、跳闸回路之间的端子间应不相邻或有一个空端子隔开，以免在端子排上造成短路或断路器误动。

为了节省导线、便于查线和维修，端子排的设置应与屏内设备相对应，如靠近屏左侧的设备接左侧端子排，靠近屏右侧设备接右侧端子排，上方和下方的设备也应与端子排相对应。

各安装单位之间的连接、屏内设备与屏外设备之间的连接以及需经本屏转接的回路，都经过端子排；同一屏上相邻设备之间的连接不经过端子排；而两设备相距较远或接线不方便时，则经过端子排。端子排的表示方法如图 2－10 所示。

4. 二次回路编号

为了便于安装施工和运行维护，在展开接线图中应对回路进行编号。

二次回路的编号根据等电位的原则进行，即回路中连接在一点的全部导线都用同一个数码来表示。当回路经过开关或继电器触点隔开后，因为触点断开时其两端已不是等电位，故应给予不同的编号。

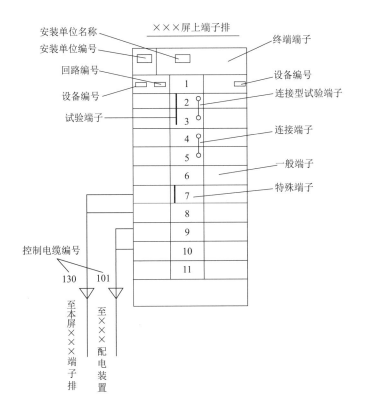

图 2 – 10　端子排的表示方法

三、二次回路识图方法

二次回路图的最大特点是逻辑性强、接线复杂。因此，初次阅读和使用二次回路图时，往往感觉识图比较困难。而设计及绘制二次回路接线图时，是按二次工作原理并遵循一定的规律绘制的，若在识图时抓住这些规律，就较容易看懂图纸，做到条理清晰。

看图前要清楚图纸上所标符号代表的设备名称，弄懂每个元件、继电器的动作原理及其功能。还要掌握以下识图技巧：先一次，后二次；先交流，后直流；先电源，后接线；先线圈，后触点；先上后下，先左后右。

"先一次，后二次"，就是当图中有一次接线和二次接线同时存在时，应先看一次部分，弄清是什么性质的设备，再看二次部分具体起什么作用。

"先交流，后直流"，就是当图中有交流和直流两种回路同时存在时，应先看交流回路，再看直流回路。交流回路一般由电流互感器和电压互感器的二次绕组引出，直接反映一次设备的运行状况，先把交流回路看懂后，根据交流回路的电气量以及在系统发生故障时这些电气量的变化特点，对直流回路进行逻辑推断，再看直流回路就容易些了。

"先电源，后接线"，不论在交流回路还是直流回路中，二次设备的动作都是由电源驱动的，所以在看图时，应先找到电源，再由此顺着回路接线往后看，若是交流则沿闭合回路依次分析设备的动作，若是直流则从正电源沿接线找到负电源，并分析各设备的动作。

"先线圈，后触点"，就是要分析触点的动作情况，必须先找到继电器或装置的线圈，因为只有线圈通电，其相应触点才会动作，由触点的通断引起回路的变化，进而分析整个回路的动作过程。线圈及其触点是紧密相连的，遇线圈找触点，遇触点找线圈，这是迅速看图的一大技巧。

"先上后下"和"先左后右"，二次接线图纸都是按照保护装置或回路的动作逻辑先后顺序，从上到下、从左至右地画出来的。端子排图、屏背面接线图也是这样布置的。所以，看图时，先上后下、从左至右地看图，符合保护动作逻辑，更容易看懂图纸。

端子排图要与几张展开图结合起来看，单纯看端子排图，只是一系列的数字和线条，只有两者结合起来才能理解完整的回路图纸。

任务二 线路保护测控装置的功能及硬件结构

 教学目标

1. 知识目标

（1）掌握保护测控装置的硬件组成及各插件的结构、作用。

（2）掌握数据采集与处理的方法。

（3）掌握开关量的输入与输出原理。

2. 能力目标

（1）具有按图对间隔层测控装置进行配线及接线正确性检查的能力。

（2）具有正确进行定值的输入、固化及调阅的能力。

（3）具有正确进行保护软、硬压板投退的能力。

3. 素质目标

（1）具有团队精神和沟通合作能力。

（2）具有收集信息、做出决策的能力。

（3）具有对相关专业文件的理解能力及质量意识。

一、微机保护测控装置

微机保护测控装置是以微型计算机为核心，由相应的软件（即程序）来实现各种复杂功能的继电保护装置。微机保护的特性主要由软件决定，具有较大的灵活性，不同原理的保护可以采用通用的硬件。微机保护测控装置可以在一次设备出现故障时，自动、迅速、有选择地切除故障元件，保证其他无故障设备正常运行。微机保护测控装置是系统安全稳定运行的保证。

1. 微机保护测控装置的基本组成

微机保护测控装置包括硬件和软件两大部分。

硬件一般包括以下几大部分。

（1）模拟量输入/输出系统（或称数据采集系统），包括电压形成、滤波、采样保持、多路转换以及模/数转换等功能，完成将模拟输入量准确转换为 CPU 所需的数字量。

（2）CPU 主系统，包括微处理器（CPU）、只读存储器（EPROM）、随机存取存储器（RAM）及定时器等。CPU 执行存放在 EPROM 中的程序，对由数据采集系统输入至 RAM 区的原始数据进行分析处理，以完成各种继电保护功能。

（3）开关量（或数字量）输入/输出系统，由若干并行接口适配器、光电隔离器件及有触点的中间继电器等组成，以完成各种外部触点输入、保护出口跳闸、信号警报及人机对话等功能。

（4）人机对话接口。

（5）电源回路等。

图 2-11 所示为变电站综合自动化系统保护测控装置典型硬件结构图。

微机保护软件是根据继电保护的需要而编制的计算机程序。

2. 微机保护测控装置的主要功能

电力系统是一个动态大系统，系统的负荷、设备的运行状态、系统参数随时都在变化，系统的各类故障随时可能发生。这就要求运行人员时刻掌握系统的运行状态，根据实际情况调整运行方式。因此，实时地获取系统的各种参数及状态，对运行人员及时、准确地掌握系统动态并做出正确决策至关重要，而这一切的实现就有赖于电力系统保护测控装置对各种数据的采集与处理、输出与控制，有了大量来自系统的信息，才能实现自动监测与控制。因此，保护测控装置是自动化系统的基础。

变电站的基本保护配置包括变电站主设备和输电线路的全套保护，如高压输电线路的主保护和后备保护、变压器的主保护和后备保护以及非电量保护、母线保护、馈出线路保护、无功补偿装置（如电容器组）保护等。

微机保护测控装置的主要功能有：模拟量数据采集、滤波、转换与计算；开关量数据采集、继电保护与自动控制功能；事件顺序记录；控制输出功能；对时功能及数据通信功能等。其中，继电保护功能是完整、独立的；当地人机接口功能，不仅可以显示保护单元各种信息，还可以通过人机接口修改保护定值；对应各种运行方式，存储多套保护定值；具有故障自诊断功能，通过自诊断及时发现保护单元内部故障并报警；对于严重故障，在报警的同时还能可靠闭锁保护出口。

（1）计算机控制系统。计算机系统是保护测控装置硬件系统的数字核心部分，在电力自动化装置市场上呈现出多种多样、各不相同的特性，但它们具有一定的共性，一般由 CPU、存储器、定时器/计数器、看门狗电

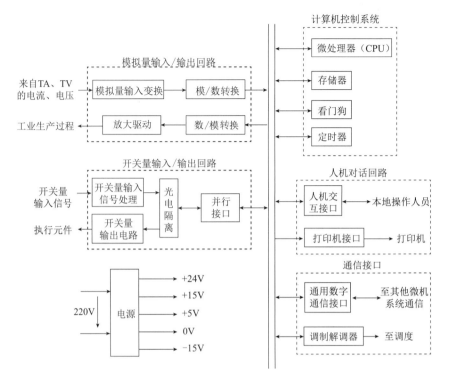

图 2-11 变电站综合自动化系统保护测控装置典型硬件结构框图

路、外围支持电路、输入/输出控制电路组成。主要完成数据采集及计算、数据处理、控制命令的接收与执行、逻辑闭锁、GPS 校时、MMI 接口通信等。

（2）模拟量输入/输出回路。来自变电站测控对象的电压、电流信号等是模拟量信号，即随时间连续变化的物理量。由于微机系统是一种数字电路设备，只能接收、识别数字量信号，所以就需要将模拟信号转换为相应的微机系统能接收的数字脉冲信号。同时，为了实现对变电站的监控，有时还需要输出模拟信号，去驱动模拟调节执行机构工作，这就需要模拟量输出回路。

（3）开关量输入/输出回路。开关量输入/输出回路由并行口、光电耦合电路及有触点的中间继电器等组成，主要用于外部接点位置状态、人机接口、跳闸等告警信号以及闭锁信号等。

（4）人机对话回路。人机对话回路主要包括打印、显示、键盘及信号灯、音响或语音告警等，其主要功能用于人机对话，如调试、定值整定、工作方式设定、动作行为记录与系统通信等。

（5）通信接口。保护测控装置可分为多个子系统，如监控子系统、微机保护子系统、自动控制子系统等，各子系统之间需要通信，如微机重合闸装置动作跳闸，监控子系统就需要知道动作跳闸信号，即子系统间自动化装置需要通信。同时，子系统的动作情况还要远传给调度（控制）中心。通信接口的功能主要是完成自动化装置间通信及信息远传。

（6）电源。供电电源回路提供了整套保护测控装置中功能模块所需要的直流稳压电源，一般是用交流电源经整流后产生不同电压等级的直流，以保证整个装置的可靠供电。

3. 微机保护测控装置采集的数据信息

电力系统需要采集的信息量大，且具有不同的特征，可以把它们分成以下类型。

（1）模拟量。模拟量是指时间和幅值均连续变化的信号，包括交流电压、交流电流、有功功率、无功功率、直流电压、温度等。

（2）开关量。开关量是指随时间离散变化的信号，主要反映的是设备的工作状况，包括断路器、隔离开关、继电器的触点及其他开关的状态。

（3）数字量。数字量是指时间和幅值均是离散的信号，包括 BCD 码仪表及其他数字仪表的测量值，并行和串行输入/输出的数据等。

（4）脉冲量。脉冲量是指随时间推移周期性出现短暂起伏的信号，包括系统频率转换的脉冲及脉冲电能表发出的脉冲等。

（5）非电量。非电量包括变压器油温、油压、瓦斯气体、油位等。

电力系统运行状况，主要由遥测量、遥信量表征。

遥测量主要是将变电站中如线路、母线、变压器等的运行参数，通过收集、处理、传送到监控主机及调度中心，遥测量大多为模拟量。

遥信量主要反映变电站中开关的状态量和元件保护状态的信息。它主要包括断路器的状态、隔离开关的状态、各个元件继电保护动作状态、自动装置的动作状态等。遥信量对正确反映系统运行工况非常重要，任何一条线路的断路器状态发生变化，均可能引起电网拓扑结构的变化，各种参数就可能随之发生变化。因此，正确采集系统的开关量状态信息是变电站自动化系统中的重要环节。

二、保护测控装置的硬件组成

1. 线路保护测控装置典型硬件组成

保护测量控制装置一般由四大部分构成，即机箱、面板、插件、基板，各部分如图 2 - 12 所示。不同的生产厂家其保护测控装置的外观不尽相同，如图 2 - 13 所示，但最基本的插件配置通常有电源插件（DC）、保护插件（CPU）、交流插件（AC）、开入/开出插件（I/O）等。下面以 EDCS - 8110 线路保护测控装置为例说明其硬件组成。

（1）面板（又称 LCD 人机接口板），含液晶显示屏、按键及信号指示灯。它是测控装置的人机接口部分，其液晶显示屏可实时显示当前的各测量值、保护整定值等参数。EDCS - 8110 线路保护测控装置的面板如图 2 - 14 所示。

正常运行状态下面板指示灯说明如下。

①运行：该指示灯为绿灯，主板 CPU 及相关回路运行正常时此灯闪烁，运行不正常或主板插槽位置没有插上主板时该指示灯熄灭。

②通信：该指示灯为绿灯，装置只要有一个通信口与外部智能设备通

信正常则该灯闪烁。若装置所有通信口未与外部智能设备建立通信，则该灯熄灭。

③告警：该指示灯为红灯，当内、外部有故障告警时点亮该灯；否则该灯熄灭。

④动作：该指示灯为红灯，保护动作则点亮该指示灯，经上位机或单元复归后该灯熄灭。

⑤分位：该指示灯为绿灯，当断路器处在分闸状态时，该灯点亮。

⑥合位：该指示灯为红灯，当断路器处在合闸状态时，该灯点亮。

（a） （b） （c）

图 2 – 12　保护装置的基本组成部件

（a）面板；（b）背板及插件；（c）箱体及基板

图 2 – 13　不同厂家保护测控装置的箱体外观

面板操作按键说明如图 2 – 15 所示。在主画面，按"确认"键可进入菜单操作界面，人机界面菜单功能说明如表 2 – 1 所示。

①按"确认"键，菜单进入下级菜单或具体画面。

②按"←"键，菜单由具体画面返回主画面或回到上级菜单；按"→"键，菜单由上级菜单进入下一级菜单。

③用"▲"或"▼"键选择上一行或下一行菜单项，定值修改中可作翻屏键使用。

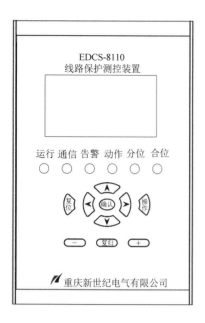

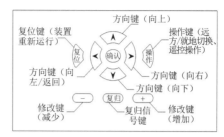

图 2 – 14 EDCS – 8110 保护测控装置面板 　　图 2 – 15　装置面板操作按键说明

表 2 – 1　人机界面菜单功能说明

一级菜单	二级菜单	三级菜单	功能说明
运行工况	计算参数		显示通过实时采样值计算出的参数，如压差等
	相角显示		显示各实时采样之间的夹角
	同期参数		显示同期时的压差、频差等参数
	开入状态		显示外部开关状态
	事故标志		显示所有保护动作及告警事件标志
	统计参数		显示统计量数据，如电度等
运行设置 （运行密码 高级密码）	定值切换		切换当前定值运行区
	压板设置		投退相关保护功能压板
	时间设置		设置保护装置运行时间
报告管理			显示最近的定值修改、告警事件、开关变位记录、 保护动作事件记录
定值操作 （调试密码 高级密码）	定值整定		整定任一区保护定值内容
	辅助定值		整定跟装置配置有关的一些定值， 一般由厂家整定

一级菜单	二级菜单	三级菜单	功能说明
装置设置 （调试密码 高级密码）	系统设置		设置本保护装置所应用场合的系统参数
	通信设置		设置通信的地址、波特率、通信方式
	统计量设置	电度清零	对统计的电度量进行清零
	密码设置		设置保护装置的运行密码、调试密码、高级密码
	校时模式		设置保护装置的校时是由上位机校时 还是 GPS 校时
装置测试 （调试密码 高级密码）	开出测试	出口测试	保护功能退出，执行开关和信号节点传动测试
		指示灯测试	对装置面板指示灯进行点亮测试
	精校系数		调整采样模块在单位输入下的精度
装置信息	版本信息		显示保护装置程序版本、校验码以及 程序生成时间
	自检信息		显示保护装置的闭锁保护信息、校时信息

装置在进行定值整定、出口传动、通道校正、密码修改时，需要输入正确的密码，即操作它们时需要相应的操作权限。装置的权限管理如下：

①高级密码：用于修改密码设置，向下兼容调试密码和运行密码。

②调试密码：供现场的技术管理人员，如继保人员、站长，用于整定运行定值、通信参数、变比、打印参数等。

③运行密码：供现场运行值班人员使用，常用于定值区切换、软压板投退。

（2）CPU 保护插件。CPU 保护插件是微机保护装置的核心部件，其实质是一台特别设计的专用微型计算机，装置的保护功能及附加功能主要由 CPU 保护插件来实现。保护插件主要用来完成信息的采集与存储、信息处理及传输任务，一般由中央处理器（CPU）、存储器、定时器/计数器及控制电路等部分构成，并通过数据总线、地址总线、控制总线连成一个系统，实现数据交换和操作控制。CPU 插件硬件如图 2－16 所示。

EDCS－8110 通过 CPU 插件完成该装置的所有保护算法和逻辑功能、人机界面及后台通信功能，此插件上还设有九路开入和五路开出。

（3）交流测量插件（AC）。继电保护装置的基本输入电量来自变电站测控对象的电压、电流等模拟电信号，即随时间连续变化的物理量。一次系统的模拟电量经过电压、电流互感器转变为二次电信号，再由引线端子进入微机保护装置。由于微机系统是数字电路设备，只接收数字脉冲信号，因此这些由互感器输入的模拟电信号还要变换成离散化的数字量。

EDCS－8110 交流测量插件配置有四路电压、六路电流的交流测量。交流插件硬件组成如图 2－17 所示。

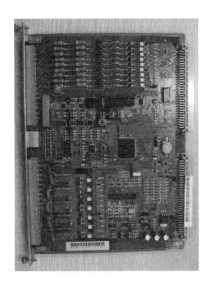

微机保护测控装置插
件结构（动画视频）

图 2 – 16　EDCS – 8110 装置
CPU 插件硬件

图 2 – 17　EDCS – 8110 装置交流
插件硬件

（4）开入/开出插件（I/O）。开关量输入/输出回路由并行口、光电耦合电路及有触点的中间继电器组成，主要用于人机接口，发跳闸信号、闭锁信号等。开入插件可以实现对断路器、隔离开关等设备状态的识别；开出插件可以实现对断路器、隔离开关、有载调压（升、降、停）等设备的控制。开入/开出插件如图 2 – 18 所示。

（5）电源插件（POWER）。电源插件用来给本装置的其他插件提供独立的工作电源。电源插件一般采用逆变稳压电源，它输出的直流电源电压稳定，不受系统电压波动的影响，具有较强的抗干扰能力。电源插件通常为直流 220 V 或 110 V 电压输入，经抗干扰滤波回路后，输出装置所需要的三组直流电压，即 5 V、±12 V、±24 V 分别供给 CPU 芯片、A/D 转换芯片、开关量输入/输出板使用。电源插件如图 2 – 19 所示。

图 2 – 18　EDCS – 8110 装置的
开入/开出插件

图 2 – 19　EDCS – 8110 装置的电源
插件硬件

2. 保护测控装置各插件的硬件联系

保护测控装置各插件的硬件联系，如图 2 – 20 所示。

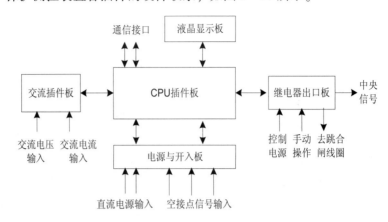

图 2 – 20　保护测控装置硬件结构框图

3. EDCS – 8110 装置硬件端子说明

EDCS – 8110 装置的基本插件包括电源插件、开入/开出插件、CPU 插件、交流插件。模块化设计的保护装置硬件大同小异，不同的是软件及硬件模块的组合与数量不同，针对不同的场合及功能需求，可由不同的模块组合完成相应的功能。

保护插件每个端子应有编号，端子编号通常由板号、端子插件号、端子插件序号组成。

以 EDCS – 8110 装置 CPU 插件的端子图为例，说明其编号规则。图 2 – 21 为 CPU 插件端子接线图，图中端子 3A01 = 3（板号）＋ A（端子插件号）＋01（端子插件序号），表示该端子为手车工作位置的开入。

CPU 插件	开出量	D01-1	保护分闸	3B01	开入量	－	3A01-09公共端220V-	3A10
		D01-2		3B02		＋	手车工作位置	3A01
		D02-1	重合闸出口	3B03		＋	手车试验位置	3A02
		D02-2		3B04		＋	地刀位置	3A03
		D03-1	遥控分闸	3B05		＋	线路TV刀闸	3A04
		D03-2		3B06		＋	弹簧未储能	3A05
		D04-1	遥控合闸	3B07		＋	投低周减载	3A06
		D04-2		3B08		＋	闭锁重合闸	3A07
		D05-1	保护动作信号	3B09		＋	投检修状态	3A08
		D05-2		3B10		＋	信号复归	3A09
					以太网	RJ45	◁ ⟶至控制系统	
					校时	GPS-A		3A11 ⟶至GPS
						GPS-B		3A12
					通信	CANH/485A		3A13 ⟶至控制系统
						CANL/485B		3A14

图 2 – 21　CPU 插件端子接线图

三、模拟量的输入/输出电路

掌握电力系统运行状况，主要从两个方面着手，一方面是遥测量，另一方面是遥信量。

遥测量主要是将变电站中如线路电流、母线电压、变压器电流、温度等运行参数，通过采集、处理、传送到监控主机及调度中心，遥测量大多为模拟量。

模拟量输入/输出系统（或称数据采集系统），模拟量输入电路是自动化装置中很重要的电路，自动装置的动作速度和测量精度等性能都与该电路密切相关。模拟量输入电路的主要作用是隔离、规范输入电压及完成模/数转换，以便与 CPU 接口，完成数据采集任务。

根据模/数转换原理的不同，模拟量输入电路有两种方式：一种是基于逐次逼近型 A/D 转换方式（ADC），它是直接将模拟量转变为数字量的变换方式；另一种是利用电压/频率变换（VFC）原理进行模/数转换方式，它是将模拟量电压先转换为频率脉冲量，通过脉冲计数转换为数字量的一种变换形式。

计算机输出的信号以数字形式给出，而有的执行元件要求提供模拟的电流或电压，故必须采用模拟量输出通道来实现。

1. 模拟量的输入电路

数据采集系统的作用是将从电压互感器、电流互感器输入的 100 V 电压、5 A 或 1 A 电流模拟信号转换成离散的数字量，供给微机主系统进行计算。模拟量输入电路主要包括电压形成回路、低通滤波、采样保持、多路转换开关及 A/D 变换五部分。图 2 - 22 所示为模拟量输入电路的结构框图。

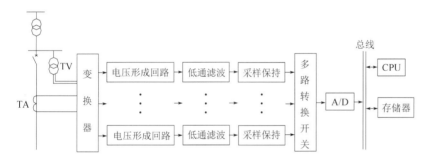

图 2 - 22　模拟量输入电路的结构框图

1）电压形成回路

自动化系统从电流互感器 TA 和电压互感器 TV 取得模拟量，但这些互感器的二次侧电流或电压量不适应模数变换器的输入要求，模数变换器要求输入信号电压为 ±5 V 或 ±10 V，故需要对它们进行变换。电压变换典型原理如图 2 - 23 所示。

电压形成电路除了起电量变换作用外，还可将一次设备的 TA、TV 的二次回路与微机 A/D 转换系统完全隔离，提高抗干扰能力。

2）低通滤波

电力系统运行参数 U、I 等经过 TV、TA 输出后，经变换器变成 0 ~ 5 V（或 4 ~ 20 mA）的直流模拟信号。为消除干扰，可采用一级或二级 RC 低通滤波器，滤除高次谐波；同时 RC 电路又可作过电压保护，防止

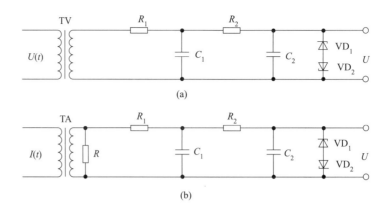

图 2 – 23　模拟量输入电压变换典型原理

（a）电压接口原理；（b）电流接口原理

浪涌电压进入通道内部损坏各种芯片元件。

滤波器使有用的频率信号通过，同时抑制无用的频率信号。对微机保护装置来说，在故障瞬间，电压、电流信号中可能含有高频率分量，采样频率 f 取值高，会对硬件速度提出过高的要求。实际上大多数的微机保护原理都是反映工频或低频电气量的特征，因此，可以在采样前用一个低通滤波器将高频分量滤掉，降低采样频率 f，从而降低对硬件的要求。

3）采样保持器

在采样期间能保持输入信号不变的器件叫采样保持器。模拟信号进行数字量转换时，从启动转换到转换结束输出数字量，需要一定的时间，这段时间称为转换时间。在这个转换时间内，模拟信号要基本保持不变才能保证转换精度，否则当输入信号频率较高时，会造成很大的转换误差。要防止这种误差产生，必须在模/数转换开始时将输入信号的电平保持住，而在转换结束后又能跟踪输入信号的变化。

4）多路转换开关

在变电站中，要监测或控制的模拟量不止一个，即需要采集的模拟量一般比较多。为了简化电路、节约投资，可以用多路模拟开关，使多个模拟信号共用一个采样保持器和 A/D 转换器进行采样和转换。

多路输入单路输出的电子切换开关，可通过编码控制，分时逐路接通。将由采样保持器送来的多路模拟量分时接到 A/D 转换器的输入端，完成用一个 A/D 转换器对若干个模拟量进行模/数转换工作。

5）A/D 转换器

这是模拟量输入通道的核心环节。其作用是将输入模拟量转换为与其成正比的数字量，以便由计算机进行处理、存储、控制与显示。

A/D 转换器的功能是将由多路转换开关送来的、由各路采样保持器采样的模拟信号的瞬时值转换成相应的数字值。由于模拟信号的瞬时值是离散的，所以相应的数字值也是离散的，这些离散的数字量由微机主系统中的 CPU 读取，并存放在存储器 RAM 中供计算时使用。

2. 模拟量的输出电路

模拟量输出通道结构框图如图 2 – 24 中虚线框 2 所示，它的作用是把微机系统输出的数字量转换成模拟量输出，这个任务主要由 D/A 转换器来完成。

由于 D/A 转换器需要一定的转换时间，在转换期间，输入待转换的数字量应该保持不变，而微机系统输出的数据在数据总线上稳定的时间很短，因此，在微机系统与 D/A 转换器间必须用锁存器来保持数字量的稳定。经过 D/A 转换器得到的模拟信号，一般要经过低通滤波器，使其输出波形平滑，同时为了能驱动受控设备，可以采用功率放大器作为模拟量输出的驱动电路。

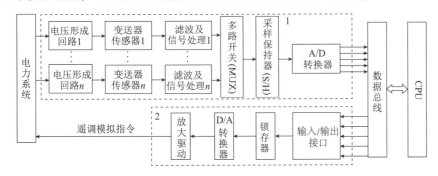

虚线框 1—模拟量输入回路；虚线框 2—模拟量输出回路

图 2-24　模拟量输入与输出通道框图

四、开关量的输入/输出电路

对于变电站的监控系统，检测断路器、隔离开关的工作状态（断开或闭合）和有载调压变压器的分接头位置，是基本功能之一。断路器和隔离开关的开合状态是通过检测其辅助触点的位置得知的。

开关量输入电路的基本功能就是将变电站内需要的状态信号（如输电线路断路器、隔离开关状态、继电保护信号等）引入微机系统，并在监控机界面上显示出实时状态。

1. 开关量的输入电路

开关量输入电路包括断路器和隔离开关的辅助触点、跳合闸位置、继电器触点、有载调压变压器的分接头位置等输入，外部装置闭锁重合闸触点、保护屏上保护压板位置输入等回路，这些输入可分成两大类。

（1）装在装置面板上的触点。这类触点包括在装置调试时用的或运行中定期检查装置的键盘触点，以及切换装置工作方式用的转换开关等。

（2）从装置外部经过端子排引入装置的触点。例如，需要由运行人员不打开装置外盖而在运行中切换的各种压板、连接片、转换开关以及其他装置和继电器等。

开关量输入
（动画视频）

对于装在装置面板上的触点，可直接接至微机的并行口，如图 2-25（a）所示。只要在可初始化时规定图中可编程的并行口的 PA0 为输入端，则 CPU 就可以通过软件查询，随时知道图 2-25（a）中外部触点 S1 的状态。

对于从装置外部引入的触点，如果也按图 2-25（a）所示接线，会将干扰引入微机，故需经光电隔离，如图 2-25（b）所示。图中虚线框内是一个光电耦合器件，由发光二极管、光敏三极管集成在一个芯片内，它们之间的绝缘电阻非常大，使可能带有电磁干扰的外部回路与微机之间无电的联系。光电耦合器中，信息的传递介质为光，没有电的直接联系，它不受电磁信号干扰，因此，隔离效果比较好。

当外部触点 S1 接通时，有电流通过光电耦合器的发光二极管回路，光电效应使光敏三极管导通。当外部触点 S1 断开时，光敏三极管截止。因此，三极管的导通与截止完全反映了外部触点的状态，如同将 S1 接到三极管的位置一样，不同点是可能带有电磁干扰的外部接线回路和微机的电路部分之间无直接电的联系，而光电耦合芯片的两个互相隔离部分的分布电容为几皮法，大大削弱了干扰。

2. 开关量的输出电路

开关量输出电路主要是将 CPU 送出的数字信号或数据进行显示、控制或调节，如断路器跳闸命令和报警信号等。

在变电站中，计算机对断路器、隔离开关的分、合闸控制，对主变压器分接开关位置的调节命令等，都是通过开关量输出接口电路去驱动继电器，再由继电器的辅助触点接通跳、合闸回路或主变压器分接开关控制回路而实现的。不同的开关量输出驱动电路可能不同。

图 2-26 所示为开关量输出电路，一般采用从并行接口的输出来控制有触点继电器的方法，为提高抗干扰能力，最好也经过一级光电隔离。只要通过软件使并行口的 PB0 输出"0"，PB1 输出"1"，便可使与非门 H1 输出低电平，光敏三极管导通，继电器 K 启动，其接点被吸合，接通外部回路。此接点即作为开关量输出。

在初始化和需要继电器 K 返回时，应使 PB0 输出"1"，PB1 输出"0"。

开关量输出
（动画视频）

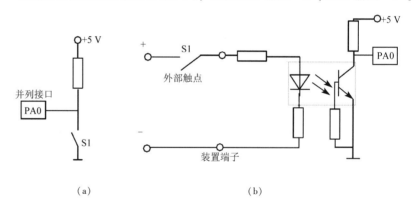

（a）　　　　　　　　　　　　　（b）

图 2-25　开关量输入电路原理图

（a）装置内接点输入回路；（b）装置外接点输入回路

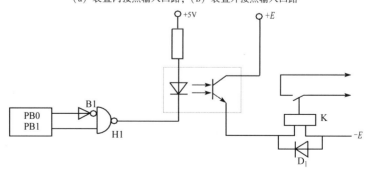

图 2-26　开关量输出电路原理

设置反相器 B1 及与非门 H1 不将发光二极管直接与并行口相连，一方面是因为并行口带负荷能力有限，不足以驱动发光二极管，另一方面是因为采用与非门后要满足两个条件才能使继电器 K 动作，增加了抗干扰能力。为了防止拉合直流电源的过程中继电器 K 短时误动作，将 PB0 经反相器输出，而 PB1 不经反相器输出。因为在拉合直流电源的过程中，当 5 V 电源处于某一个临界电压值时，可能会由于逻辑电路的工作紊乱而造成保护误动作。特别是保护装置的电源往往接有大量的电容器，所以拉合直流电源时，无论是 5 V 电源还是驱动继电器 K，用的电源都可能相当缓慢地上升或下降，从而完全可以来得及使继电器 K 的触点短时闭合。采用上述接法后，由于两个反相条件互相制约，可以可靠地防止误动作。

任务三 线路保护测控屏柜的保护测量回路

 教学目标

1. 知识目标
(1) 掌握电压互感器、电流互感器的接线方式及运行中的注意事项。
(2) 掌握线路保护测控装置测量、保护等遥测二次回路的工作原理及接线。
(3) 掌握线路保护测控装置二次回路接线检查的方法。
2. 能力目标
(1) 具备按图纸对线路保护装置及屏柜配线正确性检查的能力。
(2) 具备依据图纸对保护、测量二次回路接线正确性检查的能力。
3. 素质目标
(1) 具有团队精神和沟通合作能力。
(2) 具有收集信息、做出决策的能力。
(3) 具有对专业文件的理解能力及安全质量意识。

一、互感器的配置与接线方式

互感器是变电站的重要高压电气设备之一，它是一次系统与二次系统间的联络元件，互感器按用途分为电流互感器 TA 和电压互感器 TV。互感器将高电压变成低电压、大电流变成小电流，为量测仪表、保护装置和自动控制装置等二次设备提供 100 V 或 $100/\sqrt{3}$ V 交流电压、5 A 或 1 A 的交流电流信号，反映电气设备的正常运行和故障情况，以便实现测量仪表、保护设备及自动控制设备的标准化、小型化。同时互感器将二次设备与一次高压系统隔离，以保证检修人员人身和二次设备的安全。

1. 电流互感器二次回路
1) 电流互感器的准确度等级及配置
电流互感器的准确度等级是指在规定的二次负载范围内，一次电流为额定值时的误差限值。

测量用电流互感器的标准准确度等级有 0.1、0.2、0.5、1、3、5 级。在规定的二次负荷范围内，一次电流的误差限值分别不超过 0.1%、0.2%、0.5%、1%、3%、5%。

保护用电流互感器的标准准确度等级分为 5P 与 10P。保护用电流互感器，要求一次绕组流过超过额定电流许多倍的短路电流时，互感器应有一定的准确度，即复合误差不超过限值。例如，10P20，表示互感器为 10P 级，只要电流不超过 20 倍额定电流，互感器的复合误差不会超过 10%。

2）电流互感器的极性端

为了使电流互感器的二次电流 $\dot{I}_2$ 准确反映其一次电流 $\dot{I}_1$ 的相位关系，使继电保护及自动装置准确判别一次系统的运行状态，须对电流互感器的一、二次绕组的始末端（极性端）进行标注。

电流互感器一、二次绕组的极性决定于绕组的绕向。一般按一、二次电流同相位的方法标注电流互感器的极性端，即减极性标注法。电流互感器极性端标注如图 2-27 所示。其中，L_1 和 L_2 为一次绕组的始末端，K_1 和 K_2 为二次绕组的始末端；L_1 与 K_1 为一对极性端，用"*"表示；L_2 与 K_2 为另一极性端。若一次电流 $\dot{I}_1$ 从 L_1 端流入，则二次电流 $\dot{I}_2$ 应从 K_1 端流出。

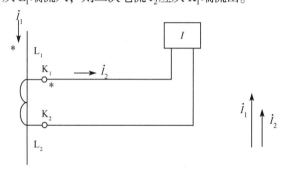

图 2-27　电流互感器极性端标注

3）电流互感器二次回路接线

电流互感器在三相电路中常见的四种接线方式如下。

① 单相接线，如图 2-28（a）所示，这种接线主要用来测量单相负荷电流、变压器中性点电流、三相系统中平衡负荷的某一相电流。

② 两相星形接线，如图 2-28（b）所示，这种接线又称为不完全星形接线，在 6~10 kV 中性点不接地系统中应用较广泛，可以测量三相电流、有功功率、无功功率、电能等。两相星形接线主要反映相间故障，不能完全反映接地故障。由于不完全星形接线方式比三相星形接线方式少了 1/3 的设备，因此，节省了投资费用。

③ 两相电流差接线，如图 2-28（c）所示，这种接线方式通常用于线路或电动机的短路保护及并联电容器的横联差动保护等，它能反映各种相间短路但灵敏度各不相同。这种接线方式在正常工作时，通过仪表或继电器的电流是 W 相电流和 U 相电流的相量差，其数值为电流互感器二次电流的 $\sqrt{3}$ 倍。

④ 三相星形接线，如图 2-28（d）所示，这种接线用于 110~500 kV 中

性点直接接地系统的测量和保护回路接线。可以测量三相电流、有功功率、无功功率、电能等。用三相星形接线方式组成的继电保护电路，能反映各种相间故障及接地故障电流（三相、两相短路及单相接地短路），可靠性较高。

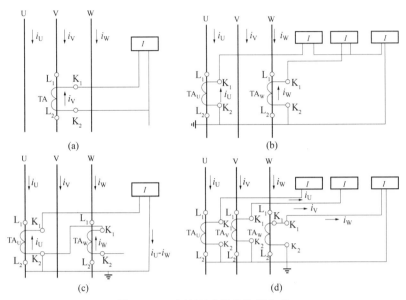

图 2 - 28　电流互感器的接线方式

（a）单相接线；（b）两相星形接线；（c）两相电流差接线；（d）三相星形接线

4）电流互感器二次回路使用要求

电流互感器二次额定电流有 1 A 和 5 A 两种，使用中应注意检查 TA 二次侧额定电流与保护、测控装置的工作额定电流相匹配。保护设备必须使用 P 级二次绕组准确度等级，测量及计量设备应使用 0.2 或 0.5 级二次绕组准确度等级。

运行中电流互感器二次侧有一点须接地，以防止一、二次绕组间绝缘击穿时，一次侧高压窜入二次侧，危及工作人员人身及二次设备安全。电流互感器二次绕组除了要求可靠接地外，还要求中性线不能多点接地，这是为了防止单相接地故障时中性点多点接地可能导致零序电流分流造成零序保护拒动。

运行中电流互感器二次回路严禁开路。电流互感器二次回路开路时会造成互感器励磁电流剧增导致电流互感器损毁，所以电流互感器二次回路不允许装设熔断器，如需拆除二次设备时，必须先用导线或短路压板将二次回路短接。

2. 电压互感器二次回路

1）电压互感器二次回路接线方式

在三相电力系统中，需要测量的电压通常有线电压、相对地电压和发生接地故障时的零序电压，因此，电压互感器的一、二次侧有不同的接线方式，如图 2 - 29 所示。

①单相电压互感器的接线，如图 2 - 29（a）所示，这种接线可以测量某两相间的线电压，主要用于 35 kV 及以下的中性点非直接接地电网中，

为安全起见，二次绕组有一端接地；单相接线也可用在 110 kV 及以上中性点直接接地系统中测量相对地电压。

②Vv 接线。Vv 接线又称不完全星形接线，如图 2-29（b）所示。它可以用来测量三个线电压（中性点不接地或经消弧线圈接地系统）。它的接线简单、经济，广泛用于工厂供配电所高压配电装置中。它不能测量相电压。

③三相三柱式电压互感器接成 Yy0 形接线，如图 2-29（c）所示。这种接线只能用来测量线电压，不允许用来测量相对地电压。原因是它的一侧绕组中性点不能引出；否则会在电网发生单相接地、产生零序电压时，因零序磁通不能在三个铁芯柱中形成闭合回路，而造成铁芯过热甚至烧毁电压互感器。

④三相五柱式电压互感器接成 Y0y0d 形接线，如图 2-29（d）所示。这种接线可用于测量线电压和相电压，还可用作绝缘监察，广泛用于非直接接地系统。其辅助二次绕组接成开口三角形，当发生单相接地时，将输出 100V 电压（正常时几乎为零），启动绝缘监察装置发出警报。因为这种结构电压互感器的铁芯两侧边柱可构成零序磁通的闭合回路，故不会出现烧毁电压互感器的情况。

⑤三台单相电压互感器接成 Y0y0d 形接线，如图 2-29（e）所示。这种接线可用于测量线电压、相对地电压和零序电压。因其铁芯相互独立，不存在零序磁通无闭合回路的问题。它适用于各电压等级系统。

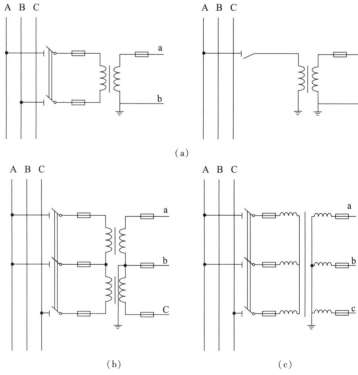

图 2-29　电压互感器的几种常见接线方式

（a）单相接线；（b）不完全星形接线；（c）Yy0 形接线

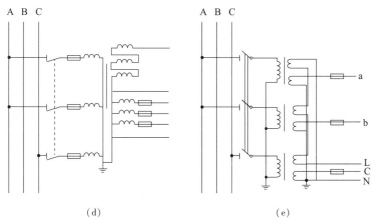

（d）　　　　　　　　　　　　　　　（e）

图 2 - 29　电压互感器的几种常见接线方式（续）

（d）Y0y0d 形接线；（e）Y0y0d 开口接线

2）电压互感器二次回路使用要求

电压互感器二次绕组的额定电压有 100 V、100/√3 V、100/3 V 三种；测量用电压互感器的准确度等级包括 0.1、0.2、0.5、1、3 级五种，误差分别为 0.1%、0.2%、0.5%、1%、3%。保护用电压互感器准确度等级包括 3P 级和 6P 级，误差分别为 3%、6%。电压互感器二次绕组极性一般均为相对地正极性。

电压互感器二次侧不得短路。因为电压互感器的一次绕组并联于高压电网，二次绕组匝数少、阻抗小，如发生短路，将产生很大的短路电流，有可能烧坏电压互感器，甚至影响一次电路的安全运行，所以电压互感器的一、二次侧都应装设熔断器。

电压互感器的零序绕组（开口三角）回路上不得装设熔断器或空气断路器，原因为：一是为了防止正常运行时零序电压为 0 V，无法从测量手段上监测到熔断器的好坏；二是故障时零序电压绕组因为熔断器熔断可能造成保护不正确动作。

电压互感器铁芯及二次绕组一端必须接地，目的是防止一、二次侧绕组绝缘被击穿时，一次侧的高电压窜入二次侧，危及工作人员人身及二次设备安全。

二、线路保护测控装置类型及功能

1. 线路保护测控装置的类型

在分层分布式变电站综合自动化系统中，对于输电线路、配电线路，因其电压等级及重要程度不同，保护及监控的复杂程度也不相同，为它们配置的保护、测控装置也各不相同。由微型计算机构成的线路保护测控装置可分为以下几类。

（1）保护测控综合装置。简称保护测控装置，一般用于 110 kV 以下系统，它可以完成相应线路间隔的所有保护、测量、断路器、隔离开关等的监视控制任务。

对于 110 kV 及以上电压等级的间隔层装置，为了保证保护工作的独立性及可靠性，保护装置和测控装置一般相互独立。对于 220 kV 及以上电压等级的输电线路，保护装置和测控装置除了各自独立外，每个间隔还需要双重化保护配置，即同时设置两套不同原理的保护装置，形成双主保护双后备保护的双重化保护。

（2）测控装置。测控装置是变电站自动化监控系统的必要组成部分，主要完成对某一间隔电气量（如电压、电流、压力等）的测量、控制（包括断路器、隔离开关、接地开关等）及其他与其对应的电气间隔相关的任务，它面向的对象主要是 110 kV 及以上的间隔设备。

（3）保护装置。保护装置主要完成对某 110 kV 及以上电气间隔设备的保护任务，如输电线路保护装置、断路器保护装置等。

2. 线路测控装置的功能

线路的测控装置与保护测控装置的区别在于测控装置不配置输电线路保护功能。它的硬件结构与保护测控装置非常相似，具体基本功能如下。

（1）开关量信号采集。输电线路测控装置需采集对应输电线路间隔的开关量，如断路器、隔离开关和接地开关的位置状态以及一次设备，如断路器和隔离开关操动机构中的告警信号、断路器操作箱中的动作信号和告警信号。

（2）模拟量信号采集。采集电压和电流瞬时值，并计算电流、电压、有功功率、无功功率及功率因数等测量值。

（3）控制操作。主要指遥控分合断路器、隔离开关、接地开关。

（4）脉冲量采集。接收脉冲电能表的输出进行脉冲累计、转换。

（5）同期功能。对系统内的枢纽变电站，要求输电线路测控装置具备检测同期功能。当断路器合闸操作时，对合闸两侧的电压进行同期检测以确定是否满足合闸条件。当单侧无电压时，可以直接进行合闸操作；当双侧都有电压时，则要求对两侧电压的幅值、频率、相角进行检测比较以决定是否可以合闸；当条件不满足时，装置会发出报警提示信号并闭锁出口。

（6）防误联锁。通过测控装置中的可编程逻辑控制功能来实现。根据间隔的防误联锁条件，一方面通过本间隔的断路器、隔离开关、接地开关等信号，实现本间隔自身的防误联锁要求；另一方面通过网络之间的信息互换，得到所需的其他间隔的防误联锁信息，再通过本间隔中的可编程逻辑控制功能来实现间隔之间的防误联锁要求。

（7）通信功能。与保护测控装置相似，配备现场总线、以太网、光纤等接口经通信网络与站控层设备通信。

3. 线路保护装置的功能

在变电站综合自动化系统中，线路保护装置除了完成必要的输电线路保护功能外，还必须考虑向变电站层以及远方调度传送该保护装置的管理信息，并接受变电站层以及远方调度下发的各种命令。

1）故障记录功能

当被保护输电线路发生故障时，保护装置能自动记录保护动作前后有关的故障信息，包括短路电流、电压、功率等系统参数变化以及故障发生时间、该输电线路保护装置中各种保护的动作情况和保护出口时间等信息，以便分析故障性质及保护的动作行为。

2）信息管理功能

在输电线路保护装置中，一般都设有专门的通信接口，以便对保护装置进行各种管理，如设置有现场总线网口、以太网口和 RS485 网口以便与相应的通信网络相连，以满足不同系统结构的要求；设置有 GPS 对时功能，满足网络对时要求。

三、EDCS-8110 线路保护装置的保护、测量二次回路

对于任何微机保护装置，都必须接入所保护的电气单元的工作电压与工作电流，根据接入的电压、电流列出不同类型、不同原理的动作方程，从而构成不同的保护。

1. 电流互感器的配置

35 kV 以下小电流接地系统中，线路的电流互感器一般采用两相式布置，即在 A、C 相装设电流互感器，如图 2-30（a）所示。电流互感器二次绕组一般配三组，分别用于计量、测量及保护。供电能表计量用的 1TA，准确度等级为 0.2 级（0.2 级的含义是指在电流互感器额定电流时，其变化比误差不超过 0.2%）；供测量用的 2TA，准确度等级为 0.5 级（0.5 级的含义是指在电流互感器额定电流时，其变化误差不超过 0.5%）；供保护用的 3TA，准确度等级为保护专用的 5P10 级（5P10 级的含义是指在电流互感器 10 倍的额定电流时，其变比误差不超过 5%）。35 kV 以下小电流接地系统中，线路的电流互感器也可采用三相式布置，即在 A、B、C 相装设电流互感器，如图 2-30（b）所示，各组互感器的准确度等级与上述两相配置的一致。小电流接地系统的馈出线路一般还装设一只开启式零序电流互感器 TA0，如图 2-31 所示，作为出线电缆接地故障时零序保护电流的采集、小电流接地选线用。

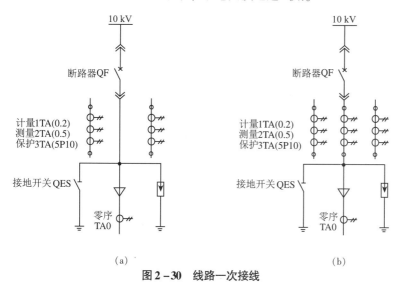

(a)　　　　　　　　　　　　(b)

图 2-30　线路一次接线

2. 保护测控装置的交流电流回路接线

图 2-32 是 6~35 kV 线路选用 EDCS-81103 型保护测控装置的交流电流回路接线。图中保护、测量的电流回路采用完全星形接线，这种接线方式可以反映各种相间及接地故障，如三相、两相短路、单相接地短路故障。EDCS-81103 型保护装置具有小电流接地选线告警功能。其中 419、420、421、… 是保护装置背板端子的编号，表示 EDCS-81103 装置第四块插件的第 19、20、21、…端子。这里要注意的是，装置测量回路由于不设 C 相电流端子接入，在接线时须将 C 相电流互感器的二次侧与 N 短接，以防止 CT 二次开路运行。

图 2-31 开启式零序 CT

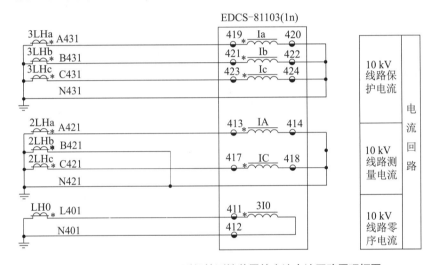

图 2-32 EDCS-81103 型保护测控装置的交流电流回路原理框图

3. 保护测控装置的交流电压回路接线

图 2-33 是 6~35 kV 线路选用 EDCS-81103 型保护测控装置的交流电压回路接线。图中保护和测量的交流电压共用一组电压小母线，它所接的电压互感器二次绕组准确度等级为 0.5 级，从该线路所接母线的电压互感器二次绕组引入，如 I 段母线引自 1SYM（630）的一组电压小母线，II 段母线引自 2SYM（640）的一组电压小母线。A651I、B651I、C651I 来自 I 段母线电压互感器的二次侧引出。

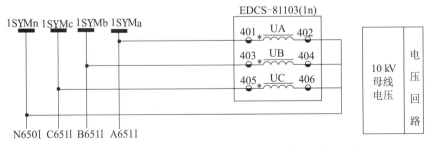

图 2-33 EDCS-81103 型保护测控装置的交流电压回路原理框图

4. 保护测控装置的开关量信号回路

变电站的断路器、隔离开关、继电器等常处于强电场中，电磁干扰比较严重，若要采集这些强电信号，必须采取抗干扰措施。最简单、有效的方法是采用光电隔离或继电器隔离。在图 2-34 中，强电信号输入接有断路器的分/合位置、手车的工作位置及试验位置、隔离开关的分/合位置、操作机构弹簧未储能信号，这些输入信号可以通过保护测控装置转换为数字量，经网络传输到监控主机的主接线图上显示出相应设备状态。

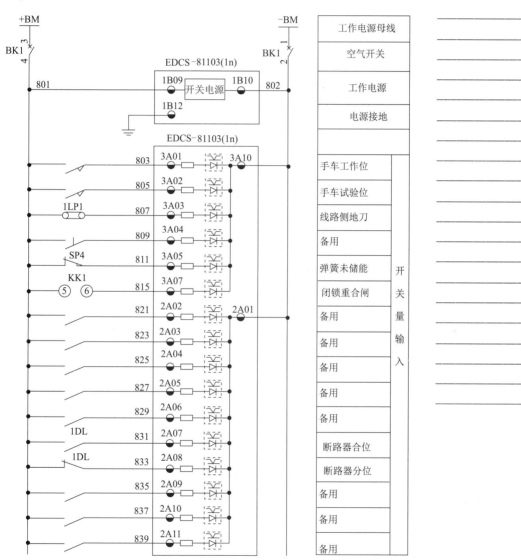

图 2-34　保护测控装置的开关量信号回路

任务四　线路保护测控装置的控制回路

 教学目标

1. 知识目标

（1）掌握断路器的控制方式及原理。

（2）掌握线路保护测控装置二次控制回路的工作原理及接线。

（3）熟悉断路器的跳跃及防跳跃原理。

2. 能力目标

（1）具有按图纸对线路屏柜控制回路进行配线及接线正确性检查的能力。

（2）具有依据图纸对断路器进行防跳功能测试的能力。

3. 素质目标

（1）具有团队精神和沟通合作能力。

（2）具有收集信息、做出决策的能力。

在变电站中对断路器的跳、合闸控制是通过断路器的控制回路以及操动机构来实现的。控制回路是连接一次设备和二次设备的桥梁，通过控制回路，可以实现二次设备对一次设备的操控。

一、断路器的控制方式

断路器的控制方式，通常有就地控制和远方控制两种。

（1）就地控制是指通过断路器机构箱上的操作按钮进行就地控制，或在开关柜上对断路器进行分、合控制。通常，通过操作把手将操作命令传递到保护测控装置，再由保护测控装置传递到开关机构箱，驱动断路器跳、合闸线圈动作，完成对断路器的分、合闸操控。

（2）远方控制是指在变电站主控制室、集控中心或调度中心通过监控主机对断路器进行分、合控制。监控主机上通过交互式对话，选择操作对象、操作性质，发出操作命令，完成对某断路器的各类操作控制。

远方操作又称为遥控操作，变电站遥控类别分为调度遥控、站内主控室控制、主控室就地控制三种方式。

① 调度遥控指由调度人员在调度端通过监控主机发出下行控制命令。

② 站内主控室遥控是指运行人员在变电站监控主机上发出操作命令，通过交互式对话，选择操作对象、操作性质，完成对某断路器的各类操作要求。

③ 主控室就地控制是后备控制方式，当监控系统故障或网络故障时，可采用主控室保护测控屏上的控制开关对断路器进行手动控制。

控制方式间相互闭锁，同一时刻只允许一种方式操作。

此外，断路器本身的保护动作、重合闸动作，可发出跳、合闸命令，引起断路器跳、合闸；低频减载等自动装置动作，也可引起断路器跳闸。

二、断路器的操作机构

断路器的操作机构是指独立于本体之外的对断路器进行操作的机械操动装置，是断路器的重要组成部分。断路器本身附带的跳、合闸传动装置，它使断路器合闸及维持合闸状态，或使断路器跳闸。在操作机构中设有合闸机构、维持机构和跳闸机构。根据动力来源的不同，操作机构可分为电磁操作机构（CD）、弹簧操作机构（CT）、液压操作机构（CY）、气动操作机构（CQ）和电动操作机构（CJ）等。目前，弹簧操作机构和液压操作机构应用广泛。实际应用中根据断路器传动方式和机械荷载的不同，配用不同形式的操作机构。

（1）电磁操作机构。电磁操作机构依靠电磁力进行合闸操作，结构简单、加工方便、制造成本低。由于机构利用电磁力直接合闸，合闸电流很大，可达几十至数百安，所以合闸回路不能直接利用控制开关触点接通，必须采用合闸接触器。由于机构笨重、消耗功率大，目前，这种操作机构已被其他先进机构取代。电磁操作机构如图 2-35 所示。

（2）弹簧操作机构。弹簧操作机构是依靠预先储存在储能弹簧内的位能为动力对断路器进行分、合操作的机构。弹簧储能时耗用功率小，因而合闸电流小，合闸回路可直接用控制开关触点接通。这种机构结构复杂，加工工艺及材料性能要求高。此操作机构一般应用在 220 kV 及以下电压等级断路器中。弹簧操作机构如图 2-36 所示。

（3）液压操作机构。液压操作机构依靠压缩气体（氮气）作为能源，以液压油作为传递介质进行分、合闸操作。这种机构所用的高压油预先储存在储油箱内，用电动机带动油泵运转，将油压入储压桶内，使预压缩的氮气进一步压缩，从而不仅合闸电流小，合闸回路可直接用控制开关触点接通，而且压力高、传动快、动作准确、出力均匀。液压操作机构适用于110 kV 及以上电压等级的断路器，特别是超高压断路器。

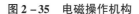
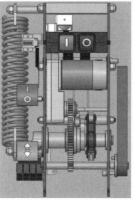

图 2-35　电磁操作机构　　图 2-36　弹簧操作机构

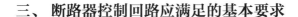

三、 断路器控制回路应满足的基本要求

（1）应有对控制电源的监视回路。断路器的控制电源非常重要，一旦失去将无法操作断路器。因此，无论何种原因引起断路器控制电源消失时，都应发出声、光报警信号，提醒运行人员及时处理。

（2）应经常监视断路器跳闸、合闸回路的完好性。当跳闸或合闸回路故障时，应发出断路器控制回路断线信号。

（3）应有防止断路器"跳跃"的电气闭锁装置。断路器合于有预伏短路故障的线路时，继电保护装置会快速动作，指令操动机构立即自动分闸，这时若合闸命令尚未解除，断路器会再次合闸于故障线路，如此反复，即所谓"跳跃"现象。"跳跃"现象会造成断路器多次合分短路电流，使触头严重烧伤，甚至引起断路器爆炸事故，因此，必须采取措施，使操动机构具备防跳跃功能。

断路器的"跳跃"现象一般在跳闸、合闸回路同时接通时才发生。"防跳"回路应使断路器出现"跳跃"时，将断路器闭锁至跳闸位置。

（4）跳闸、合闸命令应保持足够长的时间，并且当跳闸或合闸完成后，命令脉冲应能自动解除。断路器的跳、合闸线圈都是按短时带电设计的，因此，跳、合闸操作完成后，必须自动断开跳、合闸回路；否则，跳闸或合闸线圈会烧坏。通常由断路器的辅助触点自动断开跳、合闸回路。

（5）对于断路器的合、跳闸状态，应有明显的位置信号。故障自动跳、合闸时，应有明显的动作信号。

（6）断路器的操作动力消失或不足时，如弹簧机构的弹簧未拉紧、液压或气压机构的压力降低等，应闭锁断路器的动作并发出信号。

四、 断路器的直流控制回路原理

断路器的控制回路通常由合闸回路、跳闸回路、防跳回路、保护回路等部分组成。下面以某 10 kV 断路器直流控制回路为例，说明控制回路工作原理。控制回路如图 2 - 37 所示。

1. 控制回路基本元器件简介

图 2 - 37 所示断路器控制回路图中元器件名称如下。

（1）KK1 为控制开关，完成控制方式的选择，同时能对断路器进行就地操作与遥控选择。其面板与接点导通图如图 2 - 38 所示。图中打"×"触点表示为接通位置，其他空白表示触点为断开位置。如 KK 切换手柄置于垂直位置是远方控制，触点 9 - 10、11 - 12 接通；当手柄向左旋转 45°时，为就地控制方式；再向左旋转 90°，则可进行分闸操作，此时，触点 1 - 2、5 - 6 接通。当手柄从远方位置向右旋转 45°时，为就地控制方式；再向右旋转 90°，则可进行合闸操作，此时，触点 3 - 4、7 - 8 接通。

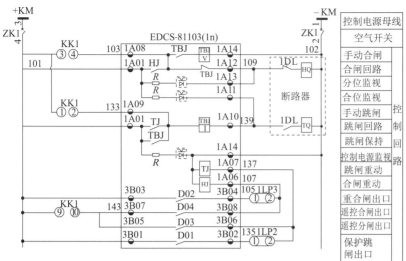

图 2 - 37　断路器控制回路

KK*(GSH2-25-00171)接点图				
	分闸	就地	远方	就地	合闸
	90°	→ 45°	0°	45°	←90°
1-2	✕				
3-4					✕
5-6	✕				
7-8					✕
9-10			✕		
11-12			✕		

（a）　　　　　　　　　　　　　　（b）

图 2 - 38　控制开关接点导通图及其外观

（a）控制开关接点导通图；（b）控制开关外观

（2）ZK1 为直流电源空气开关，其外观如图 2 - 39 所示。

（3）HQ 为断路器合闸线圈，用来使合闸电磁铁励磁，产生电磁力，将储能弹簧的能量释放，推动操作机构完成断路器的合闸。

（4）TQ 为断路器跳闸线圈，用来使分闸电磁铁励磁，产生电磁力，推动操作机构完成断路器的分闸。断路器分闸、合闸线圈如图 2 - 40 所示。

（5）DL 为断路器的辅助开关，有常开触点（又称动合触点）、常闭触点（又称动断触点）两类，动合触点始终与断路器主触点的状态保持一致；动断触点始终与断路器主触点的状态相反。其外观如图 2 - 41 所示。

（6）TJ 为跳闸继电器线圈，其继电器的常开、常闭触点与继电器线圈图符相同。

（7）HJ 为合闸继电器线圈，其继电器的常开、常闭触点与继电器线圈图符相同。

（8）TBJ 为防跳闭锁继电器，它是具有电流及电压线圈的双线圈继电器，TBJ/I 为防跳继电器电流线圈，TBJ/V 为防跳继电器电压线圈。

（9）R 为限流电阻。

断路器的分、合位置指示由发光二极管指示。

（10）LP 为保护出口压板。

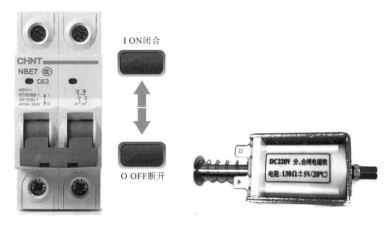

图 2 - 39　空气开关　　　　图 2 - 40　断路器分闸、合闸线圈

图 2 - 41　断路器的辅助开关

2. 断路器的手动合闸

正常工作时，直流控制电源空气开关 ZK1 合上，控制电源监视红灯亮。

手动合闸前，断路器处于分位。断路器的辅助常闭触点闭合，断路器分位监视绿灯经限流电阻接通合闸线圈，分位灯亮。由于电阻的限流作用，此时回路电流达不到合闸线圈的励磁电流启动值，断路器并不会合闸。操作人员对断路器进行手动合闸操作，将 KK1 转换开关由就地位置转至合闸位置，此时转换开关 KK1 接点③－④短时接通，电流路径为＋KM→ZK1→KK1 转换开关③－④接点→TBJ→1DL→HQ→ZK1→－KM，合闸线圈 HQ 通电励磁后动作，使已储能的断路器机构动作合闸。

断路器合闸后，接于合闸回路的断路器辅助常闭触点断开，分位绿灯灭；接于分闸回路的断路器辅助常开触点闭合，合位红灯亮，为下一次的分闸做好准备。

手松开 KK1 后，手柄自动回至就地位，断开 KK1 转换开关③ – ④接点后，不再接通其他回路。

3. 断路器的手动分闸

断路器手动分闸前，断路器处于合位。断路器的常开触点闭合，断路器合位监视红灯经限流电阻接通分闸线圈，合位红灯亮，由于电阻的限流作用，此时回路电流达不到分闸线圈的励磁电流，断路器并不会分闸。操作人员对开关进行手动分闸操作，将 KK1 转换开关由就地位置转至分闸位置，此时转换开关 KK1 的① – ②接点短时接通，电流路径为 + KM→ZK1→KK1 转换开关接点① – ②→TBJ/I→1DL→TQ→ZK1→ – KM，分闸线圈 TQ 通电励磁后动作，使已储能的断路器机构动作分闸，断路器分闸的同时，其辅助常闭触点闭合，分位绿灯亮；断路器常开触点断开，合位红灯灭。

4. 断路器的远方合闸（遥控合闸）

要对断路器进行远方合闸控制时，先将 KK1 切换至远方位置，此时，KK1 在垂直位置，其⑨ – ⑩接点接通；在主控室或集控中心的监控机上，用鼠标操作，通过监控主机和网络传输控制信号，遥控合闸指令发出，EDCS – 8110 保护装置中的遥控合闸开出触点 D04 闭合，接通合闸回路，电流路径为 + KM→ZK1→KK1 接点⑨ – ⑩→D04→HJ→ZK1→ – KM，启动 HJ 合闸继电器，合闸回路中 HJ 合闸继电器常开触点闭合，接通合闸回路，合闸线圈通电励磁后动作，使已储能的断路器机构动作合闸。断路器合闸的同时，其辅助常闭触点断开，分位绿灯灭；常开触点闭合，合位红灯亮。

5. 断路器的远方分闸（遥控分闸）

要对断路器进行远方分闸控制时，先将 KK1 切换至远方位置，此时，KK1 在垂直位置，其⑨ – ⑩接点接通；在主控室或集控中心的监控机上，用鼠标操作，通过监控主机和网络传输控制信号。遥控分闸指令发出，EDCS – 8110 保护装置中的遥控分闸开出触点 D03 闭合，接通分闸回路，电流路径为 + KM→ZK1→KK1 接点⑨ – ⑩→D03→TJ→ZK1→ – KM。启动 TJ 跳闸继电器，跳闸回路中 TJ 跳闸继电器常开触点闭合，接通跳闸回路，跳闸线圈通电励磁后动作，使已储能的断路器机构动作跳闸。断路器跳闸的同时，其辅助常闭触点闭合，分位绿灯亮；常开触点断开，合位红灯灭。

6. 断路器的保护跳闸回路

运行的线路若发生相间短路等故障，此时，一次回路的电流、电压值会发生突变，二次回路的电压、电流也会相应改变，若二次电流采样值大于保护装置的整定值，则保护装置立即发出跳闸令，D01 触点闭合，电流路径为 + KM→ZK1→D01→1LP2→TJ→ZK1→ – KM。启动 TJ 跳闸继电器，TJ 跳闸继电器常开触点闭合，接通跳闸回路，跳闸线圈通电励磁后动作，使已储能的断路器机构动作跳闸。断路器跳闸的同时，其辅助常闭触点闭合，分位绿灯亮；常开触点断开，合位红灯灭。

7. 断路器控制回路的防跳

有时由于控制开关原因或自动装置触点原因，在断路器合闸后，KK1转换开关的相应回路触点并未断开，使合闸命令一直存在，此时，若线路设备存在故障，继电保护动作使开关跳闸，但由于合闸脉冲一直存在，则会在开关跳闸后重新合闸，如果线路故障为永久性故障，保护将再次将开关跳开，持续存在的合闸脉冲将会使开关再次合闸，如此将会发生多次的"跳—合—跳—合"现象，此种现象称为"跳跃"。

断路器的多次跳跃，将造成断路器绝缘下降、毁坏断路器，严重时断路器可能爆炸，危及人身和设备安全，甚至引起系统瓦解。因此，操作回路必须有防止开关"跳跃"的功能。

如图 2-37 所示，中间继电器 TBJ，称为跳跃闭锁继电器。它有两个线圈，一个是电流启动线圈 TBJ/I，串联于跳闸回路中，这个线圈的额定电流应根据跳闸线圈的动作电流选取，并要求其灵敏度高于跳闸线圈的灵敏度，以保证在跳闸操作时它能可靠地启动；另一个线圈为电压自保持线圈 TBJ/V，经过自身的常开触点并联于合闸线圈回路中。在合闸回路中串联接入 TBJ/V 的常闭触点。

防跳工作原理：当控制开关或继电保护及自动装置让断路器合闸后，若控制开关合闸触点未断开，线路发生故障时，保护出口触点 D01 闭合，将跳闸回路接通，使断路器跳闸；同时跳闸电流流经防跳继电器 TBJ 的电流启动线圈，使 TBJ/I 启动，其常开触点闭合，此时如果合闸脉冲未解除（如控制开关未复归或自动装置触点卡住等），则通过 KK1 的③-④接点启动接通 TBJ/V 电压线圈，其接于合闸回路的常闭触点断开，使断路器不能再次合闸。只有当合闸脉冲解除，TBJ 的电压自保持线圈断电后，合闸回路才能恢复至正常状态。

开关的跳跃及后果
-1（动画视频）

五、断路器防跳功能的测试

（1）防跳功能的检测目的。防跳跃是断路器控制回路中必不可少的部分，对断路器起到安全防卫作用。测试其防跳功能以验证断路器防跳功能是否正确、有效。

（2）测试前应确认断路器不带电，各安全措施到位；测试时应将断路器置于试验位置，建议一人在操作箱或端子排上试验，一人检查开关的分、合闸情况。

（3）根据图 2-37 所示控制回路原理图，断路器合闸状态下，端子排上用短接线短接触点 101（控制正电源）与 103（手动合闸开入），模拟控制开关手动合闸触点粘连；再用短接线短接触点 101（控制正电源）与 133（手动跳闸开入），模拟断路器手动分闸；此时若断路器分闸后不再合闸，测试结果表明防跳功能正确、有效。

（4）根据图 2-37 所示控制回路原理图，在断路器分闸状态下，用短接线短接触点 103 手动合闸开入与 133 手动跳闸开入，然后再短接 101

（控制正电源）与103（手动合闸开入），模拟断路器手动合闸。此时，断路器应先合闸再分闸，由于分闸回路导通，TBJ得电，将合闸回路断开，断路器分闸后，应不再重新合闸。测试结果与上述相符，则表明防跳功能正确、有效。

（5）测试过程中应注意防止造成直流接地、短路故障；断路器现场测试人员应确保断路器机构上无人工作，并检查确认断路器动作过程、分合次数。如遇断路器发生跳跃，应立即解除合闸短接线。

任务五　线路保护控制回路常见故障分析与排查

 教学目标

1. 知识目标

（1）熟悉二次回路故障的排查方法。

（2）掌握保护测控装置控制二次回路的工作原理及接线。

2. 能力目标

（1）具有依据图纸对控制回路常见故障进行分析的基本方法思路。

（2）具有依据图纸对常见控制回路故障进行可能原因分析及排查的基本能力。

3. 素质目标

（1）具有团队精神和沟通合作能力。

（2）具有分析问题、解决问题及决策能力。

变电站综合自动化系统常见的故障按专业技术分为监控系统和保护系统两大类，鉴于断路器操作回路在变电站二次系统中的重要作用，这里将其单独进行叙述。实际上由于在变电站综合自动化系统中，各专业分工互相交叉和渗透，这种分类界限是模糊的，甚至有些装置本身就是监控、保护、操作回路合一的。快速诊断出系统的故障点及故障原因并及时采取合理的处理措施，对提高系统的可靠性、保证变电站一次设备的安全稳定运行的重要性不言而喻。对常见控制回路故障的深入分析，有助于面对同类故障时能快速做出诊断及排查。

一、二次控制回路故障排查方法

1. 正确分析判断控制回路异常

变电站综合自动化系统是一项涉及多种专业技术的复杂的系统工程，运行维护人员应熟悉系统二次原理及图纸接线，了解每部分发生故障后给系统带来的可能后果，并分析判断可能的故障原因。在处理异常时，首先应能明确判断出故障的可能原因，其次才是消除故障，恢复正常运行。

2. 排除控制回路故障的一般方法

1）测量法

这类方法比较简单、直接，针对故障现象，一般能够借助测量工具判断故障所在，进一步确定故障的原因，有助于分析和解决故障。

（1）电阻测试法。电阻测试法是一种常用的测量方法。通常是指利用万用表的电阻挡，测量线路、触点等是否符合使用标称值以及是否通断的一种方法，或用兆欧表测量相与相、相与地之间的绝缘电阻等。测量时，应注意选择所使用的量程与校对表的准确性，一般使用电阻法测量时通用做法是先选用低挡，同时要注意被测线路是否还有其他回路，以免引起误判断，并严禁带电测量。

（2）电压测试法。电压测试法是指利用万用表相应的电压挡，测量电路中电压值的一种方法。通常测量时，测量电源电压、负载电压，开路电压，以判断线路是否正常。测量时应注意万用表的挡位，选择合适的量程，一般测量未知交流或开路电压时通常选用电压的较高挡，以防止在高电压低量程下进行操作时使万用表损坏；同时测量直流时要注意正负极性。

（3）电流测试法。电流测试法是通过测量线路中的电流是否符合正常值，以判断故障原因的一种方法。对弱电回路，常采用将电流表或万用表电流挡串接在电路中进行测量；对强电回路，常采用钳形电流表检测。

（4）仪器测试法。借助各种仪器仪表测量各种参数，如用示波器观察波形及参数的变化，以便分析故障的原因，多用于弱电线路中。

2）替换法

若在现场无法确定故障的原因，多数情况下可使用替换法更换那些可疑的元件或装置电路板，有助于诊断故障所在，排除故障原因。如在控制回路故障中，若已对保护装置外部回路进行了全面排查，并判断无误后，故障可能指向保护装置的某个元器件或电路板，这些设备一般很复杂，暂时无法修复，如有备品备件则可直接换用，先恢复系统的正常运行，然后再与设备生产厂联系，设法修复故障设备。

3）排除法

排除法是常见的发现问题、确定问题的方法，可以快速找到问题的大致范围，保护测控单元一般采用插件式设计，而且插件的通用性强，排除法（整个插件替换或某块通用插件的替换）解决或查找问题就非常实用和方便。在多数情况下，不能很好地判断 IED 装置故障的原因在哪一方面，用排除法可以确定故障所在的部分，然后具体进行检查并排除。

由于自动化系统比较复杂，它涉及变电站一、二次设备，远动终端，传输通道，计算机系统，因此应从各个部分之间的联系点分段进行分析，缩小故障范围，快速、准确地判断出是自动化设备还是相关的其他设备故障。

例如，某 IED 装置不能正常工作，对断路器遥控时，主站断路器信号不变位。其排除故障的方法是：应首先与站内值班人员核对断路器实际是否动作，若动作则为遥信拒动，检查测控装置遥信处理及信号电缆；若断路器未动作，则故障原因在站内断路器控制回路及断路器机构；若站内操作正常，则为自动化系统故障，应认真检查通道及测控装置各功能板、执行继电器等相关部分。

4）综合法

综合法就是把测量法、排除法和替换法统一起来进行分析处理故障的方法。这种方法对一些比较复杂的故障，能及时、准确地找出故障的原因并排除掉。

例如，A 变电站某遥信在合位，但调度端显示时合时分，现场发现当地遥信显示也是这个现象。首先用万用表测量该遥信输入端子，发现有稳定的 +24 V 电压输入，说明与外部回路无关，排除外部的干扰，就可能是遥信板故障。很容易想到可能是该遥信输入回路中的光耦损坏，替换掉该光耦，现象不变，排除掉光耦后，可能是遥信采集芯片有问题等。

二、常见控制回路故障的分析与排查

断路器是电力系统中用来接通、分断回路的重要设备及保护设备的执行者，无论在电气设备空载、带负荷还是发生短路故障时，它都应能可靠工作。但是，由于它受机械因素与电气因素的影响，常会出现回路断线、拒动等现象。现场人员应能快速判断原因，尽快恢复正常。

1. 控制回路断线的故障分析与排查

参考图 2-37 所示控制回路原理图进行分析，当控制回路断线故障发生时，一般按以下几种方法进行检查处理。

（1）检查控制电源空气开关有无故障，用万用表测量控制电源的电压是否正常，如果确定控制电源没有问题，继续进行排查，查看操作箱的分位灯或者合位灯是否亮，如果灯亮，说明控制回路是完好的；如果灯不亮，可用万用表测量合闸回路的端子 103 对地电压，如果测量出来是负电，说明合闸回路是正常的；如果测量出来是正电，说明问题出在端子排到机构箱的合闸回路上。

（2）检查开关端子箱、开关机构箱控制回路接线端子排是否腐蚀、是否有松动和断线等现象。正常情况下控制回路接线应紧固无松动，回路导通良好。

（3）检查断路器分、合闸线圈是否烧坏。

分、合闸线圈烧坏是控制回路断线的常见现象。在分、合闸瞬间线圈一般会承受 2A 左右的电流，而分、合闸线圈的线径比较小，不能长时间通过大电流；否则会烧坏线圈。

引起线圈烧坏的原因包括：分、合闸机械故障；辅助开关不能可靠切换；线圈质量差或老化，通常情况下应更换新的分、合闸线圈。目前的微机保护控制回路带有分、合闸自保持回路，无论是手动操作还是自动操作，合闸命令发出后，合闸回路就一直处于自保持状态，直到开关合上以后，依靠断路器辅助触点的切换，断开合闸回路合闸电流。如果开关由于其他原因没有合上，或者是合上以后断路器辅助触点没有切换到位，则合闸保持回路将一直处于保持状态，这样一直持续下去，将会烧坏合闸线圈。

（4）检查弹簧是否未储能或者是否储能不到位。

储能控制回路如图 2-42 所示。储能回路通过 2Q 空气开关与直流合闸母线 HM 相连接，HK 为储能开关，弹簧储能电动机 M 的启动回路中串接了受储能弹簧控制的微动开关 SP1，只要储能弹簧能量释放，SP1 触点闭合，电动机 M 便启动拉伸弹簧储能。弹簧拉伸到位储好能量后，微动开关 SP1 触点断开，储能回路断开；微动开关 SP4 触点闭合，储能信号灯点亮，表示弹簧已储能。断路器每完成合闸操作过程后，弹簧都要重新储能。

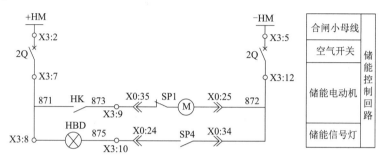

图 2-42 操动机构弹簧储能电动机控制回路

若弹簧未储能或者储能不到位，由于触点未导通会发出控制回路断线告警信号。由于弹簧储能触点是直接用来控制电动机是否运转的，通常情况下应该检查储能指示灯是否变亮；若电动机不能正常储能，可以手动进行储能，并用万用表测量储能辅助触点是否接通。如果是辅助触点接触有问题，应该查找有没有备用触点，如果没有备用的辅助触点，则应该更换新的弹簧储能辅助开关。如果不是辅助触点的问题，则可能是储能电动机出现故障，需更换新的储能电动机。

（5）检查远方/就地切换开关是否在正确位置，接点通断是否存在故障。

2. **断路器拒绝合闸故障的分析与排查**

（1）根据控制回路原理，断路器拒绝合闸的可能原因如下。

①控制电源消失，如控制电源熔断器熔断或接触不良、控制电源空气开关跳闸等。

②直流控制电压过低。

③控制开关接点接触不良、控制把手失灵或控制开关位置选择不正确。

④断路器操作控制箱内"远方—就地"选择开关在就地位置。

⑤控制回路断线。

⑥合闸线圈、合闸回路继电器烧坏。

⑦断路器辅助触点接触不良。

⑧断路器合闸闭锁动作，信号未复归。

⑨就地控制箱内合闸电源空气开关未合上。

⑩继电保护装置故障。

⑪操动机构机械故障。

（2）断路器拒绝合闸的检查和处理。

①检查控制电源、空气开关有无故障，用万用表测量控制电源的电压是否正常，若直流母线电压过低，应调节蓄电池组端电压，使电压达到规定值；若是控制电源消失，可更换控制回路熔断器或试投控制回路电源空气开关；如果确定控制电源及电源空气开关没有问题，继续进行排查，查看操作箱的分位灯或者合位灯是否亮，如果灯亮，说明控制回路是完好的；如果灯不亮，可用万用表测量合闸回路的端子 103 对地电压，如果测量出来是负电，说明合闸回路是正常的；如果测量出来是正电，说明问题出在端子排到机构箱的合闸回路上。

②检查开关端子箱、开关机构箱控制回路接线端子排是否腐蚀、是否有松动和断线等现象。正常情况下控制回路接线应紧固无松动，回路导通良好。

③检查转换开关的位置是否选择正确，触点是否接触良好；如就地电控柜内"远方—就地"转换开关是否位置选择正确，若不正确则应将其置于"远方"的位置；若就地电控柜内控制电源空气开关在断开位置，应试合上直流电源空气开关。

④检查断路器合闸线圈是否烧坏、断路器辅助触点是否良好。

合闸线圈烧坏是控制回路断线、断路器合闸失败中常见的故障现象。合闸线圈的线径比较小，不能长时间通过大电流，若因辅助开关不能可靠切换、线圈质量差或者是老化等原因造成合闸线圈烧坏，则应进行更换。

⑤检查断路器 SF_6 气体压力、液压压力是否正常，弹簧是否已储能。

检查断路器 SF_6 气体压力、液压压力是否正常，是否因压力低而闭锁断路器的操作；若因断路器压力异常造成断路器不能投入运行的，应按断路器合闸闭锁的方法进行处理。

目前断路器多采用弹簧储能操作机构，断路器合闸前，弹簧应储好能，以利用弹簧储好的能量作为断路器合闸的动力。控制回路中，弹簧储能电动机 M 的启动回路中串接了受储能弹簧控制的微动开关 SP1，储能弹簧能量释放则 SP1 触点闭合，电动机 M 便启动拉伸弹簧储能。弹簧拉伸到位储好能后，微动开关 SP1 触点断开，储能回路断开；微动开关 SP4 触点闭合，储能信号灯点亮，表示弹簧已储能。断路器每完成合闸操作过程后，弹簧都要重新储能。故应检查弹簧是否已储能，储能灯是否点亮。

⑥继电保护装置故障，无法驱动合闸回路。其解决办法是更换保护装置或故障插件。

3. 断路器拒绝分闸故障的分析与排查

（1）断路器拒绝分闸的可能原因如下。

①控制电源消失，如控制电源熔断器熔断或接触不良、控制电源空气开关跳闸等。

②直流电压过低。

③断路器分闸闭锁动作，信号未复归。

④断路器操作控制箱内"远方—就地"选择开关在"就地"位置。

⑤控制回路断线。

⑥就地控制箱内电源空气开关未合上。

⑦控制开关触点接触不良、控制把手失灵。

⑧断路器辅助触点接触不良。

⑨分闸线圈、分闸回路继电器烧坏。

⑩继电保护装置故障。

⑪操动机构机械故障。

（2）断路器拒绝分闸的检查和处理。

①应根据指示灯情况，初步判定跳闸回路是否完好，若合位红灯不亮，则说明跳闸回路可能存在不通的情况。此时应从电源开始排查：检查控制电源、空气开关有无故障，用万用表测量控制电源的电压是否正常；若是控制电源消失，应更换控制回路熔断器或试投控制回路电源空气开关；若控制直流电压过低，则调节蓄电池组端电压，使电压达到规定值。

②检查开关端子箱、开关机构箱控制回路接线端子排是否腐蚀、是否有松动和断线等现象。正常情况下控制回路接线应紧固无松动，回路导通良好。

③检查转换开关的位置是否选择正确、触点是否接触良好，如"就地"电控柜内"远方—就地"转换开关是否位置选择正确，若不正确则应将其置于"远方"的位置；若"就地"电控柜内控制电源空气开关在断开位置，则应试合上直流电源空气开关。

④检查断路器分闸线圈是否烧坏，分闸线圈烧坏是断路器分闸失败的常见故障现象。若分闸线圈烧坏，则应进行更换。

⑤检查断路器辅助触点是否良好，检查分闸回路中断路器的常开触点是否工作状态正常。

⑥检查断路器 SF_6 气体压力、液压压力是否正常。

检查断路器 SF_6 气体压力、液压压力是否正常，是否因压力低而闭锁断路器的操作；若因断路器压力异常造成断路器不能投入运行的，应按断路器闭锁的方法进行处理。

⑦继电保护装置故障，无法驱动跳闸回路。其解决办法是更换保护装置或故障插件。

 项目小结

变电站综合自动化系统的保护屏柜及二次接线涉及组屏配线、现场安装及二次连接电缆安装配线等环节，变电站自动化系统建设安装应按规范要求进行。

保护测控单元以间隔为对象设置，它是变电站综合自动化系统的基本组成部分，它通常由电源插件、CPU插件、开入开出插件、交流插件等基本插件构成，完成模拟量数据采集、转换与计算；开关量数据采集、继电保护和控制等功能。同时，具备事件顺序记录、控制输出功能、对时功能、数据通信、人机接口功能、故障自诊断等功能。

一次与二次设备的交界点为互感器，保护测控装置要完成其功能，须与电压、电流互感器正确连接，以完成对模拟量参数的采集。电流互感器串接在主回路上，其二次侧不允许开路运行。电压互感器并接在电网上，其二次侧不允许短路运行。

线路保护测控装置与电流、电压互感器的二次相连，构成测量回路、保护回路，实现对一次设备的参数采集及保护功能。同时，线路保护测控装置与直流工作电源、转换开关、断路器相连，完成对断路器的分、合控制功能。对于控制回路这一重要的二次回路，其分、合断路器的工作原理及断路器防跳原理、防跳功能的测试方法都结合实际设备做了叙述。

鉴于断路器操作控制回路在变电站二次系统中的重要作用，且现场控制回路故障的发生概率较高，本项目将常见故障的排查方法进行了说明，同时，将控制回路常见的故障如控制回路断线、遥控拒分断路器、遥控拒合断路器等故障的可能原因进行了分析、叙述，目的是帮助我们面对同类故障时能快速做出分析，具备分析、查找故障的基本方法与思路。

 思 考 题

2-1 变电站二次屏柜中，对二次电流回路、电压回路、弱电回路的配线截面有何规定？

2-2 屏、柜二次回路绝缘电阻应不小于多少欧姆才符合规范要求？

2-3 变电站综合自动化系统的保护测控装置硬件由几个部分组成？基本插件有哪些？

2-4 保护测控装置交流插件的作用是什么？

2-5 保护测控装置电源插件的作用是什么？

2-6 什么是开关量？变电站的开关量有哪些？各举2~3个例子。什么是开入量？什么是开出量？并绘图说明开关量的输入与输出原理。

2-7 模拟量输入电路由哪五个部分组成？各部分的作用是什么？

2-8 线路保护的主要功能配置有哪些？

2-9 保护测控装置、保护装置、测控装置有哪些共同点和不同点？

2-10 断路器的控制方式有哪几种？说说各种控制方式的意义。

2-11 根据图2-37所示断路器控制回路图，说明断路器的手动分、合闸工作原理。

2-12 根据图2-37所示断路器控制回路图，说明断路器的防跳工作原理。

2-13 电流互感器二次回路运行时的注意事项有什么？

2-14 电压互感器二次回路运行时的注意事项有什么？

2-15 排除控制回路故障常用的方法有哪些？

变压器保护测控屏柜的运行与维护

 项目描述

　　本项目共分为六个任务，包括变压器的认识、变压器的故障类型及保护配置、变压器保护测控装置的基本功能测试、变压器保护测控装置的保护测量回路、变压器保护测控装置的控制回路、变压器保护控制回路常见故障分析与排查。完成六个任务的学习之后，具备认识不同形式的变压器、变压器故障类型、变压器的保护配置、变压器保护测控装置的基本功能的能力，以及识读变压器保护测控装置的保护、测量及控制回路工程图的能力和对简单常见的控制回路故障分析与处理的能力。

 教学目标

一、知识目标

（1）掌握变压器的原理及故障类型。

（2）理解变压器的保护配置。

（3）掌握变压器保护测控装置的基本功能。

（4）掌握变压器保护测控装置保护测量回路的工作原理。

（5）掌握变压器保护测控装置控制回路的工作原理。

二、能力目标

（1）具备识读变压器的保护配置图的能力。

（2）具备辨识变压器保护测控装置的基本功能的能力。

（3）具备分析变压器保护测控装置的保护测量回路的能力。

（4）具备分析变压器保护测控装置的控制回路的能力。

（5）具备分析变压器保护测控装置的控制回路常见故障的能力。

三、素质目标

（1）培养与人沟通和协作的能力。

（2）培养良好的电力安全工作意识及职业操守。

（3）培养良好的独立分析与思考问题的能力。

教学环境

建议分小组进行教学，在变电站综合自动化系统的实训室中开展，便于"教—学—做，理实一体化"教学的实施。

实训室配置：一套变电站综合自动化系统的主变压器保护测控屏柜、设备后台监控软件、投影仪、多媒体教室、中控机及与学生数量相匹配的计算机、打印机等设施；配备万用表、钳子、螺丝刀等常用工具。

任务一 变压器的认识

教学目标

1. 知识目标

（1）理解变压器的工作原理及分类。

（2）掌握变压器的结构及其作用。

（3）掌握变压器的连接组别。

（4）掌握变压器的中性点接线方式。

2. 能力目标

（1）会辨识不同变压器。

（2）能分析变压器结构的作用。

（3）会分析变压器连接组别及其特点。

（4）能分析变压器中性点不同接地方式的应用范围。

3. 素质目标

（1）培养与人沟通和协作的能力。

（2）培养良好的电力安全工作意识及职业操守。

（3）培养良好的独立分析与思考问题的能力。

一、变压器的工作原理及基本分类

1. 变压器的工作原理

电力变压器是变换电压、传输电功率的电气设备，它的一次侧与电源相连接，加上电源电压接收电力网中的电能；二次侧是输出端，与用电设备相连接，把从电源接收的电能供给用电负载。

根据电磁感应原理，变化的磁通穿过线圈时，就可以产生感应电动势，由于磁通中同时穿过套在同一铁芯上的两组绕组，因此，在变压器一次绕组中产生感应电动势 E_1，在二次绕组两端产生感应电动势 E_2，如果变压器一次绕组接通负载，就会在负载中有负载电流 I 流过，这样变压器就把从电源接收的电功率传给负载，输出电能，此为变压器的基本工作原理。

2. 变压器的基本分类

变压器的种类有很多，可以按不同的方式进行划分。

（1）按功能划分可分为升压变压器、降压变压器。

（2）按相数划分可分为单相变压器、三相变压器。

（3）按绕组形式划分可分为双绕组变压器、三绕组变压器、自耦式变压器。

（4）按电压调节方式划分可分为有载调压变压器、无载调压变压器。

（5）按安装地点划分可分为户内式变压器、户外式变压器。

（6）按冷却方式及绕组绝缘划分可分为油浸式变压器、干式变压器和充气式（SF$_6$）变压器，如图 3-1 所示。

（a）　　　　　　　　　　（b）

图 3-1　电力变压器

（a）油浸式变压器；（b）干式变压器

二、变压器的结构及其作用

1. 变压器的内部与外部结构

油浸式变压器内部的主要组成部分有铁芯、绕组（线圈）及变压器油，如图 3-2 与图 3-3 所示。油浸式变压器外部的主要组成部分有油枕、高压接线端子及出线套管、低压接线端子及出线套管、气体继电器、分接开关、压力释放阀、油位计、吸湿器、散热片、油箱体等。

干式变压器内部的主要组成部分为铁芯、绝缘绕组；干式变压器外部的主要组成部分为高压出线套管及接线端子、低压出线套管及接线端子、绕组相间连接杆、高压分接头及连接片等。

图 3-2　小型油浸式变压器内部结构　　图 3-3　中型油浸式变压器内部结构

2. 变压器主要部分的作用

组成变压器的最基本结构部件有铁芯、绕组和绝缘油。此外，为了安全可靠地运行，还须装设油箱、冷却装置、保护装置等。下面分析变压器主要部件的作用。

（1）绕组：变压器的电路部分，也是发热部分。

（2）铁芯：变压器的磁路部分。

（3）油箱：变压器的外壳，内部充满变压器油。

（4）油枕（储油柜）：对油箱里的油起到缓冲作用，同时减小油箱里的油与空气的接触面积，不易受潮和氧化。

（5）呼吸器：利用硅胶吸收空气中的水分，是变压器与外界接触的部分。

（6）绝缘套管：变压器的出线从油箱内穿过油箱盖时，必须经过绝缘套管以使带电的引线与接地的油箱绝缘。

（7）分接开关：可以改变线圈匝数，实现电压的调节。

（8）压力释放阀（替代原防爆管的功能）：当变压器内部出现故障时，对变压器油箱内所产生的气体压力进行释放，防止发生爆炸。

（9）气体（瓦斯）继电器：安装于油箱与油枕的连接管上，当变压器内部因故障产生气体时发出信号或跳闸，保护变压器。

（10）油位表（计）：用于指示储油柜中的油面位置。

（11）温度计：有油面温度计与绕组温度计，用于测量顶层油温和绕组温度。

（12）绝缘油（也称变压器油）：起到绝缘、散热的作用。

三、变压器的连接组别

变压器的连接组别是指变压器一、二次绕组所采用的连接方式的类型及相应的一、二次侧对应线电压的相位关系。三相双绕组变压器常用的连接组别有 Yyn0、Dyn11、Yd11、YNd11 等，三相三绕组变压器的连接组别有 YN/Yn/△。在我国，6~10kV 双绕组变压器常用的连接组别有 Yyn0、Dyn11 这两种。Yd11 组别的三相电力变压器用于低压高于 0.4kV 的线路中；YNd11 组别的三相电力变压器用于 110 kV 以上的中性点需接地的高压线路中；YNy0 组别的三相电力变压器用于原边需接地的系统中。

变压器容量较大（如 6 300 kVA 以上）时，按规范要求一般应配备差动保护，此时需要根据连接组别，即高、低压侧的电压的相位关系来正确调配二次侧差动保护电流相位，以便使差动保护判断正确。另外，当两台及以上变压器需要并联运行时，需确认连接组别以满足接线组别必须一致的并联运行条件。

四、主变压器的中性点接地方式

1. 主变压器 110~500 kV 侧中性点的接地方式

主变压器的 110~500 kV 侧采用中性点直接接地或经小阻抗接地方式，以降低设备绝缘水平，具体要求如下。

（1）自耦变压器中性点须直接接地或经小阻抗接地。

（2）中、低压侧有电源的升压变电站和降压变电站至少应有一台变压器直接接地。

（3）变压器中性点接地点的数量，应使电网所有短路点的综合零序电抗与综合正序电抗 X_0/X_1 小于 3，以使单相接地时，单相上工频过电压不超过阀型避雷器的灭弧电压；X_0/X_1 大于 1.5，以使单相接地短路电流不超过三相短路电流。

（4）普通变压器的中性点都应经隔离开关接地，以便于运行调度灵活选择接地点。当变压器中性点可能断开运行时，若该变压器中性点绝缘不是按线电压设计，应在中性点装设避雷器保护。

（5）选择接地点时，应保证任何故障形式都不使电网解列成为中性点不接地系统。

2. 主变压器 6~63 kV 侧中性点的接地方式

主变压器 6~63 kV 侧采用中性点不接地方式，以提高供电连续性；但当单相接地电流大于允许值时，中性点经消弧线圈接地。中性点经消弧线圈接地时，宜采用过补偿方式。

任务二　变压器的故障类型及保护配置

教学目标

1. 知识目标

（1）理解变压器的故障类型。

（2）掌握变压器保护的基本原理与配置。

（3）掌握变压器的电量与非电量保护。

2. 能力目标

（1）能辨识变压器不同故障类型。

（2）会分析变压器保护配置。

（3）会分析变压器电量与非电量保护。

3. 素质目标

（1）培养与人沟通和协作的能力。

（2）培养良好的职业操守。

（3）培养独立分析与思考问题的能力。

变压器是电力系统中的一个关键设备，它的正常运行是对电力系统安全、可靠、优质经济运行的重要保证。目前变压器运行的可靠性在不断提高，但事故仍有发生，如何防患于未然就需要对变压器的故障进行分析，做好防范，采取相应的有效保护措施。

一、变压器的故障类型

变压器的故障类型可以分为内部故障与外部故障两大类型，运行经验表明，内部故障发生的概率远远小于外部故障。

1. 变压器内部故障

变压器内部故障指的是变压器油箱里发生的各种故障，其主要类型有各相绕组之间发生的相间短路、单相绕组部分匝间发生的匝间短路、单相绕组或引出线通过外壳发生的单相接地故障等。

油箱内故障时产生的电弧，不仅会损坏绕组的绝缘、烧毁铁芯，而且由于绝缘材料和变压器油因受热分解而产生大量气体，有可能引起变压器油箱的爆炸。

2. 变压器外部故障

变压器外部故障是指变压器油箱外部绝缘套管及其引出线上发生的各种故障，主要是绝缘套管闪络或破碎而发生的单相接地（通过外壳）短路、引出线之间发生的相间故障等。

实践表明，变压器套管和引出线上的相间短路、接地短路、绕组的匝间短路是比较常见的故障形式，而变压器油箱内发生相间短路的情况比较少。

3. 变压器不正常运行状态

变压器在运行过程中，由于外部短路或过负荷引起的过电流、油箱漏油造成的油面降低、变压器中性点电压升高以及由于外加电压过高或频率降低引起的过励磁等，都会使变压器处于不正常工作状态。

变压器不正常运行状态主要包括以下几种：

（1）由于变压器外部相间短路引起的过电流。

（2）由于变压器外部接地短路引起的过电流和中性点过电压。

（3）由于负荷超过额定容量引起的过负荷。

（4）由于漏油等原因而引起的油面降低。

（5）在过电压或低频率等异常运行方式下，发生变压器过励磁。

变压器的不正常运行状态会使绕组和铁芯过热。大容量变压器在过电压或低频率等异常运行方式下会发生变压器的过励磁，引起铁芯和其他金属构件过热。

变压器不正常运行时，继电保护应根据其严重程度发出告警信号，使运行人员及时发现并采取相应的措施，以确保变压器的安全。

此外，对于中性点不接地运行的星形接线方式的变压器，外部接地短路时有可能造成变压器中性点过电压，威胁变压器的绝缘。

二、变压器的保护配置

变压器的安全运行直接关系到电力系统供电的可靠性和系统的稳定运行。特别是大容量变压器，一旦因故障而损坏，造成的损失就更大。因此，必须针对变压器的故障和异常工作状态，根据变压器的容量和重要程度，装设可靠、性能良好的继电保护装置。

1. 变压器保护的基本要求

（1）在变压器发生故障时能将其与所有电源断开。

（2）在母线或其他与变压器相连的元件发生故障而故障元件本身断路器未能断开的情况下，能使变压器与故障部分分开。

（3）当变压器过负荷、油面降低、油温过高时，能发出报警信号。

2. 变压器保护配置的原则

按技术规程的规定，电力变压器继电保护装置的配置原则一般如下。

（1）针对变压器内部的各种短路及油面下降应装设瓦斯保护，其中轻瓦斯瞬时动作于信号，重瓦斯瞬时动作于各侧断路器的跳闸。

（2）应装设反映变压器绕组和引出线的多相短路及绕组匝间短路的纵联差动保护或电流速断保护作为主保护，瞬时动作，断开各侧断路器。

（3）对由外部相间短路引起的变压器过电流，根据变压器容量和运行情况的不同以及对变压器灵敏度的要求不同，可采用过电流保护、复合电压启动的过电流保护、负序电流和单相式低电压启动的过电流保护或阻抗保护作为后备保护，带时限动作于跳闸。

（4）对110 kV及以上中性点直接接地的电力网，应根据变压器中性点接地运行的具体情况和变压器的绝缘情况装设零序电流保护和零序电压保护，带时限动作于跳闸。

（5）为防御长时间的过负荷对设备的损坏，应根据可能的过负荷情况装设过负荷保护，带时限动作于信号。

（6）对变压器温度升高和冷却系统的故障，应按变压器标准的规定，装设作用于信号或动作于跳闸的装置。

（7）相间短路后备保护规程规定如下：

①过电流保护宜用于降压变压器。

②当过电流保护的灵敏度不够时，可采用低电压启动的过电流保护，主要用于升压变压器或容量较大的降压变压器。

③复合电压（包括负序电压及线电压）启动的过电流保护，宜用于升压变压器、系统联络变压器和过电流保护不符合灵敏度要求的降压变压器。

④负序电流和单相式低电压启动的过电流保护，可用于63 MVA及以上升压变压器。

⑤按以上两条装设保护不能满足灵敏度和选择性要求时，可采用阻抗保护。

（8）接地短路后备保护。在中性点直接接地系统中，接地短路是常见的故障类型。因此，处于该系统中的变压器要装设接地（零序）保护，以反映变压器高压绕组、引出线上的接地短路，并作为变压器主保护和相邻母线、线路接地保护的后备保护。

目前，我国在 220 kV 系统中，广泛采用中性点绝缘水平较高的分级绝缘变压器（如 220 kV 变压器中性点绝缘水平为 110 kV 的情况），其中性点可接地运行或者不接地运行。如果中性点绝缘水平较低，则中性点必须直接接地运行。

3. 变压器的主保护与后备保护

变压器按所起的作用来划分，可分为主保护、后备保护、辅助保护。电力系统的每个元件都应装设主保护、后备保护，必要时可增设辅助保护。

（1）主保护。满足系统稳定和设备安全要求，能以最快的速度有选择地切除被保护设备和线路故障的保护。

（2）后备保护。当主保护或断路器拒动时，用来切除故障的保护，又分为远后备保护和近后备保护两种。

①远后备保护。当主保护或断路器拒动时，由相邻电力设备或线路的保护来实现的后备保护。

②近后备保护。当主保护拒动时，由本设备或线路的另一套保护来实现后备的保护；当断路器拒动时，由断路器失灵保护来实现近后备保护。

（3）辅助保护。为补充主保护和后备保护的性能或当主保护和后备保护退出运行而增设的简单保护。

4. 变压器的电量保护与非电量保护

电力变压器油箱内出现故障时，除了变压器各侧电流、电压变化外，油箱内的油、气、温度等非电量也会发生变化。变压器的保护可按电气信息划分，分为电量保护和非电量保护两种。

1）非电量及非电量保护

所谓非电量是指非电气量，如温度、速度、压力、液位、流量等物理量。而非电量保护，顾名思义就是指由非电气量反映的故障动作或发信报警的保护，一般是指保护的判据不是电量（电流、电压、频率、阻抗等）而是非电量，如瓦斯保护（通过油速整定）、温度保护（通过温度高低）、防爆保护（压力）、防火保护（通过火灾探头等）、超速保护（速度整定）等。

非电量保护可对输入的非电量接点进行 SOE 记录和保护报文记录并上传，对于变压器而言，主要包括本体重瓦斯、调变重瓦斯、压力释放、冷控失电、本体轻瓦斯、调变轻瓦斯、油温过高等，经压板直接出口跳闸或发信报警。对于冷控失电，可选择是否经本装置延时出口跳闸，最长延时可达 300 min。还可选择是否经油温过高非电量闭锁，投入时只有在外部非电量油温过高输入接点闭合时才开放冷控失电跳闸功能。

2）变压器非电量保护的种类

（1）瓦斯保护。瓦斯保护是变压器油箱内绕组短路故障及异常的主要保护。其作用原理是当变压器内部故障时，在故障点产生往往伴随有电弧的短路电流，造成油箱内局部过热并使变压器油分解、产生气体（瓦斯），进而造成喷油、冲击继电器、瓦斯保护动作，如图 3－4 所示。

瓦斯保护分为轻瓦斯保护及重瓦斯保护两种。轻瓦斯保护作用于信号，重瓦斯保护作用于动作跳闸，切除变压器。

（a）　　　　　　　　　　　　　（b）

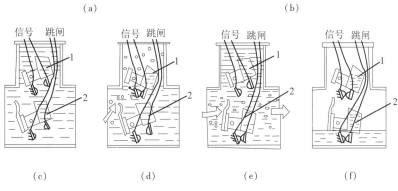

（c）　　　　（d）　　　　（e）　　　　（f）

图 3－4　瓦斯继电器示意图

（a）外观；（b）内部结构；（c）正常时；（d）轻微故障时（轻瓦斯动作）；

（e）严重故障时（重瓦斯动作）；（f）严重漏油时

1—上开口油杯；2—下开口油杯

轻瓦斯保护继电器由开口杯、干簧触点等组成。运行时，继电器内充满变压器油，开口杯浸在油内，处于上浮位置，干簧接点断开。当变压器内部发生轻微故障或异常时，故障点局部过热，引起部分油膨胀，油内的气体被逐出，形成气泡，进入气体继电器内，使油面下降，开口杯转动，使干簧接点闭合，发出信号，如图 3－4（d）所示，接线如图 3－5 与图 3－6所示。

重瓦斯保护继电器由挡板、弹簧及干簧触点等构成。当变压器油箱内发生严重故障时，很大的故障电流及电弧使变压器油大量分解，产生大量气体，使变压器喷油，油流冲击挡板，带动磁铁并使干簧触点闭合，作用于切除变压器，如图 3-4（e）所示，接线如图 3-5 与图 3-6 所示。

重瓦斯保护是油箱内部故障的主保护，它能反映变压器内部的各种故障。当变压器少数绕组发生匝间短路时，虽然故障点的故障电流很大，但在差动保护中产生的差流可能不大，差动保护可能拒动。此时，需要重瓦斯保护切除故障。

图 3-5　气体（瓦斯）继电器接线示意图一

图 3-6　气体（瓦斯）继电器接线示意图二

鉴于瓦斯继电器装在变压器本体上，为露天放置（见图 3-7），受外界环境条件影响大，运行实践表明，因下雨及漏水造成瓦斯保护误动作次数很多。为提高瓦斯保护的正确动作率，瓦斯保护继电器应密封性能好，做到防止露水露气，应加装设防雨盖，以提高瓦斯保护可靠性。

图 3 - 7　瓦斯继电器安装位置

（2）压力保护。压力保护也是变压器油箱内部故障的主要保护。其作用原理与重瓦斯保护基本相同，但它反映的是变压器油的压力。压力继电器又称为压力开关，由弹簧和触点构成，置于变压器本体油箱上部。

当变压器内部故障时，温度升高，油膨胀压力增高，弹簧动作带动继电器动触点，使触点闭合，执行报警或跳闸切除变压器。

（3）温度及油位保护。当变压器温度升高时，温度保护动作发出告警信号。油位是反映油箱内油位异常的保护。运行时，因变压器漏油或其他原因使油位降低时动作，发出报警信号。

（4）冷却器全停保护。为提高传输能力，对于大型变压器均配置有各种冷却系统。在运行中，若冷却系统全停，变压器的温度将升高。若不即时处理，可能导致变压器绕组绝缘损坏。

冷却器全停保护，是在变压器运行中冷却器全停时动作。其动作后应立即发出报警信号，并经长延时切除变压器。

主变压器非电量保护装置采样原理与主变压器电量保护完全不同，为了保持非电量保护的独立性，主变压器非电量保护的跳闸采用传统的电气量跳闸方式，如图 3 - 8 所示，由二次电缆将非电量保护的跳闸输出触点，串接于本体智能终端装置的大功率跳闸继电器的启动回路中。当非电量保护动作时，由非电量保护直接启动本体智能终端装置的跳闸继电器，本体智能终端跳闸继电器触点接通主变压器各侧的断路器跳闸回路，实现断路器跳闸。

3）变压器的电量保护及种类

变压器的电量保护是指由电气量反映的故障动作或发信报警的保护，一般是指保护的判据是电量，如电流、电压、频率、阻抗、有功功率、无功功率等。

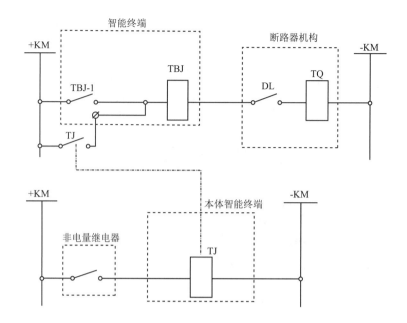

图 3 – 8　变压器非电量保护装置的传统电气量跳闸方式

电力变压器的故障类型（视频）

（1）变压器的电量保护中，瞬时跳闸的保护有电流速断保护、差动保护。

（2）变压器的电量保护中，延时跳闸或发信报警的保护有以下两种。

①反映外部相间短路的后备保护：过电流保护；复合电压启动的过流保护；负序电流保护和单相式低压启动的过电流保护；阻抗保护。

②反映外部接地短路的后备保护：零序电流保护（若中性点接地）；零序过电压保护、在中性点装设放电间隙加零序电流保护；过负荷保护；过励磁保护。

三、变压器保护测控装置的安装

变压器的测控装置按照一个独立的间隔进行配置，如果为三相三绕组变压器，包括变压器的高、中、低三侧和变压器本体部分。一般的测控装置都是模块化结构，根据变压器、断路器、隔离开关所需进行遥控的和接入模拟量、开关量的数量不同进行灵活配置。

保护装置应牢固地固定在保护测控屏柜上，装置各连接螺钉应紧固；各装置的接地与保护柜的接地用接地线、母排与大地可靠连接；保护柜的接线应符合接线图要求，保护柜内部安装接线由厂家负责，保护柜外部安装接线由施工安装单位完成。需严格按保护柜安装图进行电缆固定、电缆挂牌、端子排接线，并需根据厂家图纸认真核对接线，确保正确无误。

任务三　变压器保护测控装置的基本功能测试

 教学目标

1. 知识目标
（1）理解变压器的开关量。
（2）了解软压板与硬压板。
（3）掌握变压器保护测控装置的开入量与开出量。
（4）掌握变压器保护测控装置的开关量输入的测试。
2. 能力目标
（1）会根据工程图纸辨识变压器的开关量。
（2）能测试变压器保护测控装置的基本功能。
3. 素质目标
（1）培养与人沟通和协作的能力。
（2）培养良好的电力安全工作意识及职业操守。
（3）培养良好的独立分析与思考问题的能力。

在本任务中只针对变压器保护测控装置的一些试验及其方法进行说明，所列的测试或试验项目仅供参考，用户应根据部颁的有关规定结合现场实际，制定出相应的试验内容。

检测前，应根据有效的图纸检查装置的外观与插件是否有异常，如外壳是否可靠、有效地接地；装置面板型号标识、灯光标识、背板端子号的标识、铭牌是否完整、正确；插件应无遗漏并且接线良好无松动，插件顺序无误等。然后再进行相关的上电设置、软件版本检查、打印功能检测、开入量检测、开出量检测及模拟量通道检测等，依据不同的厂家设计与实际的现场设备而定。

一、变压器保护测控装置开关量的基本测试

开入量对微机保护装置来讲，是其进行逻辑判断的必要条件，接入各类装置开入量和开出量必须准确地反映一次设备的状态、与其相关联的其他保护及其自动装置的动作状态，才能保证装置做出正确的判断，确定其动作行为。

开关量输入输出回路的测试与检验都应按照所配置的装置技术说明书规定的检测方法进行。

1. 开关量的认识
开关量是指非连续性信号的采集和输出，一般是指反映触点的断开与接通状态，可以用 1 和 0 来表示其两种状态，这是数字电路中的开关性质。开关量主要指开入量和开出量，开关量的输入简称为"开入"，开关

量的输出简称为"开出"。

在变电站综合自动化系统中，开关量有：断路器、隔离开关和接地刀闸的分合状态；变压器有载调压开关的分接头位置；保护测控屏柜的压板（连接片）状态；自动装置功能键的触点状态；继电器的触点状态；控制开关的触点状态；辅助触点的状态；信号的有无等。

2. 变压器保护测控装置开关量的输入测试

不同的厂家操作步骤不一定相同，但检测的目的是一致的。下面以北京四方与重庆新世纪的保护测控装置为例进行说明。

1）CSC－326 型保护测控装置开关量的输入测试

（1）对保护测控装置进行开入自动检测。首先，进入"装置主菜单"→"修改时钟"操作，整定时间为"0：59：50"，等待约 1 min 后，装置应正常，没有开入错的告警。

（2）进行开入检查。选择菜单"装置主菜单"→" 运行工况"→"开入"，将开入和24 V＋电源短接，根据不同装置型号需要检验的开入不同（见表3－1），查看各开入状态是否正确。如果某一路不正确，检查与之对应的光隔、电阻等元件有无虚焊、焊接错误或损坏。

表3－1　不同装置型号需要检验的开入

装置 开关量	CSC－ 326A	CSC－ 326B	CSC－ 326C	CSC－ 326D	CSC－ 326EA	CSC－ 326EB	CSC－ 326FA
高压侧非全相	√	√	√	√	√		
中压非全相			√				
中压充电保护		√		√	√		√
低压充电保护	√	√	√	√	√	√	
低压Ⅱ充电保护			√	√	√		√
高压电压	√		√	√	√	√	
中压电压			√	√	√	√	
低压电压	√		√	√	√	√	
低压Ⅱ电压			√	√	√		√
失灵开入1			√			√	
失灵开入2			√			√	
高压侧选跳开入							√
中压侧选跳开入							√
通信 1～18							

2）EDCS－7240 型保护测控装置开关量的输入测试

（1）开入量检查。应先连接光耦电源线：2A01 接 DC 220 V－或 24 V－（按工程蓝图要求）。依次投入和退出屏上相应压板以及相应开入接点，如表3－2 所示。查看液晶显示的"参数显示"子菜单中"状态显示"中的"开入状态"是否正确。

表 3 - 2　变压器保护测控装置开入量

序号	开入量名称	装置端子号	装置显示	备注
1	检修状态	2A01 - 2A02		
2	本侧 TV 退出	2A01 - 2A03		
3	断路器常开	2A01 - 2A04		
4	断路器常闭	2A01 - 2A05		
5	零序选跳开入	2A01 - 2A06		
6	零侧复压开入	2A01 - 2A07		
7	冷却器故障	2A01 - 2A08		
8	开入 DI8	2A01 - 2A09		
9	开入 DI9	2A01 - 2A10		
10	开入 DI10	2A01 - 2A11		
11	开入 DI11	2A01 - 2A12		
12	开入 DI12	2A01 - 2A13		
13	开入 DI13	2A01 - 2A14		
14	开入 DI14	2A01 - 2A15		

（2）硬压板开入量检查。保护测控装置硬开入量检查是装置常规检测项目之一，其目的是检验装置对各开入量反应的正确性，检查方法：采用短接端子或投、退压板的方法，改变触点的通、断状态，检查装置的状态显示是否正确。

应先连接光耦电源线：2A20 接 DC 220 V- 或 24 V-（按工程蓝图要求）。依次投入和退出屏上相应压板以及相应开入接点，如表 3 - 3 所示，查看液晶显示的"参数显示"子菜单中"状态显示"中的"开入状态"是否正确。

表 3 - 3　变压器保护测控装置压板

序号	开入量名称	装置端子号	装置显示	备注
1	投入过流保护	2A20 - 2A16		
2	投入零序保护	2A20 - 2A17		
3	投入间隙零序保护	2A20 - 2A18		
4	投入备用	2A20 - 2A19	无	

二、变压器保护测控装置开关量的输出测试

变压器保护测控装置开关量的输出，是指保护测控装置的 CPU 发出的数字信号或数据通过开关量输出接口电路去驱动继电器，再由继电器的辅助触点接通跳、合闸回路或主变压器分接开关控制回路来实现的控制、调节。不同厂家的开关量输出电路会不尽相同，但设计目的是一致的。下面以北京四方和重庆新世纪两大厂家的保护测控装置为例进行讲述。

1. CSC – 326 型保护测控装置开关量的输出检测

（1）进行开出自动检测。进入"装置主菜单"→"修改时钟"操作，整定时间为"1：59：50"，等待约 1 min 后，装置应正常，没有开出错的报警。完成后恢复时钟为实际时间。

（2）开出传动。选择菜单"装置主菜单"→"开出传动"，根据不同装置型号需要检验的开出不同，如表 3 – 4 所示。依次进行开出传动，开出时运行灯闪烁，开出信号保持直到按"复归"按钮或接收到"远方"复归命令。

如果该通道正常，则可以听到继电器动作声音，MMI 相应的灯应点亮，同时液晶显示"开出传动成功"，此时万用表应当可以测到相应开出触点为导通状态；否则检查该通道的继电器管脚有无漏焊、虚焊以及光隔离器有无虚焊、错焊。

表 3 – 4　110 kV 及以下的装置开出传动

开出量 ＼ 型号	CSC – 326FA	CSC – 326FB	CSC – 326FC	CSC – 326FD
高压开关 1	√			√
高压开关 2	√			√
高压母联 1	√			√
高压母联 2	√			√
中压开关	√			√
中压母联	√			√
低压开关	√			√
低压 II 开关	√			√
低压分段	√			√
差动动作	√			√
高选跳开出	√			√
中选跳开出	√			√
闭锁高压侧备投	√			√
闭锁中压侧备投	√			√
闭锁低压侧备投	√			√
闭锁低压侧 2 备投	√			√
启动通风跳闸 1 – 2	√			√
闭锁调压跳闸 1 – 2	√			√
差动保护跳闸 1 – 6		√	√	
TA 断线跳闸 1 – 2		√	√	

注：各项开出传动后，按"复归"按钮后，相应的灯灭，相应的动合触点断开，动断触点闭合。

2. EDCS - 7240 型保护测控装置开关量的输出检测

检测可通过本装置显示画面菜单项中"通道校正"进入"出口传动"这一项（密码不正确时将不会显示"出口传动"菜单），选择相应出口后按"确认"键，从而驱动相应出口动作（见表 3 - 5）。还可与功能试验一同进行（注意各触点的动作情况应与控制字一致）。如果该通道正常则可以听到继电器动作的声音。

表 3 - 5　保护测控装置的开出接点

序号	开出量名称	装置端子号	传动结果
1	出口 1（DO1）	3B01 - 3B02	
2	出口 2（DO2）	3B03 - 3B04	
3	出口 3（DO3）	3B05 - 3B06	
4	出口 4（DO4）	3B07 - 3B08	
5	出口 5（DO5）	3B09 - 3B10	
6	出口 6（DO6）	3B11 - 3B12	
7	出口 7（DO7）	2B01 - 2B02	
8	出口 8（DO8）	2B03 - 2B04	
9	出口 9（DO9）	2B05 - 2B06	
10	出口 10（DO10）	2B07 - 2B08	
11	出口 11（DO11）	2B09 - 2B10	
12	出口 12（DO12）	2B11 - 2B12	
13	动作信号（DO13）	2B13 - 2B14	
14	报警信号（DO14）	2B15 - 2B16	
15	断路器合闸（DO15）	3B13 - 3B14	
16	断路器分闸（DO16）	3B15 - 3B16	

三、压板的背景知识

保护屏柜上的压板也叫保护连接片。压板安装在保护屏柜正面下部分区域，一般遵循"按装置分排，按作用分区"的原则布置。

压板是微机保护装置开关量输入输出系统的主要部分，是保护装置与外部联系接线的桥梁和纽带。设置压板的目的是为了运行维护及测试的方便。压板可分为硬压板和软压板两种。

1. 软压板

为了能在监控系统后台机和调度（集控）中心后台机上实现远方投退保护功能，微机保护装置通常还设有对应的保护功能软压板，可以通过整定其控制字来投退相应的保护功能，整定为"1"表示投入、"0"表示退出。

一般情况下，保护功能的硬压板与软压板是一一对应的，即保护柜上的一个功能硬压板装置就设有与之相对应的软压板。具体到某个保护功能是否投入工作、能否发挥作用，除受其功能硬压板控制外，还要受到对应的功能软压板、控制字的控制。一个保护功能的硬压板与软压板、控制字的逻辑关系为"与",即某个保护功能的硬压板与软压板、控制字同时投入都有效时,该保护功能才会有效投入。

2. 硬压板

硬压板可分为功能压板、出口压板、备用压板。功能压板一般用黄色标识,出口压板一般用红色标识,备用压板一般用浅驼色标识。运行人员在操作带有不同颜色的保护压板时,方便保护压板的识别,在一定程度上能防止误投、误停保护压板,预防误操作事故的发生。另外,保护压板的标签宜采用白底黑字打印,字体采用宋体。

硬压板的常用形式有线簧式硬压板与普通分立式硬压板,如图3-9所示。

（a）   （b）

图3-9   不同形式的硬压板

（a）线簧式硬压板；（b）普通分立式硬压板

功能压板属于保护装置的开入量,用于完成把保护装置的某些功能投入或退出工作的操作,它决定保护装置的某个功能能否发挥作用。

出口压板属于保护装置的开出量,出口压板用于将保护装置的动作出口命令送到执行机构,它直接决定了动作出口命令能否送出执行。

备用压板为尚未使用的压板,可供今后功能拓展、改建或扩建。

在进行硬压板的投退操作时,无论投入还是退出压板,都必须操作到位。对普通分立式硬压板,投入压板时,应拧紧连片的上、下螺栓,保证回路可靠接通;退出压板后,应拧紧连片的下螺栓,以保证其位置稳定。对于线簧式压板,进行投退操作时均应先将压板连片拔出,使两端插针脱离插孔,再扭动连片以改变压板状态;投入压板时,应使连片插针对准上、下插孔并用力下压,以保证接触良好;退出压板后,应使连片插针插入左、右插孔中,如图3-10所示。

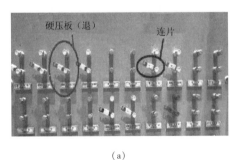

（a）   （b）

图3-10   不同形式的压板投入与退出状态

（a）分立式压板；（b）线簧式压板

四、 变压器保护测控装置的基本保护功能的测试

变压器保护测控装置集保护、监视、控制、通信等多种功能于一体，内部配置相关的标准保护程序，具有对一次设备电压、电流模拟量和开关量的采集和处理功能。下面逐一介绍变压器保护测控装置的基本功能的测试。

1. 差动速断保护

（1）投入差动保护压板及相应的控制位。

（2）模拟区内瞬时性短路故障，记录保护报文、面板信号灯及打印报告，检查动作值及动作时间是否准确，保护动作行为是否正确。

2. 比率差动保护

（1）投入差动保护压板。

（2）模拟区内瞬时性故障，记录保护报文、面板信号灯及打印报告，检查动作值及动作时间是否准确，保护动作行为是否正确。

3. 后备保护的测试

变压器每侧后备保护都要求做一个试验。高压侧测试相间阻抗保护、接地阻抗保护、间隙保护（保护配置中如果有这些功能，优先选前面的）。中压侧测试零序过电流保护、复压过电流保护（保护配置中如果有这些功能，优先选前面的）。低压侧进行复压过电流保护测试。

（1）相间阻抗保护的测试。

投入相间阻抗保护相应压板，投入跳闸矩阵相应位。再根据相间阻抗保护控制字、电抗分量、电限分量、偏移比及各时限定值，模拟区内、区外相间短路故障。然后检查定值是否正确、保护动作行为是否正确。

（2）接地阻抗保护的测试。投入接地阻抗保护相应压板，再根据接地阻抗保护控制字、电抗分量、电阻分量、偏移比及各时限定值，模拟区内、区外相间短路故障。最后检查定值是否正确，保护动作行为是否正确。

（3）间隙保护的测试。投入间隙保护相应压板（间隙电压压板及间隙电流压板）以及投入跳闸矩阵相应位。然后，根据间隙保护控制字、间隙电压定值、间隙电流定值及各时限定值，模拟故障。最后检查定值是否正确，保护动作行为是否正确。

（4）零序过电流保护。投入零压电压闭锁零序（方向）过电流保护相应压板以及投入跳闸矩阵相应位。然后，根据零序保护控制字、零序电流、零序电压闭锁及各时限定值，模拟区内、区外接地短路故障。最后检查定值是否正确、保护动作行为是否正确。

（5）复合电压闭锁（方向）过电流保护。投入复合电压闭锁（方向）过电流保护相应压板。根据复流保护控制字，电流、低电压及负序电压闭锁及各时限定值，模拟区内、区外相间的短路故障。然后检查定值是否正确、保护动作行为是否正确。

五、 变压器保护测控装置的开关量原理图

变压器保护测控装置强大的保护、测量、控制的功能，需要对一次设备的开关量进行采集，经分析处理后开出，达到对变压器监控的目的。现以某生产厂家的 110 kV 变压器开关量的输入与输出（开入、开出）原理图进行举例说明。

从图 3-11 所示的变压器本体保护测控装置的开入量原理图中，可以知道该保护测控装置所采集的开关量输入信号包含了差动保护的开入量回路、变压器本体的非电量保护开入量回路、变压器本体控制箱开入量回路。每个回路通过相应的继电器触点将信号引入至装置的某个端子，提供给装置进行采集。本保护测控装置的信号采集涵盖变压器的压力释放信号，本体轻瓦斯、本体重瓦斯、调压重瓦斯、本体油位、调压油位、油温等信号及保护动作信号、电源故障报警等与变压器保护测量和控制有关的信息，以满足微机保护装置进行分析处理的需要。

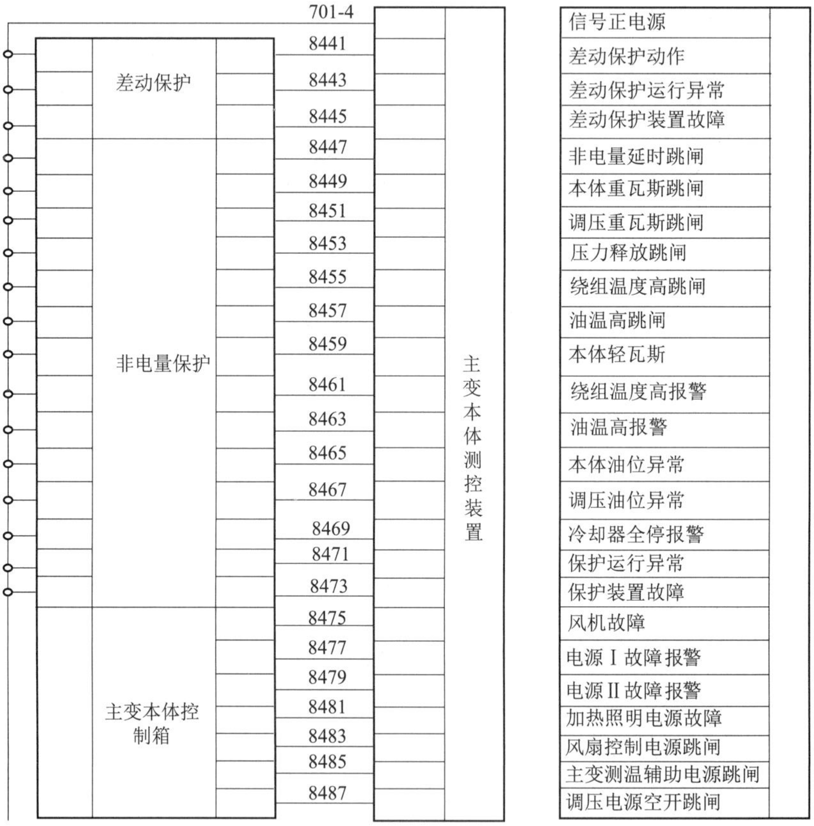

	701-4		信号正电源
差动保护	8441		差动保护动作
	8443		差动保护运行异常
	8445		差动保护装置故障
	8447		非电量延时跳闸
	8449		本体重瓦斯跳闸
	8451		调压重瓦斯跳闸
	8453		压力释放跳闸
	8455		绕组温度高跳闸
	8457		油温高跳闸
非电量保护	8459	主变本体测控装置	本体轻瓦斯
	8461		绕组温度高报警
	8463		油温高报警
	8465		本体油位异常
	8467		调压油位异常
	8469		冷却器全停报警
	8471		保护运行异常
	8473		保护装置故障
	8475		风机故障
	8477		电源 I 故障报警
	8479		电源 II 故障报警
主变本体控制箱	8481		加热照明电源故障
	8483		风扇控制电源跳闸
	8485		主变测温辅助电源跳闸
	8487		调压电源空开跳闸

图 3-11 某变压器本体保护测控装置开入量原理图

同理，在图 3-12 所示的变压器高后备保护测控装置开出原理图中，该变压器的开出信号包括跳闸出口、位置信号输出、中央信号输出，将装置的信息或分析结果通过触点接通相应的回路，即开关量输出，达到控制或发信的要求。

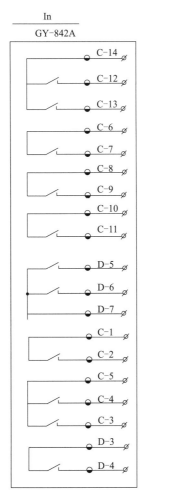

图 3-12 某变压器高后备保护测控装置开出量原理图

任务四 变压器保护测控装置的保护测量回路

 **教学目标**

1. 知识目标

（1）掌握变压器保护测控装置所配置保护的保护范围。

（2）掌握变压器保护测控装置保护、测量回路的识读。

2. 能力目标

（1）会识读变压器保护、测量回路工程图。

（2）会分析变压器所配置保护的保护范围。

3. 素质目标

（1）培养与人沟通和协作的能力。

（2）培养良好的电力安全工作意识及职业操守。

（3）培养良好的独立分析与思考的能力。

为了保证变电站（所）一次设备的安全和经济运行，系统中应装电气测量仪表。所装测量仪表应满足以下要求。

（1）应能正确反映电气设备及系统的运行状态。

（2）能监视绝缘状态。

（3）在发生事故时，能使运行值班人员迅速判别事故的设备、性质和原因。

测量回路是电气测量仪表相互连接而形成的回路。电气测量回路的种类有很多，按测量参数的不同可分为电流测量、电压测量和功率测量等；按测量方式的不同可分为连续测量和选线测量。对测量仪表的准确度与测量范围在设计技术规程中有相应的规定。测量用电流互感器是一种专门用来测量电力系统的电流和电能的电流互感器。在正常工作条件下，它应符合规定的准确度等级要求，以保证测量准确。

在变压器电气间隔中，保护测控单元既保持相对独立又相互融合，即保护和测控共享信息，不共享资源。不同电压等级的变电站对保护和测控单元的要求是不一样的，对于 10 kV 以上的系统保护和测控单元一般是分开的。10 kV 及以下系统保护和测控单元通常一体化，一般采用后备保护带测控功能的设计原则。总体来说，都应按照变电站综合自动化的整体技术要求保护、监控统一规划和设计，达到降低变电站建设、运行和维护投资，提高变电站运行可靠性，可与单电网自动化系统交换信息，在保证可靠性的前提下，应尽量做到减少装置数目、减少外部连接电缆。

保护测控单元提供两组交流信号输入端子，分别接入保护互感器和测量互感器电流信号。在软件的程序设计上，保护和测控模块独立运行且使保护模块不受测控模块的影响，也不依赖外部通信网。对于保护动作信息、状态信息则与测控模块共享。

一、变压器保护测控装置测量回路的配置

主变压器的保护测控装置按照一个独立的间隔进行配置，包括变压器（以三相三绕组变压器为例）的高、中、低压三侧和变压器的本体部分。一般的测控装置都是模块化结构，根据变压器、断路器、隔离开关所需进行遥控的和接入模拟量、开关量的数量不同，进行灵活组合。

主变压器测控装置接入的模拟量有高、中、低压三侧的三相电流和三相电压。通过软件程序可以计算出三相电流有效值、三相电压有效值、$3U_0$、$3I_0$、有功功率、无功功率、频率、谐波等，接入的模拟量还有变压器测温回路。

二、变压器保护测控装置的测量电流回路

主变压器的测量、计量和保护等需要采集较多的交流电流量，主要与变压器的保护配置有关。变压器的保护交流电流图与测量交流电流回路图，展示的是变压器各侧电流信号的采集参数。

以某 110 kV 变电站变压器保护的交流电流回路原理图为例进行说明，
图 3 – 13 所示为其电气一次接线部分。

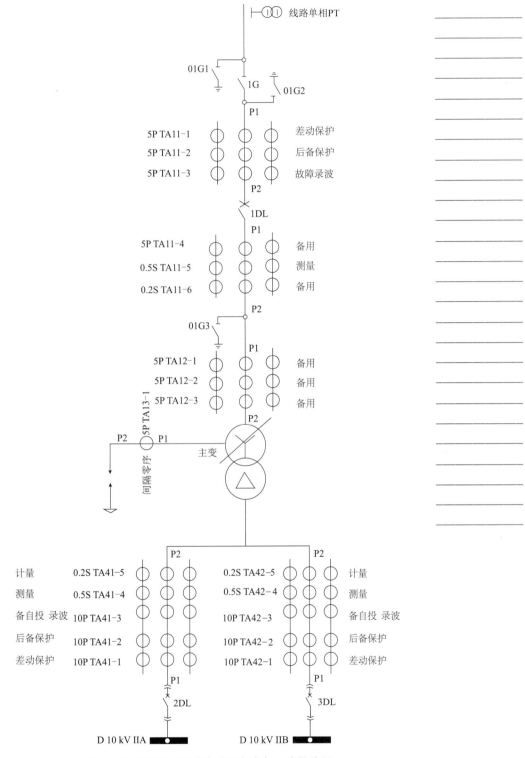

图 3 – 13 某 110 kV 变电站局部电气一次接线图

从电气一次接线图（见图 3 – 14）中可以分析出，该变压器为三相双绕组 Y/△ 有载调压变压器，配置有 19 组电流互感器，分别为 TA11 – 1 ~ TA11 – 6、TA12 – 1 ~ TA12 – 3、TA41 – 1 ~ TA41 – 5、TA42 – 1 ~ TA42 – 5。其中 TA11 – 1 ~ TA11 – 6 与 TA12 – 1 ~ TA12 – 3 共九组分布在高压侧，高压侧分布有五组电流互感器作为备用。即 TA11 – 4、TA11 – 6、TA12 – 1、TA12 – 2、TA12 – 3。TA41 – 1 ~ TA41 – 5 分布在低压侧 10 kV IIA，TA42 – 1 ~ TA42 – 5 分布在低压侧 10 kV IIB。在测量回路中，110 kV 侧的测量电流互感器 TA11 – 5 二次侧的 A、B、C 三相接线方式是完全星形接线，将 A、B、C 三相测量电流接入装置的端子进行分析处理，如图 3 – 14（b）所示。10 kV IIA 段的测量电流由 TA41 – 4 电流互感器进行测量。10 kV IIB 段的测量电流由 TA42 – 4 电流互感器进行测量，二次侧在图 3 – 14 中没有展示，表述计量回路的二次接线部分也没有展示。

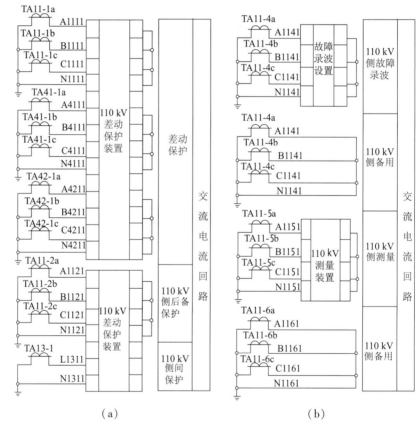

图 3 – 14　变压器 110 kV 侧交流电流回路图

（a）交流电流回路图 1；（b）交流电流回路图 2

三、变压器保护测控装置的保护电流回路

从电气主接线图中可以看到，该变压器配置了差动保护与后备保护（可与厂家协商配置相应的后备保护）。主变差动保护的范围是主变压器各侧电流互感器所包络的区域，作用于差动保护的二次绕组之间的全部设备，不仅仅是变压器本体，还包括引出线、隔离开关等设备。在本例中，

如图 3 - 14（a）所示，TA11 - 1、TA41 - 1 与 TA42 - 1 分别为变压器差动保护提供电流的电流互感器，用于差动保护的电流互感器的二次侧的接线方式为完全星形接线方式，将 A、B、C 三相电流接入至微机保护装置内进行分析处理。理论上，在保护范围内设备正常运行时，差动的电流应该为零。如果在变压器所配置的差动保护范围之内发生故障，那么差动电流互感器之间所测量的电流会出现电流差，微机保护装置就会迅速检测到差流，经分析处理后，接通断路器跳闸回路，执行跳闸，达到保护变压器的目的。因变压器电流差动保护不需要电压配合，所以无电压回路展示。

本例中的变压器可以配置后备保护，在图中由变压器高压侧（110 kV 侧）的 TA11 - 2 所测量的电流进入至微机保护测控装置中，装置中的 CPU 按后备保护的原理进行分析处理（跳闸或告警），达到保护变压器的目的。

任务五　变压器保护测控装置的控制回路

 教学目标

1. 知识目标
（1）掌握变压器保护测控装置控制回路工作过程的分析。
（2）理解 KKJ 继电器的作用。
（3）了解断路器控制回路的基本要求。
（4）理解变压器保护测控装置控制回路的防跳回路。
2. 能力目标
（1）会分析变压器保护测控装置的控制回路原理图。
（2）能识读串联式防跳与并联式防跳回路图。
3. 素质目标
（1）培养与人沟通和协作的能力。
（2）培养良好的电力安全工作意识及职业操守。
（3）培养良好的独立分析与思考的能力。

主变压器保护测控装置的控制对象有变压器各侧的断路器和隔离开关、变压器中性点接地开关、变压器有载调压分接开关等设备。

断路器不仅是电力系统应用较多的设备，也是电力系统中操作频繁的设备。变压器、高压输电线路、电抗器、电容器等设备的投运或停运都是由与其相连的断路器的分闸或合闸来实现的。运行中一次设备发生故障时，继电保护装置动作，跳开（分闸）离故障设备最近的断路器，使故障设备脱离运行电源，达到保护电气设备和线路的目的。

一、断路器的控制回路

断路器的控制通常是通过电气回路实现的，为此，必须有相应的二次设备。在主控制室的控制平台上，应有能发出跳、合闸命令的控制开关和

按钮，在断路器上应有执行命令的操作机构，即跳、合闸线圈。控制开关和操作机构之间是通过控制电缆连接起来的。控制回路按操作电源的种类，可分为直流操作和交流操作（包括整流操作）两种类型。直流操作一般采用蓄电池组供电，交流操作一般是由电流互感器、电压互感器和所用变压器供电。此外，对断路器的控制，按所采用的接线及设备，又可分为强电控制和弱电选线控制两大类。

断路器的控制回路随着断路器的形式、操动机构的类型及运行上的不同要求而有所差别，但基本接线相类似。对控制回路的基本要求有如下几点。

（1）应能用控制开关进行手动合、跳闸，且能由自动装置和继电保护实现自动合、跳闸。

（2）应能在合、跳闸动作完成后迅速自动断开合、跳闸回路。

（3）应有反映断路器位置状态（手动及自动合、跳闸）的明显信号。

（4）应有防止断路器多次合、跳闸的"防跳"装置。

（5）应能监视控制回路的电源及其合、跳闸回路是否完好。

二、断路器控制回路分析

目前，我国一些厂家的保护测控装置，在断路器的控制回路中，会用到合后继电器，即 KKJ 合后继电器。下面来认识一下这种继电器的特别之处，然后再对断路器控制回路中不同的控制进行工作原理及实现过程的分析。

1. 合后继电器 KKJ

KKJ 合后继电器，包括 RCS 和 LFP 系列在内几乎所有类型的操作回路都会有，它是从电力系统 KK 操作把手的合后位置触点接线出来的，所以叫 KKJ。

传统的二次控制回路对开关的手合手分是采用一种俗称为 KK 开关的操作把手实现的。该把手有"预分—分—分后—预合—合—合后"6 个状态。其中"分、合"是瞬动的两个位置，其余 4 个位置都是可固定住的。当用户合闸操作时，先将把手从"分后"打到"预合"，这时一对预合触点会接通闪光小母线，提醒用户注意确认开关是否正确。从"预合"打到头即"合"。开关合上后，在复位弹簧作用下，KK 把手返回自动进入"合后"位置并固定在这个位置。分闸操作同此过程类似，只是分闸后，KK 把手进入"分后"位置。KK 把手的纵轴上可以加装一对触点。当 KK 把手处于"合后"位置时，其"合后位置"触点闭合。

KK 把手的"合后位置""分后位置"触点的含义就是用来判断该开关是人为操作合上或分开的。"合后位置"触点闭合代表开关是人为合上的；同样，"分后位置"触点闭合代表开关是人为分开的。

"合后位置"触点在传统二次控制回路里主要有两个作用：一是启动事故总音响和光字牌告警；二是启动保护重合闸。这两个作用都是通过位置不对应来实现的。位置不对应就是 KK 把手位置和开关实际位置对应不起来，开关的 TWJ（跳闸位置）触点同"合后位置"触点串联就构成了不对应回路。开关人为合上后，"合后位置"触点会一直闭合。保护跳闸或开关偷跳，KK 把手位置不会有任何变化，因此，"合后位置"触点也不会变化，当开关跳开 TWJ 触点闭合，位置不对应回路导通，启动重合闸和接通事故总音响和光字牌回路。事故发生后，需要值班员去复归对位，即把 KK 把手扳到"分后位置"。不对应回路断开，事故音响停止，掉牌复归。

操作回路中的 KKJ 继电器同传统 KK 把手所起作用一致，也主要应用在上述方面。这里只采用了其常开触点的含义（即合后位置）：KKJ ＝1 代表开关为人为（手动或遥控）合上；KKJ ＝0 代表开关为人为（手动或遥控）分开。

2. 某 110 kV 断路器控制回路的实现过程

下面以某 110 kV 高压断路器的控制回路图（见图 3－15）为例进行简要说明，不同的厂家或配置不同的操作机构的断路器控制回路会有或多或少的差异，但分析的思路是相似的。

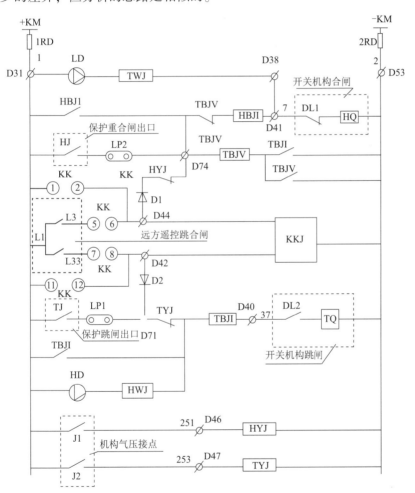

图 3－15 某 110 kV 断路器控制回路原理图

KK—控制（转换）开关；1，2—KK 开关手动合闸接点；11，12—KK 开关手动分闸接点；5，6—KK 开关遥控合闸接点；7，8—KK 开关遥控分闸接点；LD—绿灯，表示分闸状态；HD—红灯，表示合闸状态；TWJ—跳闸位置继电器；HWJ—合闸位置继电器；HBJI—合闸保持继电器，电流线圈启动；TBJI—跳闸保持继电器，电流线圈启动；TBJV—跳闸保持继电器，电压线圈保持；DL1—断路器辅助常开触点；DL2—断路器辅助常闭触点；HQ—合闸线圈；TQ—跳闸线圈

1）控制回路手动合闸的实现过程

将控制开关 KK 转换至合闸位置，即接通回路中的 1－2 接点，随着 1－2 接点的接通，D44—D1—HYJ—D74—TBJV—HBJI—D41—DL1—HQ—D53——KM 这条回路导通，使得 HQ 线圈得电，DL1 触点动作，由原来的闭合状态变为断开状态，DL1 断开的同时，DL2 由断开状态变为闭合状态，随着 DL2 的闭合，HD—HWJ—TBJI—D40—DL2—TQ 回路接通，HD 红灯亮，表示断路器处于合闸状态，手动合闸工作过程完成。

2）控制回路中手动分闸的实现过程

将控制开关 KK 转换至手动分闸位置，即接通回路中的 11－12 接点，随着 11－12 接点的接通，D42—D2—D71—TYJ—TBJI—D40—DL2—TQ—D53——KM 这条回路导通，使得 TQ 线圈得电，DL2 触点动作，由原来的闭合状态变为断开状态，DL2 断开的同时 DL1 由断开状态变为闭合状态，随着 DL1 的闭合，+KM—D37—LD—TWJ—D38—D41—DL1—HQ—D53——KM 回路与 +KM—D31—LD—TWJ—D38—D41—DL1—HQ—D53——KM 回路接通，LD 绿灯亮，表示断路器处于分闸状态，手动分闸工作过程完成。

3）控制回路中遥控合闸的实现过程

远方遥控 L3 触点闭合，控制开关 KK 的 5－6 接点接通，使得 D44—D1—HYJ—D74—TBJV—HBJI—D41—DL1—HQ—D53——KM 这条回路导通，HQ 线圈得电，DL1 触点动作，由原来的闭合状态变为断开状态，DL1 断开的同时，DL2 由断开状态变为闭合状态，随着 DL2 的闭合，HD—HWJ—TBJI—D40—DL2—TQ——KM 回路接通，HD 红灯亮，表示断路器处于合闸状态，遥控合闸工作过程完成。

4）控制回路中遥控分闸的实现过程

远方遥控 L33 触点闭合，控制开关 KK 的 7－8 接点接通，使得 D42—D2—D71—TYJ—TBJI—D40—DL2—TQ—D53——KM 这条回路导通，TQ 线圈得电，DL2 触点动作，由原来的闭合状态变为断开状态，DL2 断开的同时，DL1 由断开状态变为闭合状态，随着 DL1 的闭合，LD—TWJ—D38—D41—DL1—HQ 回路接通，LD 绿灯亮，表示断路器处于分闸状态，遥控分闸工作过程完成。

5）控制回路中保护跳闸的实现过程

若因故障，变压器配置的保护动作，保护跳闸出口继电器启动，TJ 触点闭合，+KM—TJ—LP1—TYJ—TBJI—D40—DL2—TQ—D53——KM 回路导通，TQ 线圈得电，DL2 触点动作，由原来的闭合状态变为断开状态，DL2 断开的同时，DL1 由断开状态变为闭合状态，随着 DL1 的闭合，LD—TWJ—D38—D41—DL1—HQ—D53——KM 回路接通，LD 绿灯亮，表示断路器处于分闸状态，保护跳闸工作过程完成。

6）变压器保护测控装置断路器的防跳回路

（1）防跳回路的作用。由于一些故障原因，断路器分闸之后，又被合上，但因故障未排除，保护又会继续动作，让断路器跳闸，故此，断路器出现多次跳－合的现象，称为断路器的"跳跃"。"跳跃"现象会使断路器绝缘下降、油位上升，严重时会引起断路器发生爆炸事故，危及人身和设备的安全。同时，故障设备多次被接通和断开，短路电流长时间通过电气设备，可使设备损坏，造成事故扩大。所以，需要采取"防跳"措施，加装防跳装置。断路器的"防跳"指的就是防止断路器出现连续多次跳－合现象发生。

防跳回路可以防止因为控制开关或自动装置的合闸触点未能及时返回（如操作人员未松开手柄、自动装置的合闸触点粘连），而正好合闸在故障线路和设备上，造成断路器出现连续分合现象。对于电流启动、电压保持式的电气防跳回路，还有一项重要功能就是防止因跳闸回路的断路器辅助触点调整不当（变位过慢），造成保护出口触点先断弧而烧毁的现象。

（2）断路器典型的防跳回路及工作原理。防跳回路有串联式防跳回路、并联式防跳回路、弹簧储能式防跳回路、跳闸线圈辅助触点式防跳回路等。国产断路器多采用串联式防跳回路，它除具有防跳功能外，还具有防止保护出口触点断弧而烧毁的优点，这也是应用微机保护装置不可缺少的技术条件。

串联式防跳，即防跳继电器 TBJ 由电流启动，该线圈串联在断路器的跳闸回路中。电压保持线圈与断路器的合闸线圈并联。当合闸到故障线路或设备上时，继电保护动作，保护出口触点 KCO 闭合，此时防跳继电器 TBJ 的电流线圈启动，同时断路器跳闸，TBJ 的常闭触点断开合闸回路，另一对常开触点接通电压线圈并保持。若此时 SA 接点 5－8 不能返回而合闸命令继续存在，但由于合闸回路已被 TBJ2 触点断开，断路器不能合闸，从而达到防跳目的。另外，当 TBJ 启动后，其并联于保护出口的常开触点闭合并自保持，直到"逼迫"断路器常开辅助触点变位为止，有效地防止了保护出口触点断弧。典型的串联式防跳回路原理如图 3－16 所示。

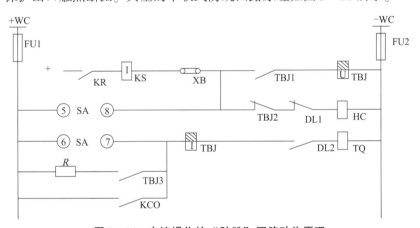

图 3－16　电流操作的"防跳"回路动作原理

SA—控制开关；KR—自动重合闸继电器；TBJ—防跳继电器；TBJ1～TBJ3—防跳继电器触点；KCO—保护出口继电器；KS—信号继电器；DL1、DL2—断路器辅助触点；HC—合闸线圈；TQ—跳闸线圈

在图 3－16 中，"防跳"回路动作原理：当控制开关 SA 5－8 接点接通，使断路器合闸后，如果此时保护动作，其触点 KCO 闭合，使断路器跳闸。此时 TBJ 的电流线圈带电，其触点 TBJ1 闭合。如果合闸脉冲未解除（如控制开关未复归，其触点 SA 5－8 接点仍接通，或自动重合闸继电

器 KR 触点卡住等情况），TBJ 的电压线圈自保持，其触点 TBJ2 断开合闸线圈回路，使断路器不致再次合闸。只有合闸脉冲解除，TBJ 的电压线圈断电后，接线才恢复图示原来状态。

触点 TBJ1 的作用：TBJ 电流线圈带电，触点 TBJ1 接通，TBJ 电压线圈自保持，只有合闸脉冲解除后 TBJ 电压线圈断电，触点 TBJ1 断开退出自保持。

触点 TBJ2 的作用：TBJ 电流或电压线圈带电，触点 TBJ2 断开合闸线圈回路，有效防止断路器再次合闸，达到防跳目的。如断路器机构内也有防跳功能，为了防止产生寄生回路，按规定只能二者选其一，若需取消继电器 TBJ 的防跳功能，可用导线将触点 TBJ2 短接；若需取消开关的防跳功能，可拆除至防跳继电器线圈的连线。

触点 TBJ3 的作用：TBJ 电流或电压线圈带电，触点 TBJ3 处于闭合状态，可有效防止因跳闸回路的断路器辅助触点调整不当（动作变位过慢），造成保护出口 KCO 触点分断时燃弧烧毁的现象发生。用导线将触点 TBJ2 短接，取消 TBJ 的防跳功能后，能吸放动作的 TBJ 仍具有对 KCO 触点的保护功能。

电阻 R 的作用：当保护出口 KCO 触点回路串接有信号继电器，如触点 TBJ3 闭合而无电阻 R 时，信号继电器可能还未可靠动作就被 TBJ3 短路，串接电阻 R 后可减小分流，保证信号继电器可靠动作。通常串接信号继电器的电流线圈阻值较小，故电阻 R 选用 $1\ \Omega$ 便可满足上述要求。当保护出口 KCO 触点回路无串接信号继电器时，则此电阻 R 可以取消。

并联式电压操作的"防跳"回路动作原理如图 3－17 所示，图中 TBJ 为专设的防跳继电器，该继电器有一个电压启动线圈和一个电压保持线圈。触点 TBJ1、TBJ2、TBJ3 和电阻 R 的作用同串联式电流操作的"防跳"回路。

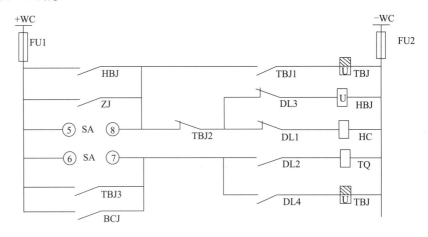

图 3－17　电压并联式防跳回路示意图

SA—控制开关；ZJ—自动装置出口；BCJ—保护出口；TBJ—双电压防跳继电器；
DL1～DL4—断路器辅助触点；HC—合闸线圈；TQ—跳闸线圈

并联式电压操作的"防跳"回路其跳闸、合闸线圈回路和断路器辅助触点回路完全分开，并将防跳继电器电压启动线圈、合闸保持继电器和位置继电器都接在辅助触点回路上。此方法适合某些进口开关分闸电流很小或现场断路器操作线圈电流不明确时使用。

任务六　变压器保护控制回路常见故障分析与排查

 **教学目标**

1. 知识目标

（1）理解变压器的断路器保护控制回路的常见故障。

（2）掌握变压器保护测控回路的常见故障分析。

2. 能力目标

（1）会分析变压器保护测控装置控制回路的常见故障。

（2）能辨识变压器保护测控装置控制回路的常见故障种类。

3. 素质目标

（1）培养与人沟通和协作的能力。

（2）培养良好的职业操守与电力安全意识。

（3）培养独立分析与思考的能力。

控制回路承担着对所属一次系统相关设备的控制、操作任务，控制回路一旦发生故障，就会影响到一次系统的投入运行或退出运行的操作。控制回路的某些故障，还可能导致无法切断一次系统的故障电流等严重后果。

无论二次回路的维护工作做得多么完善，也只能减少其发生故障的概率，而不能完全杜绝故障的发生。由于设备的老化、环境的剧变等一系列因素，二次回路可能出现这样或那样的异常与故障。二次回路出现异常或故障后，应及时发现并尽快做出处理使其恢复正常，尽量减少因二次回路故障而导致一次系统非正常退出运行的概率。

一、控制回路的维护

在控制回路的维护中，对由电磁操作机构操作的断路器，在跳、合闸过程中流经其跳、合闸线圈的电流比较大，而跳、合闸线圈又是按照短路通电设计的，因此，一旦跳、合闸时间过长，就可能烧毁线圈。另外，频繁地进行跳、合闸操作，也可能烧毁线圈。所以，在控制回路的维护中需要多加注意。

运行值班人员应按规定要求定期或不定期对运行中的二次回路进行全面检查，检查项目和内容主要如下。

（1）二次回路各设备无损坏和异常现象。

（2）各连接线无松动、发热现象；导线连接处接触良好。

（3）继电器无异常的声音，触点无抖动现象；保护动作值无偏移。

（4）测量表计指示正确并符合精度要求。

（5）自动装置动作正常，调节特性符合要求。

（6）定期检查二次回路的绝缘情况。

此外，还需要定期对二次回路进行清扫工作。清扫过程中应小心、仔细，严防导致保护误动作。只要认真做好二次回路在运行期间的维护工作，就能减少二次回路故障的概率，从而提高一次系统运行的可靠性和一次设备的安全。

二、 控制回路的故障分析和处理

用于监视、测量由表计、控制操作信号、继电保护和自动装置等所组成的回路，统称为二次回路。电力系统二次回路对一次回路起着控制保护测量和调节等作用，对电力系统的安全稳定运行发挥着重要作用。控制回路是二次回路的重要部分，它的故障分析显得尤为重要。

1. 二次回路故障分析和处理的基本原则

及时发现故障，并根据故障所表现出来的各种现象，分析出故障的真正原因，从而进行及时、正确的处理。

二次回路接线复杂，若不进行认真、仔细的分析和处理，找到的故障原因很可能是似是而非的原因。表面看起来似乎已经处理好了，实际上却没有找到真正的原因和正确的处理手段。因此，在分析二次回路故障原因时，不能只根据表面现象进行草率的分析，而要根据各种现象（尤其要注意各种细微的现象），并根据二次回路的工作原理进行深层次分析，找出真正的原因。在处理故障时，要杜绝头痛医头、脚痛医脚的处理方法，不到万不得已，不能采用临时手段进行处理，要将真正的故障原因消除。

2. 二次回路故障分析的基本思路

紧紧扣住"系统"和"回路"的概念，结合故障的各种现象和该二次回路的工作原理，包括进行一些必要的测量、检查手段，先在二次原理图上进行分析。首先分清故障原因是在该二次回路系统的哪个子系统，随后再找出故障在该子系统的哪个回路。一旦找到故障所在的回路，再找故障点就比较容易了。

在二次回路中，直流回路比交流回路复杂。因此，在分析直流回路故障时要严格按照分析思路进行。尤其是对于一些复杂的故障，更应该一步一步、有条不紊地进行分析，严防遗漏。

三、 断路器的控制回路常见故障及排查

控制回路的完整性直接影响着断路器的安全、稳定运行，熟练掌握快速有效处理控制回路故障的方法，防止一次故障时造成断路器越级跳闸，使事故范围扩大，对保证电网、设备的安全稳定运行以及保证供电可靠性有很大的意义。综合起来，导致控制回路故障的原因无非就是设备质量问题、工程施工质量问题、定检维护问题、运行环境问题等。

以某变压器高压侧的断路器合闸时合不上这一故障，对可能的原因进行分析，并对可能的因素进行排查处理。该断路器的控制回路原理图，如图 3 – 18 所示。

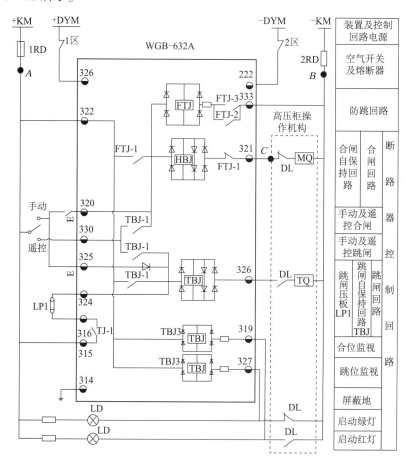

图 3 – 18　某断路器的控制回路图

断路器合不上闸的主要原因有控制回路故障、人为操作不当、断路器机构故障以及监控系统的原因。

（1）控制回路故障的原因。断路器合不上闸后，查看后台机显示该断路器出现"控制回路断线"信号，并且现场检查断路器处于分闸位置。这时就要对断路器的控制回路进行逐步排查，我们以图 3 – 18 的断路器控制回路为例，其控制电源为直流 220 V。

①使用万用表检测合闸电源是否消失，用万用表直流电压挡测量控制电源两侧的熔断器 1RD、2RD 的 A 点与 B 点之间的电压，若电压为零，则为合闸回路熔断器熔断或者接触不良，造成合闸电源消失，需更换熔断器。若电压为 220 V，则说明合闸回路电源正常。另外，也可以通过图中的红绿灯进行判断，若灯亮，说明控制电源正常；若灯不亮，但 A 与 B 两点间的电压正常，则检查灯是否损坏或有无松动接触不良等情况。

②用万用表直流电压挡测量 321 端子与 – KM 之间的电压，若测得的电压为零，则说明 321 端子与 – KM 之间的电路正常，没有与合闸合不上有关的故障。故障很有可能发生在 320 端子与 + KM 之间，需检查 320 端子前面的部分，是否为按钮没到位或控制开关把手有故障等原因。若测得 321 端子与 – KM 之间的电压为 220 V，则说明 321 端子与 – KM 之间有开路现象。进一步测量操作机构 DL 常闭触点前的位置 C 点与 – KM 之间的电压，若测得电压为 220 V，则可能为合闸线圈故障或断路器辅助触点不到位等原因造成合不上闸。

③如果在控制回路断线信号发出的同时，还有闭锁信号同时发出，则应该根据断路器的类型，检查断路器的储能压力、油、气压等压力是否达到了闭锁值。

（2）断路器采用控制开关操作时，因操作开关进行合闸的时间过短，也会造成断路器拒绝合闸，此情况后台机也无故障原因显示。

（3）断路器机构故障的原因。断路器机构卡涩未合到位，此时后台机出现断路器位置显示不正常，无电流显示（主要考虑负荷侧断路器的情况，正常时负荷侧断路器合上后，就该有电流通过，后台机就有电流显示），断路器机械位置指示也不正常。另外，断路器传动杆断裂也会造成断路器合不到位或者只合一相，没有三相合，此时也会造成断路器合不上闸，没有电流在负荷侧断路器流过。出现这样的情况，后台机上断路器位置及断路器机械位置指示均有可能为合位，但是断路器监控后台机无电流显示。

（4）当断路器合闸合于线路故障时，保护会加速动作跳开该断路器，从现象上看，合上就跳开，有点像合闸不成功，此时结合保护动作情况（后台机与装置上显示保护动作）及后台机断路器动作信号，可以进行判断。

（5）监控系统原因造成断路器合不上闸。在后台机（监控机）上未见异常信号，遥控断路器合闸时，出现遥控超时提示，有可能是监控系统通道故障、测控装置故障（监控机无故障显示）或者为"远方/就地"控制开关处于"就地"位置，而不是"远方"位置。

上述介绍的是最基本、最有效的查找方法，初学者应该尽量采用最基本的查找方法。具有一定经验的检修人员，可以通过监控机的显示或其他现象来帮助判断，从而加快故障分析和处理过程。

四、知识拓展——变压器保护误动作事故分析及处理

工程图中的保护回路图，实际上是有关保护系统的直流回路部分的图。完整的保护系统应该包含交流电流、电压回路中与保护有关的二次回路。

从广义上来讲，控制系统的跳闸回路以及保护所对应的信号回路也是保护系统所必需的组成部分。

1. 保护回路的维护

保护回路的维护除了做好二次回路通用的维护工作外，在日常运行过程中，还要经常检查继电器和各连接片、切换片的运行情况和位置状态等。对于继电器，应检查其声音是否正常，触点状态是否正确和触点有无抖动现象等。对于连接片和切换片，应定期检查其位置是否正确、接触是否良好等。

控制回路在出现故障时，大多数情况下会有相应的现象表现出来，而保护回路则不同。保护回路在发生可能导致保护误动作的故障时，会有较为明显的故障现象，当发生可能导致保护拒绝动作的故障时，却不容易发现。

2. 瓦斯继电器接线盒进水引起的主变重瓦斯保护误动作的故障分析和处理

1）事故情况及现象

某年 6 月 14 日 × 时 × 分，500 kV 某变电站 1 号变压器三侧断路器同时跳闸，监控信号显示 1 号变压器瓦斯保护动作，高、中、低压三侧断路器跳闸。

2）故障原因的查找与分析

检修人员抵达现场后调取了保护动作报告及故障录波图，并对变压器进行了外观检查，检查结果表明，跳闸前、后系统一次与二次无异常，且无任何线路故障跳闸情况，变压器电量保护也只有启动信号，所有电流、电压均正常，只有 1 号主变压器非电量保护装置的"A 相重瓦斯"保护灯常亮且不能复归。针对此种情况，检修人员对变压器瓦斯保护及二次回路进行了下列检查。

（1）瓦斯保护二次回路绝缘检查。在 1 号主变压器非电量保护屏中拆下 A 相重瓦斯回路，用 1 000 V 绝缘电阻表测量绝缘电阻，检测结果显示二次回路对地绝缘为 0 MΩ，二次回路两线芯之间绝缘值也为 0 MΩ，据此判断问题出在瓦斯继电器及其所属二次回路。

（2）瓦斯继电器检查。打开 A 相瓦斯继电器接线盒，发现盒内有少量积水，继电器接线柱上有大量水汽，拆除接线柱的二次接线，进行绝缘检查，结果显示：拆下的二次回路对地绝缘为 100 MΩ、二次回路两线芯之间绝缘为 130 MΩ、瓦斯继电器接线柱对地绝缘为 0 MΩ、继电器接线柱之间绝缘为 0 MΩ。

（3）原因分析。依据检查结果进行分析，该主变压器 A 相重瓦斯保护二次回路绝缘正常，误动原因为 A 相瓦斯继电器接线盒进水导致绝缘下降，A 相重瓦斯保护触点被短接造成保护误动作。A 相瓦斯继电器接线盒进水原因为该瓦斯继电器所属二次电缆的朝向为由高向低敷设，该电缆护套破裂后雨水顺电缆芯线流入瓦斯继电器，具体情况如图 3 - 19 所示。

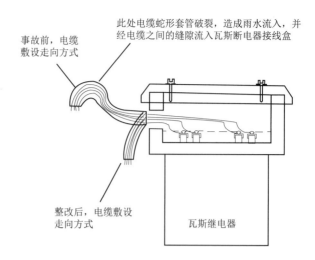

事故前,电缆敷设走向方式

此处电缆蛇形套管破裂,造成雨水流入,并经电缆之间的缝隙流入瓦斯断电器接线盒

整改后,电缆敷设走向方式

瓦斯继电器

图 3-19 瓦斯继电器进水原因分析

3)针对事故采取的防范措施

(1)加强绝缘及防水措施。改变瓦斯保护二次电缆朝向,使电缆由下朝上进入气体继电器,以防止防护套管破裂造成雨水顺电缆芯线流入瓦斯继电器,并在继电器二次线的穿孔处用玻璃胶封堵。

(2)变压器预试定检时对瓦斯继电器及二次回路用 2 500 V 绝缘电阻表测量绝缘电阻,以便及时发现存在的问题。

项目小结

本项目的每个任务有针对性地对变压器在变电站综合自动化系统中如何实现保护测量控制的原理或工作过程进行了阐述。

首先,对变压器的基础知识,如变压器的结构、变压器的作用及变压器的划分等进行了学习。强调并拓展了变压器压力释放、分接开关、瓦斯继电器的知识点内容。分析了变压器的故障类型,包括内部故障与外部故障,实践表明,变压器套管和引出线上的相间短路、接地短路、绕组的匝间短路是比较常见的故障形式,而变压器油箱内发生相间短路的情况比较少。

变压器的保护可以分为主保护与后备保护,或者也可将其保护分为电量保护与非电量保护。电量保护有差动保护、电流速断保护等;非电量保护有瓦斯、压力、温度、油位等保护。对于变压器的保护测量回路,在本项目中也对相关案例进行了分析,讲解了变压器保护与测量回路的工作原理或工作过程。在案例工程图的分析中,对差动保护范围的识读与电流互感器的接线判别进行了强化训练。

变压器保护测控装置的控制回路,结合工程图与实训室配套设备,分析了手动合闸、手动分闸、遥控分合闸的工作过程及指示灯的情况,同时也阐述了合闸后继电器的知识内容,进一步加强了对变压器整个保护测量控制工作过程的认知。最后，对变压器保护测控装置控制回路的一些常见故障进行了分析。当出现故障时，如何进行排查与处理的常规步骤，每一步需要考虑与分析的问题在本项目也进行了说明。变压器保护测控装置保护回路的故障分析作为知识拓展的内容，方法与控制回路相似，但保护回路有特殊的需要注意的问题，即保护回路在发生可能导致保护误动作的故障时，会有较为明显的故障现象，当发生可能导致保护拒绝动作的故障时，却不容易发现。并对现场的一个实际变压器保护回路故障案例——瓦斯保护动作的事故进行了分析，对于瓦斯继电器暴露在外界环境中，需做好防水防露等措施，保证设备的正常运行。

 **思考题**

3-1 油浸式变压器的外部与内部结构有哪些？

3-2 理解变压器的电量与非电量并举例说明。

3-3 大型油浸式变压器的电量保护与非电量保护有哪些？

3-4 查找某变压器保护测控装置的保护测量回路工程图资料，并识读其保护测量回路。

3-5 分析图 3-18 所示控制原理图中手动合闸与手动分闸的实现过程。

3-6 分析图 3-18 所示控制原理图中遥控合闸与遥控分闸的实现过程。

3-7 根据断路器"防跳"的含义，分析图 3-18 所示某 110 kV 断路器控制回路原理图"防跳"的实现过程。

3-8 区别并联式防跳回路与串联式防跳回路。

3-9 分析图 3-18 所示原理图中保护跳闸的实现过程。

3-10 变压器保护测控装置控制回路的常见故障有哪些？

直流系统的安装与运行维护

项目描述

　　本学习项目共分为4个学习任务，分别为直流系统原理与接线、直流系统的接地故障及危害分析、直流系统接地故障的排查与异常处理以及直流系统的运行维护。通过4个学习任务的学习，使学生能通过实施具体任务认识变电站直流系统的作用及主要负荷，掌握直流系统的构成、工作原理及典型接线。通过训练，使学生具备分析直流系统接地故障的能力；具备直流系统接地故障排查及异常情况处理的能力，具备直流系统运行与维护的能力。

教学目标

　　一、知识目标
　　(1) 掌握直流系统的构成及工作原理。
　　(2) 掌握直流系统的接线。
　　(3) 理解直流系统接地故障的危害。
　　(4) 掌握直流系统接地故障的排查方法。
　　(5) 掌握直流系统的运行与维护。
　　二、能力目标
　　(1) 具备依据工程图纸检查屏柜接线的正确性的能力。
　　(2) 具备直流系统接地危害进行分析的能力。
　　(3) 具备直流系统接地故障进行排查与处理的能力。
　　(4) 具备蓄电池进行运行与维护的能力。
　　(5) 具备直流监控系统进行正确的操作的能力。
　　三、素质目标
　　(1) 培养规范操作的安全及质量意识。
　　(2) 养成细致、严谨、善用资源的工作习惯。
　　(3) 具备分析问题与解决问题的能力。
　　(4) 提高团队协作与沟通能力。

教学环境

建议在配置变电站综合自动化系统的实训室展开，便于"教—学—做"一体化教学模式的具体实施。实训室配置一套完整的变电站综合自动化系统，配备直流系统，备有万用表、钳形表等基本测量表计以及钳子等常用工器具。

任务一　直流系统原理与接线

 教学目标

1. 知识目标
（1）掌握直流系统的定义。
（2）掌握变电站直流系统的构成及工作原理。
（3）掌握直流系统的接线方式。
2. 能力目标
具有识读直流屏柜原理图、端子接线图等工程图的能力。
3. 素质目标
（1）具有团队精神和沟通合作能力。
（2）具有对相关专业文件的理解能力及质量意识。
（3）培养分析、解决工程实际问题的能力。

一、直流操作电源的定义及主要负荷

1. 直流操作电源的定义
发电厂和变电站中，为控制、信号、保护和自动装置（统称为控制负荷），以及断路器电磁合闸、直流电动机、交流不停电电源、事故照明（统称为动力负荷）等供电的直流电源系统，统称为直流操作电源。
直流操作电源具有可靠性高、不受系统故障或运行方式影响的优点。
2. 变电站直流系统的主要负荷
（1）经常性负荷，它是指运行的保护与自动装置、逆变电源、信号灯、位置灯等，需长期供给电源的负荷。
（2）非经常性负荷，指断路器分合闸电源、储能机构动力电源。
（3）事故负荷，指断路器因故障跳闸、合闸的控制及动力电源，以及事故状态下的事故照明。

二、变电站站用交流系统

1. 站用交流电的作用
变电站的站用交流系统是保证变电站安全可靠、运行的重要环节。站用电主要作用是给变电站内的一、二次侧设备及生产活动提供持续、可靠的操作或动力电源。

2. 变电站站用交流系统的构成

变电站站用交流系统主要由站用变压器、380 V 交流配电屏、馈线及用电元件等设备组成。

（1）站用变压器。站用变压器是将线路上 10 kV 或 35 kV 的电压转化为站用的 380 V 电压，为变电站内的一、二次侧设备提供电源。

（2）交流配电屏。交流配电屏是站用交流电源的分配与控制装置。

（3）站用交流系统馈出的主要组成部分。

①直流系统用交流电源。

②交流操作电源。

③设备用加热、驱潮、照明等交流电源。

④为 UPS、SF 平排气体检测装置提供交流电源。

⑤正常及事故用排风扇电源。

⑥站用照明等生活用电。

3. 变电站站用交流系统的接线

变电站一般安装两台站用变压器，其高压侧应分别接在不同的电源上，互为备用。

站用电低压母线一般采用单母线分段的接线方式，每段母线分别接至不同的站用变压器。图 4-1 所示为某变电站站用交流系统接线图，两路所用变压器进线加母联开关，进线与母联之间采用智能控制器控制，实现进线可靠保护。

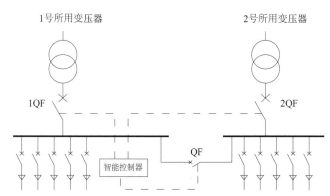

两路所用变压器进线加母联开关，进线及母联之间采用智能控制器控制，实现进线可靠保护

图 4-1　某变电站站用交流系统接线

三、直流操作电源的类别

根据构成方式的不同，在发电厂和变电站中应用的有以下几种直流操作电源。

（1）电容储能式直流操作电源。这是一种用交流厂（站）用电源经隔离整流后，取得直流电为控制负荷供电的电源系统。正常运行时，它向与保护电源并接的足够大容量的电容器组充电，使其处于荷电状态；当电站发生事故时，电容器组继续向继电保护装置和断路器跳闸回路供电，保证继电保护装置可靠动作、断路器可靠跳闸。这是一种简易的直流操作电源，一般只是在规模小、不很重要的电站使用。

（2）复式整流式直流操作电源。这是一种用交流厂（站）用电源、电压互感器和电流互感器经整流后，取得直流电为控制负荷供电的电源系统。在其设计上，要在各种故障情况下都能保证继电保护装置可靠动作、断路器可靠跳闸。这也是一种简易的直流操作电源，一般只是在规模小、不很重要的电站使用。

（3）蓄电池组直流操作电源。蓄电池组直流操作电源由蓄电池组和充电装置构成。正常运行时，由充电装置为控制负荷供电，同时给蓄电池组充电，使其处于满容量荷电状态；当电站发生事故时，由蓄电池组继续向直流控制和动力负荷供电。这是一种在各种正常和事故情况下都能保证可靠供电的电源系统，广泛应用于各种类型的发电厂和变电站中。

电容储能式和复式整流式直流操作电源系统，在20世纪六七十年代有较多的应用，80年代以后，由于小型镉镍碱性蓄电池和阀控式铅酸蓄电池的应用，这种操作电源在发电厂和变电站中已不再采用。而蓄电池组直流操作电源系统，其应用历史悠久，且极为广泛。现代意义上的直流操作电源系统就是这种由蓄电池组和充电装置构成的直流不停电电源系统，通常简称为直流操作电源系统或直流系统。

四、直流操作电源的设备技术发展

在直流操作电源系统中，主要的设备有蓄电池组、充电装置、绝缘监测装置以及控制保护等设备。随着制造技术的发展，几十年来也发生了很大的变化。

（1）蓄电池组形式，在20世纪70年代以前发电厂和变电站中应用的都是开启式铅酸蓄电池，使用的容量逐渐增加，单组额定容量达到了1 400~1 600 Ah。70年代以后，开始应用半封闭的固定防酸式铅酸蓄电池，并逐步得到普遍采用。到80年代中期以后，镉镍碱性蓄电池以其放电倍率高、耐过充和过放的优点，开始在变电站中得到应用，但由于价格较高，一般使用的都是额定容量在100 Ah以内的，限制了其应用的范围。90年代发展起来的阀控式铅酸蓄电池，以其全密封、少维护、不污染环境、可靠性较高、安装方便等一系列的优点，在90年代中期以后等到普遍采用。

回顾蓄电池的变化可知，蓄电池在向维护工作量小、无污染、安装方便、可靠性高的方向发展。虽然提高蓄电池的寿命是一个重要课题，但在提高寿命方面国内的技术进展不大，一般的阀控式铅酸蓄电池在5~10年之间，低的只有3~5年；目前国外技术一般可以做到10~15年，高的达到18~20年。蓄电池的使用寿命，在很大程度上要依靠正确的运行和维护。

（2）充电装置。在 20 世纪 70 年代以前，主要是用电动直流发电机组作充电器，70 年代开始应用整流装置，并逐渐取代了电动发电机组，得到普遍的应用。

20 世纪 80 年代以前，考虑到经济性和运行的稳定性，对充电和浮充电整流装置采用不同的容量设计。1984 年以后，对充电和浮充电整流装置开始采用相同的容量设计，使之更有利于互为备用，并且这种做法被普遍接受。充电装置的配置方式是：一组蓄电池的直流操作电源系统配置两组充电装置，两组蓄电池的直流操作电源系统配置三组充电装置。1995 年以后，随着高频开关型整流装置的普及，考虑到整流模块的 $N+1$（2）冗余配置和较短的修复时间，大量采用一组蓄电池配置一组充电装置的方式（核电的配置方式与此不同）。

作为充电器的整流装置，多年来在不断发展改进，20 世纪 70 年代是分立元件控制的晶闸管整流装置，可靠性和稳定性较差，技术指标偏低。80 年代发展为集成电路控制的晶闸管整流装置，可靠性和稳定性以及技术指标得到较大的提高，这一时期的晶闸管整流控制技术也日臻成熟，并具备简单的充电、浮充电和均衡充电自动转换控制功能。进入 90 年代以后，随着微机控制技术的普及，集成电路控制晶闸管整流装置逐渐被微机控制型晶闸管整流装置取代，使整流装置的稳流和稳压调节精度得到较大的提高，并且自动化水平的提高可以实现电源的"三遥"，为实现无人值班创造了条件。1996 年以后，随着高电压、大功率开关器件和高频变换控制技术的成熟，高频开关整流装置以其模块化结构、$N+1$（2）并联冗余配置、维护简单快捷、技术指标和自动化程度高等优点，得到迅速推广和普及。目前，这种高频开关型整流装置已成为市场的主角。

（3）绝缘监测装置。绝缘监测装置是直流操作电源系统不可缺少的组成部分，用于在线监测直流系统的正负极对地的绝缘水平。在 20 世纪 80 年代以前，一直是采用苏联技术设计的、以电桥切换原理构成的绝缘检查装置，由继电器、电压表和切换开关构成，具有发现接地故障、测量直流正负极对地绝缘电阻和确定接地极的功能。80 年代，在此原理技术上，国内制造了由集成电路构成的绝缘监测装置，并把母线电压监视功能与之合并在一起，提高了装置的灵敏度和易操作性。上述的绝缘监测装置，在直流系统发生接地故障时，只能确定哪一极接地，而不能确定哪一条供电支路接地，在运行维护中查找接地点非常麻烦，并且存在监测死区。针对这种情况，国内在 90 年代以后，采用微机控制技术，开发制造了具有支路巡检功能的绝缘监测装置。绝缘监测装置不但能准确地测量直流系统正负极的接地电阻，同时还可以确定接地支路的位置。当前这种具有支路巡检功能的绝缘监测装置得到普遍的应用，技术的发展围绕支路巡检功能展开，早期全部采用低频叠加原理，目前以直流漏电流原理为主，两种原理各有优、缺点。

（4）控制保护设备。蓄电池组、充电装置和直流馈电回路，多年来一直采用熔断器作短路保护，用隔离开关进行回路操作，直到现在仍在普遍使用。进入20世纪90年代以来，随着技术的发展，这些老式的保护和操作设备逐渐被具有高分断能力和防护等级的新型设备替代。1996年以后，开始采用带热磁脱扣器的直流自动空气断路器，兼作保护和操作设备，为直流屏的小型化设计创造了条件。目前，这种直流专用空气断路器在直流系统中已得到普遍的应用，并开发出具有三段式选择性保护功能的直流空气断路器产品。

五、直流操作电源的构成与工作原理

1. 微机控制高频开关电源直流屏的特点及型号

（1）特点。微机控制高频开关直流屏具有稳压和稳流精度高、体积小、质量轻、效率高等特点。它输出波纹，谐波失真小，自动化程度高及可靠性高，并可配置镉镍蓄电池、防酸蓄电池及阀控式铅酸蓄电池，可实现无人值守。

（2）型号，如图4-2所示。例如，GZDW34-200/220-M的含义为：电力用微机控制高频开关直流屏，接线方式为母线分段，蓄电池容量为200 Ah、直流输出220 V的阀控式铅酸蓄电池。

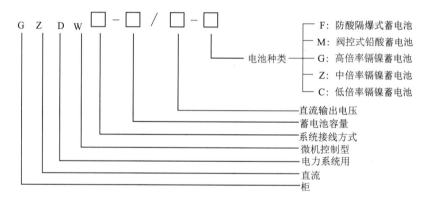

图4-2 微机控制高频开关直流电源装置的型号

（3）微机控制型高频开关直流电源系统可根据用户要求配置系统。

①大系统。蓄电池容量大于200 Ah，适用于35 kV、110 kV、220 kV、500 kV变电站及发电厂。

②小系统。蓄电池容量在100 Ah及以下，适用于10 kV、35 kV变电站及小水电站等场所。

③壁挂式直流电源，适用于开闭所、配网自动化、箱式变压器等场所。

（4）微机控制高频开关直流屏的外观如图4-3所示。

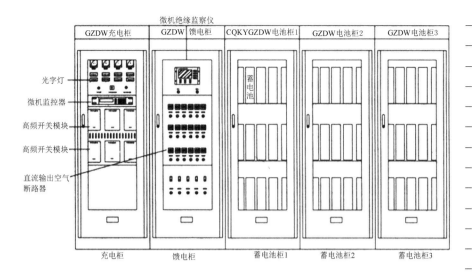

图 4 - 3　微机控制高频开关直流电源屏

2. 直流系统的构成及各部分的作用

直流系统主要包括交流输入单元、充电单元、微机监控单元、电压调整单元、绝缘监测单元、直流馈电单元、蓄电池组、电池巡检单元等。其系统原理框图如图 4 - 4 所示。下面介绍其各部分的作用。

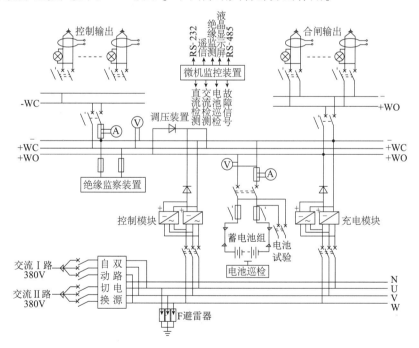

图 4 - 4　直流系统原理接线

1）交流配电单元

交流配电单元用于将交流电源引入并分配给各个充电模块，扩展功能为实现两路交流输入的自动切换。如图 4 - 5 所示，正常时交流一路工作，两路备用，交流电经交流空气开关、交流接触器、避雷器等送至各个充电模块。

2) 充电模块

充电模块用于完成交流与直流的变换，实现系统最为基本的功能。三相交流电 380 V 经三相整流后变成直流，经二极管隔离后输出，一方面给蓄电池充电，另一方面给直流负载提供正常工作电流。图 4 - 6 所示为充电模块。

图 4 - 5　交流双电源自动投切

图 4 - 6　充电模块

3) 调压模块

调压模块的作用是无论合闸母线电压如何变化，控制输出电压都被稳定控制在 220 V。常见的调压模块是通过硅链降压，硅链就是多个二极管串联在一起，因此二极管导通时有 0.7 V 的电压降，多个二极管串联在一起，就可以降压。通过调整串联二极管的个数可以调节控制母线电压。当提高蓄电池组的容量，减少单体串联的个数时，可以取消硅链降压单元，达到简化系统接线、提高可靠性的目的。

4) 绝缘监测装置

绝缘监测装置用于实时在线监测直流母线的正负极对地的绝缘水平，当接地电阻下降到设定的报警电阻值时，发出接地报警信号，并上报数据到监控模块，监控模块显示故障详细情况。对于带支路巡检功能的绝缘监测装置，还可以确定接地故障点是发生在哪一条馈电回路中。

直流绝缘监测继电器可监视直流母线绝缘情况。当母线绝缘电阻低于设定值时，继电器即发出报警信号。图 4 - 7 所示为直流绝缘监测继电器。

图 4 - 7　直流绝缘监测继电器

如图 4 - 8 所示，ZJJ - 3S 直流绝缘监测继电器主要由平衡电阻和监测集成电路组成。当正负极对地电阻值相等时，无电流流过检测电路，继电器不动作；当一侧绝缘电阻值下降时，便有不平衡电流流过检测电路，此时检测电路将电流与设定电流值相比较，当大于设定值时便推动继电器动作，发出报警信号。

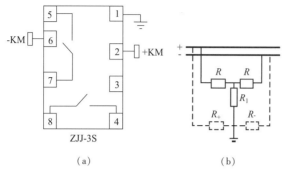

图 4 - 8　ZJJ - 3S 直流绝缘监测继电器接线图及原理图

(a) 接线图；(b) 原理图

5) 电池巡检装置

电池巡检装置用于实时在线监测蓄电池组的单体电压，当单体电池的电压超过设定的报警电压值时，发出单体电压异常信号。该装置为电站的运行维护人员随时了解蓄电池组的运行状况提供了方便，但对于每个用户来说并不是必需的。

6) 微机监控单元

(1) 微机监控器的原理。

①微机监控器可分别采用单片机、PLC、工控机、触摸屏等，其显示屏采用全汉化的液晶显示大屏幕。

②直流屏的一切运行参数和运行状态均可在微机监控器的显示屏上显示。监控器通过 RS - 485 或 RS - 232 接口与交流检测单元、直流检测单元、绝缘监测单元、电池巡检监测等单元进行通信，从而根据蓄电池组的端电压值，充电装置的交流电压值、直流输出的电压、电流值等数据进行自动监控。运行人员可通过微机的键盘、按钮或触摸屏进行参数整定和修改。远方调度中心可通过"三遥"(遥信、遥测、遥控)接口，在调度中心的显示屏上同样能监视，通过键盘操作同样能控制直流屏的运行方式。图 4 - 9 所示为监控模块正视图及背视图。

(2) 监控单元的功能。

①自诊断和显示功能。微机监控单元能诊断直流电源系统内部电路的故障及不正常运行状态，并能发出声光报警信号；实时显示各单元设备的各种信息，包括采集数据、设置数据、历史数据等，可方便及随时查看整个系统的运行情况和曾发生过的故障信息。

②设置功能。通过监控器对系统参数进行设定和修改各种运行参数，并用密码方式允许或停止操作，以防工作人员误动作，提高系统的可

靠性。

③控制功能。监控器通过对所采集数据的综合分析处理，做出判断，发出相应的控制命令，控制方式分为"远程"和"本地"（即手动和自动）两种方式，用户可通过触摸屏或监控器上的操作键设定控制方式。

④报警功能。监控器具有系统故障、蓄电池熔丝熔断、模块故障、绝缘故障、母线电压异常（欠压或过压）、交流电源故障、电池故障、馈电开关跳闸等报警功能，每项报警有两对继电器无源触点，作遥信无源触点输出或通过 RS-232、RS-483 接遥信输出。

⑤电源模块的管理。能控制每个模块开、关机，能及时读取模块的输出电压、电流数据及工作、故障状态和控制或显示浮充、均充工作状态及显示控制模块的输出电压和电流输出，可实现模块的统一控制或分组控制。

⑥通信功能。监控器将采集的实时数据和报警信息通过 Modem（调制解调器）、电话网或综合自动化系统送往调度中心，调度中心根据接收到的信息对直流屏进行遥测、遥信、遥控，运行人员可在调度中心监视各现场的直流运行情况，实现无人值守。

⑦电池管理。监控器具有对蓄电池组智能化和自动管理功能，实时完成蓄电池组的状态监测、单体电池监测，并根据监测结果进行均充、浮充转换、充电限流、充电电压的温度补偿和定时补充充电等。

⑧监视功能。监视三相交流输入电压值和是否缺相、失电，监视直流母线的电压值是否正常，监视蓄电池熔丝是否熔断和充电电流是否正常等。

⑨"三遥"功能。"远方"调度中心可通过"三遥"接口，能遥控、遥测及遥信控制和显示直流屏的运行方式和故障类别。

(a)   (b)

图 4-9 监控模块

(a) 正视图；(b) 背视图

7）蓄电池组

变电站直流系统中广泛应用阀控式铅酸蓄电池。

8）其他元器件

（1）浪涌保护器。浪涌保护器也叫防雷器，适用于额定电压为 220～380 V 的供电系统，对间接雷电和直接雷电或其他瞬间过电压的电流，能在极短的时间内导通分流，避免浪涌对回路中设备的损害。

（2）熔断器及熔断信号器。如图 4-10 所示，熔断信号器与主熔断器并联，正常工作时直流输出电流只通过主熔断器。若主熔断器因短路故障熔断时，熔断信号器的熔丝立即熔断，熔断信号器铜头在弹簧的作用下射出闭合微动开关，动合触点接通发出声光报警。

（a） （b）

图 4 – 10 熔断器及熔断信号器

（a）熔断器与熔断信号器；（b）熔断器

（3）蓄电池容量测试仪。蓄电池容量测试仪通过内置负载对电池组进行恒流放电。放电过程中，测试仪对蓄电池总电压、放电电流、温度、放电时间、放电容量等参数进行实时监控。蓄电池容量测试仪用于各种蓄电池的活化放电、蓄电池初放电时的放电、蓄电池的维护放电，同时也可检验蓄电池的储电性能及负载容量。

3. 直流系统的工作原理

1）交流正常工作状态

系统的交流输入正常供电时，通过交流配电单元给各个整流模块（充电模块）供电。高频整流模块（充电模块）将交流电变换为直流电，经保护电器（熔断器或断路器）输出，一面给蓄电池组充电，一面经直流配电馈电单元给直流负载提供正常工作电源。

2）交流失电工作状态

系统交流输入故障停电时，整流模块停止工作，由蓄电池不间断地给直流负载供电。监控模块实时监测蓄电池的放电电压和电流，当蓄电池放电到设置的终止电压时，监控模块报警。同时，监控模块时刻显示、处理配电监控电路上传的数据。

3）系统工作能量流向

系统工作时的能量流向如图 4 – 11 所示。

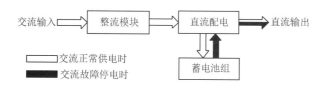

图 4 – 11 系统工作能量流向框图

4. 直流系统的接线方式

1）母线接线方式

（1）其中一组蓄电池的直流系统，采用单母线接线或单母线分段接线方式。

（2）其中两组蓄电池的直流系统，应采用两段单母线接线方式，蓄电池组分别接于不同母线段上，两段直流母线之间设置联络开关电器，且满足在运行中两段直流母线切换时不中断供电的要求。两段直流母线切换过程中允许两组蓄电池短时并联运行。

2）蓄电池组和充电装置的接入方式

蓄电池组和充电装置均应经隔离和保护电器接入直流系统。

（1）直流系统为单母线分段接线方式时，蓄电池组和充电装置的连接方式如下：一组蓄电池配置一套整流器时，二者应跨接在两段直流母线上；一组蓄电池配置两套整流器时，两套整流器应接入不同直流母线段，蓄电池组应跨接在两段直流母线上。

（2）直流系统为二段单母线接线方式时，蓄电池组和充电装置的连接方式如下：两组蓄电池配置两套整流器时，每组蓄电池及其整流器应分别接入不同直流母线段；两组蓄电池配置三套整流器时，每组蓄电池及其整流器应分别接入不同直流母线段，第三套公用整流器应经切换电器可对两组蓄电池进行充电。

（3）设置硅降压装置。控制负荷与动力负荷混合供电的直流系统，其硅降压装置串接在控制母线与动力母线之间。

（4）每组蓄电池均应设置专用的试验放电回路。试验放电设备应经隔离和保护电器直接与蓄电池组出口回路并联，对于小型发电厂和各电压等级的变电站直流系统，试验放电装置宜采用微机控制的电阻型产品；对于大、中型发电厂直流系统，试验放电装置宜采用微机控制的有源逆变型产品。

3）变电站直流系统典型接线方式

变电站常用的直流母线接线方式有单母线分段和双母线两种。双母线的突出优点在于可在不间断对负荷供电的情况下，查找直流系统接地。但双母线刀开关用量大，直流屏内设备拥挤，检查维护不便，新建的220～500 kV变电站多采用单母线分段接线。

（1）220 kV变电站直流系统典型接线。220 kV变电站单母线分段的直流系统接线如图4-12所示。

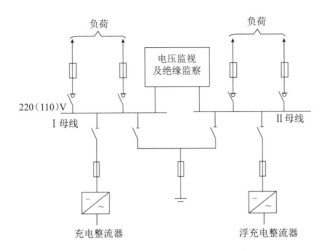

图 4 – 12 220 kV 变电站单母线分段的直流系统接线

（2）500 kV 变电站直流系统典型接线。500 kV 变电站单母线分段的直流系统接线如图 4 – 13 所示。

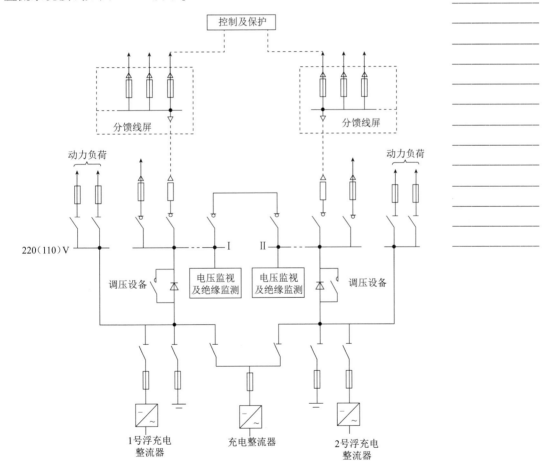

图 4 – 13 500 kV 变电站单母线分段的直流系统接线

（3）变电站直流系统其他接线方式。

图 4 – 14 所示为某公司直流电压 220 V、蓄电池 65 Ah、单电池组、单母线不分段、控母和合母不分开的直流系统原理总图。图 4 – 15 所示为某公司直流系统交流部分接线。

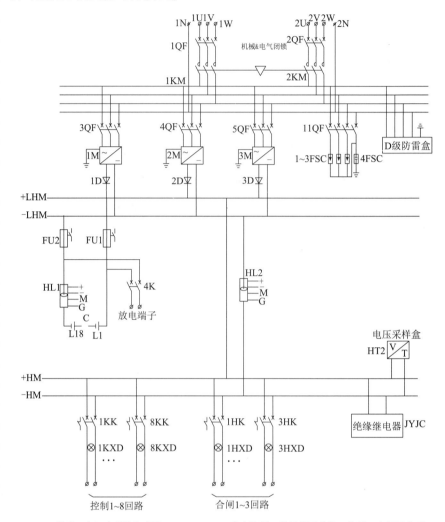

说明：（1）本系统为直流 220 V，65 Ah，单电池组，单母线不分段，控母，合母不分开。
（2）本系统设置功能：C 级防雷，母线绝缘监测，各馈出支路故障报警、电源指示。

（a）

图 4 – 14　某公司直流系统原理总图

（a）某公司 220 V 直流系统原理

序号	文字代码	元件名称	型号及规格	单位	数量	选配功能单元	备注
1	1QF、2QF	交流空气开关	5SJ6310	个	2	带故障信号触点	
2	XD1、XD2	指示灯	XDJ3，～220 V	个	2		蓝色
3	FB2	交流采样板	A1M61S1	个	1		艾默生
4	3～5QF	交流空气开关	5SJ6310	个	3		
5	1～3M	充电模块	HD22005－3	个	3		艾默生
6		模块信号转接板	W1M61X3	个	3		艾默生
7	1～3D	二极管		个	3	充电模块配套	
8	11QF	交流空气开关	5SJ6625/4P	个	1	带故障信号触点	
9	1～4FSC	防雷组件	YD40K385QH	个	4		
10	F	防雷盒	SPD12Z	个	1		
11	1～3HK	直流空气开关	5SJ5240	个	3	带故障信号触点	
12	1～8KK	直流空气开关	5SJ5220	个	8	带故障信号触点	
13	4K	直流空气开关	5SJ5240	个	1		
14	1～8H（K）XD	指示灯	XDJ3，－220 V	个	11		红色
15	JYJC	绝缘监测继电器	ZJJ－3SW	个	1		大连科海
16	QM	监控模块	PSM－E11	个	1		艾默生
17	HT2	直流采样盒	PFU－3	个	1		艾默生
18	K1	中间继电器	JTX/3Z，AC 380 V	个	1	带安装座	
19	KM	接触器	CJX－2510N AC 220 V	套	2		天水二一三
20	HL1、HL2	霍尔传感器	HEL－100	个	2		保定霍尔
21	FU1、FU2	熔断器	NT1－100	套	2		
22	IAN	船形开关		个	1		
23	FM	蜂鸣器	DB－E38，12 V	节	1		
24	XD3	指示灯	XDJ3，－12 V	个	1		黄色
25	FU	保险管		只		4	
26	C	蓄电池	65Ah/12V	节	17		上海汤浅
27		充馈电屏	2260×800×600	面	1		
28		电池屏	2260×800×600	面	1		
29		端子及附件				实配	
30		屏体颜色	浅灰 554				

(b)

图 4－14　某公司直流系统原理总图

(b) 主要材料表

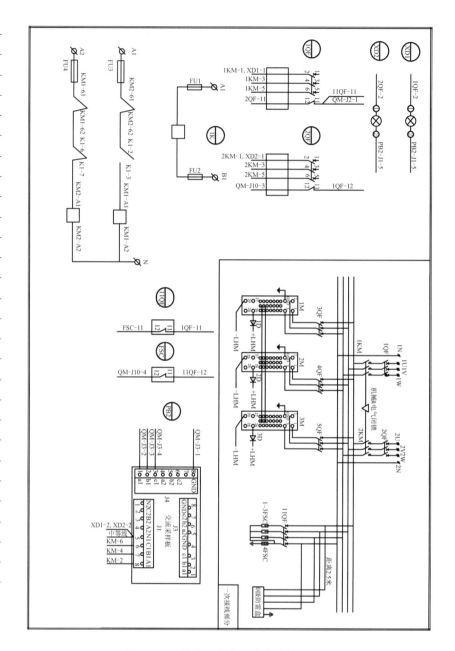

图 4 – 15 某公司直流系统交流部分接线

4）站内直流电压的特点

变电站的强电直流电压为 110 V 或 220 V，弱电直流电压为 48 V。

（1）强电直流采用 110 V 的优点。

①蓄电池个数少，降低了蓄电池组本身的造价，减少了蓄电池室的建筑面积，减少了蓄电池组平时的维护量。

②对地绝缘的裕度大，减少了直流系统接地故障的概率，在一定程度上提高了直流系统的可靠性。

③直流回路中触点断开时，对连接回路产生干扰电压，直流用 110 V

时，能降低干扰电压幅值。

④对人员较安全，减少中间继电器的断线故障。

（2）强电直流采用 110 V 的缺点。

①变电站占地面积大，电缆截面大，给施工带来困难。

②一般线路的高频保护的收发信机输出功率大小与直流电压有关，对长线路的保护不利。

③交流 220 V 照明电源和 110 V 直流电源无法直接切换，需增加变压器和逆变电器，增加了事故照明回路的复杂性。

④在站内有大容量直流电动机的情况下，增大电缆截面，增加投资。

基于技术和经济上的考虑，对于采用集中控制（电缆线较长）的 220～500 kV 变电站，强电直流系统的工作电压宜选用 220 V。

当变电站规模较小时或全用户内的 220 kV 变电站情况下控制电缆长度较小时，强电直流系统的工作电压宜选用 220 V。

500 kV 变电站多采用分布式控制方法，二次设备分布控制，在主控室和分控室都设有独立的直流系统控制，电缆的长度大大缩短，变电站的蓄电池组数多。这种情况下变电站强电直流系统的工作电压宜选用 110 kV。

任务二　直流系统的接地故障及危害分析

 教学目标

直流系统简介
（动画视频）

1. 知识目标

（1）掌握引起直流系统接地的原因。

（2）掌握直流系统两点接地的危害与后果。

2. 能力目标

（1）具备判断直流系统发生接地故障的能力。

（2）具备依据工程图纸对直流系统接地危害进行分析的能力。

3. 素质目标

（1）培养规范操作的安全及质量意识。

（2）培养细致严谨、善用资源学习的工作习惯。

一、直流接地的定义

当直流系统的正极或负极与大地的绝缘水平降到某一整定值时，统称为直流系统接地。当正极绝缘低于某一规定值时称为正接地；当负极绝缘低于某一规定值时称为负接地。直流接地电阻整定值如表 4-1 所示。

表 4 – 1　直流接地电阻整定值

系统电压/V	绝缘整定值/kΩ
220	25
110	15

二、 直流系统接地的原因

变电站中直流系统是不间断工作长期带电的系统，由于支路多、负荷涉及面广，会由于环境、气候变化、污染、高温潮湿等引起电缆及接线端子老化，造成系统绝缘水平下降，投运时间越长，其接地的概率越高，可能引起直流系统接地的原因有以下几种。

1. 由下雨天气引起接地

在大雨天气，雨水飘入未密封严实的户外二次接线盒，使接线桩头和外壳导通，引起接地。例如，瓦斯继电器不装防雨罩，雨水渗入接线盒，当积水淹没接线柱时，就会发生直流接地和误跳闸。在持续的小雨天气（如梅雨天），潮湿的空气会使户外电缆芯破损处或者黑胶布包扎处绝缘大大降低，从而引发直流接地。

2. 由小动物破坏引起接地

当二次接线盒（箱）密封不好时，蜜蜂会钻进盒里筑巢，巢穴将接线端子和外壳连接起来时，就引发直流接地。电缆外皮被老鼠咬破时，也容易引起直流接地。

3. 由挤压磨损引起接地

当二次线与转动部件（如经常开关的开关柜柜门）靠在一起时，二次线绝缘皮容易受到转动部件的磨损，当其磨破时，便造成直流接地。

4. 接线松动脱落引起接地

接在断路器机构箱端子排的二次线（如 10 kV 开关机构箱内的二次线），若螺钉未紧固，则在断路器多次跳合时接线头容易从端子中滑出，搭在铁件上引起接地。

5. 插件内元件损坏引起接地

为抗干扰，插件电路设计中通常在正负极和地之间并联抗干扰电容，该电容击穿时会引起直流接地。

6. 误接线引起接地

在二次接线中，电缆芯的一头接在端子上运行，另一头被误认为是备用芯或者不带电而让其裸露在铁件上，引起接地。在拆除电缆芯时，误认为电缆芯从端子排上解下来就不带电，从而不做任何绝缘包扎，当解下的电缆芯对侧还在运行时，本侧电缆芯一旦接触铁件就引发接地。

三、 直流系统接地故障类型及特点

1. 无源型电阻性接地

1）电阻单点接地

电阻单点接地无论是金属性接地还是经过高电阻接地均会引起接地电阻的降低,当低于 25 kΩ 时直流系统绝缘监测装置即会发出接地报警,并选择查找接地点,防止造成由于直流系统接地引起的误动、拒动。

2）多点经高阻接地

当发生直流系统多点经高阻接地后,直流系统的总接地电阻逐步下降,当低于整定值时,才发生接地报警,从而出现多点接地现象。例如,第一点 80 kΩ 接地,一般不会有告警,电压偏移也不多,第二点 80 kΩ 接地,并联后为 40 kΩ,高于绝缘监察装置设定的 25 kΩ 报警限值,一般也不会报警,但电压偏移会较大,在巡视、运行过程中要引起足够的重视,当第三点高阻接地发生后,如 40 kΩ,则第三点并联后直流接地电阻为 20 kΩ,这时必然会引起接地报警。

多点经高阻接地引起的接地报警,由于每条接地支路电阻均较高,直流支路选择变化不明显,可能漏掉真正的接地支路,此时最好能检测出支路的接地电阻值,而不是接地电流的相对值或百分比,可判断接地状况。

3）多分支接地

有关设备经过多次改造或施工不小心及图纸设计不合理等,都将导致经多个电源点引来正电源或负电源至某个设备,当该设备发生接地时,即为多分支接地,比多点接地更麻烦,通过拉闸几乎不可能找出接地支路,因为断开任何一条支路,接地点还存在,对地电压也不会发生变化或变化较小,此时应在保证安全的基础上断开所有支路再逐条支路送出,来查找接地电阻,但风险较大。

2. 有源接地

通过交流(如电压互感器或交流 220 V,其一端是接地的)电源引起的接地称为有源接地,交流 220 V 串入直流系统将引起接地故障,由于其电压较高,接地母线对地电压为 300 V 左右,非接地母线对地电压高达 500 V 左右,而且功率很大,常常会烧损保护和控制设备,并引起保护误动作。

交 - 直流串电接地,只需再有一点接地即可引起保护误动或拒动,这是最严重的故障现象,应引起特别关注,发生此类情况后要立即进行查找。

3. 非线性电阻接地

通过二次回路中半导体材料(如二极管等)发生的接地故障,其电阻值随施加电压大小、方向而发生变化,其电阻值呈非线性特征,但只要发生了接地报警一般可相当于金属性单点接地,较易查找。

4. 受负荷电流干扰的接地

受负荷电流干扰的接地主要为蓄电池接地,是由于电池电解液渗漏到地面引起的。要查找直流接地时应注意观察蓄电池的状况,防止发生由于蓄电池接地引起的接地。

四、 直流系统接地故障的危害分析

直流系统是绝缘系统，正常时正、负极对地绝缘电阻相等，正、负极对地电压平衡。

发生一点接地时，正、负极对地电压发生变化，接地极对地电压降低，非接地极电压升高，在接地发生和恢复的瞬间，经远距离、长电缆启动中间继电器跳闸的回路可能因其较大的分布电容造成中间继电器误动跳闸，此外，对全站保护、监控、通信装置的运行并没有影响。

但是，存在一点接地的直流系统，供电可靠性大大降低，因为在接地点未消除时再发生第二点接地，极易引起直流短路和开关误动、拒动，所以直流一点接地时，设备虽可以继续运行，但接地点必须尽快查到，立即消除或隔离。

下面以断路器跳闸回路为例，对直流系统两点接地的危害进行分析，图 4-16 所示为断路器跳闸回路。

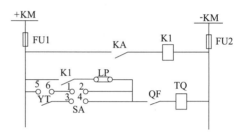

图 4-16 断路器跳闸回路

在图 4-16 中，FU1 和 FU2 为熔断器，KA 为保护辅助常开触点，K1 为中间继电器，LP 为保护跳闸压板，5、6 为手动分闸开关，1、2 和 3、4 为"就地/远方"切换开关，YT 为"远方"跳闸信号。

断路器跳闸回路的工作原理如下。

（1）断路器手动分闸：转动手动分闸开关，手动分闸回路接通，TQ 跳闸线圈启动，断路器分闸。

（2）断路器遥控分闸：遥控分闸开关闭合，遥控分闸回路接通，TQ 跳闸线圈启动，断路器分闸。

（3）断路器保护跳闸：保护触点 KA 闭合，启动中间继电器 K1，K1 辅助接通跳闸回路，断路器跳闸。

断路器跳闸回路直流系统两点接地危害分析如下。

（1）直流正接地后再出现一点接地的后果。

如图 4-17 所示，当直流正极 A 点接地时，又出现 B 点接地，会导致 K1 误启动，接通跳闸回路，断路器误跳闸。

（2）直流负接地后再出现一点接地的后果。如图 4-18 所示，当直流负极 E 点接地，又出现一点 B 点接地，会导致 K1 线圈无法带电，跳闸线圈 TQ 无法带电，断路器拒跳闸。

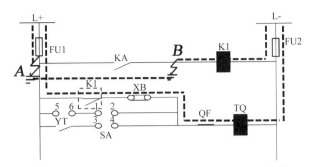

图 4-17 直流系统两点接地危害分析图（正极接地）

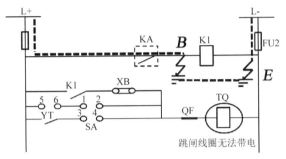

图 4-18 直流系统两点接地危害分析图（负极接地）

（3）直流系统正负极各出现一点接地的后果。如图 4-19 所示，当正极 A 点发生接地后，又出现负极 E 点接地的情况，会引起熔断器熔断，直流系统失电。

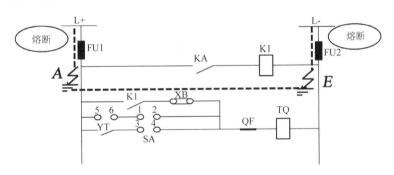

图 4-19 直流系统两点接地危害分析图（正、负极各有一点接地）

综上所述，当直流正极发生一点接地后，若再出现一点接地，可能引起继电保护、自动装置误动作；当直流负极发生一点接地后，若再出现一点接地，可能引起继电保护、自动装置拒动；当直流正、负极各发生一点接地时，会导致直流系统失电。

任务三 直流系统的接地故障排查与异常处理

 教学目标

1. 知识目标
（1）掌握直流系统接地故障的排查方法。
（2）掌握直流系统接地故障排查的注意事项。
（3）掌握直流系统异常情况的处理。
2. 能力目标
（1）具备依据工程图纸对变电站直流系统的接地故障进行排查的能力。
（2）具备对直流系统的异常情况进行处理的能力。
3. 素质目标
（1）具有规范操作的工程质量意识。
（2）具有对相关专业文件的理解能力。
（3）培养分析、解决工程实际问题的能力。

一、直流系统接地故障的排查

当直流接地系统发生直流接地异常时应汇报调度，若站内二次回路上有工作或有设备检修试验，应立即停止，看信号是否消除。若接地信号不能消除，应根据绝缘监测装置及报警信号判断接地极，粗略分析故障发生的可能原因，如气候直流绝缘受潮，端子箱、机构箱密封不严并作相应检查。经调度同意，根据运行方式、操作情况、天气影响和直流系统绝缘状况，判断可能的接地处所，采用瞬停直流操作开关的方法，查明故障所在回路，瞬停试探查找中如切断某回路空气开关时，接地故障消失，恢复送电后接地故障又出现，则可以肯定接地点发生在该回路的下接回路中，通过层层分解的方法直至找出故障点并消除。

1. 直流系统接地极性的判断

直流系统发生接地时，根据变电站绝缘监测装置实际配置情况，借助接地光子牌、监控绝缘报警信息、直流接地检测仪报警的检测手段，并通过切换接地监测电压表或查看报警记录及参数，判明直流接地的极性。

目前广泛应用的绝缘监测装置由信号和测量两部分组成，都是根据电桥原理构成的。图 4-20 所示为其绝缘监测装置的原理图。

如图 4-20 所示，其主要由电阻 R_1、R_2 和信号继电器 XJJ 组成。电阻 R_1 与 R_2 阻值相等，它们与直流系统正极、负极对地绝缘电阻 R_+、R_- 组成电桥的四个臂，继电器 XJJ 接在电桥的对角线上。

正常时 R_+ 与 R_- 相等，XJJ 中仅有微小的电流流过，它不动作。当 R_+

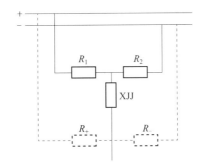

图 4-20 绝缘监测装置原理图

或 R_- 降低时电桥失去平衡，XJJ 线圈有较大电流流过，XJJ 动作后发出报警信号。

接地故障的极性判断：正常直流系统对地绝缘良好，两只电压表示数相同，为母线电压的一半；若测量正极对地电压为母线电压，负极对地电压为 0 V，则说明负极完全接地；若测量负极对地电压为母线电压，正极对地电压为 0 V，则说明正极完全接地；无论何情况，两只电压表读数之和应为母线电压。

2. 直流系统分网法

变电站常用的直流母线接线方式，有单母线和双母线两种，双母线的突出优点为可在不间断对负荷供电的情况下，查找直流系统接地。但双母线刀闸开关用量大，直流屏内设备拥挤，检查维护不便，因此 220 kV 及以上变电站中，直流系统广泛使用单母线分段接线方式，如图 4-21 所示。

分网法是指将直流系统分成几个不相连的部分，以缩小查找范围。

直流系统有两段及以上母线，各段母线都有直流电源，可经倒闸操作拉开母线分段刀闸。

用直流屏上的绝缘监测信号转换开关，检查故障发生在哪一段母线，而后再对有接地故障的母线上各分支回路进行分层查找。

3-直流系统接地点查找过程（动画视频）

3. 瞬时停电法

直流回路数量多、分布广，接地点不好查找，比较有效的方法叫拉路试探法，也叫瞬时停电法（简称瞬停法）。直流接地回路一旦从直流系统中脱离运行，直流母线的正、负极对地电压就会出现平衡，通过对直流回路的瞬间停电，来确定接地点是否发生在该回路，这就是瞬停法。

当直流系统发生支流故障时，首先根据绝缘监测装置指示或运行方式、操作情况、气候影响、施工范围等进行判断，初步确定接地点的可能支路和位置，如考虑上述因素不能准确判断，可采用瞬停法进行查找。

瞬停法查找直流接地故障的原则：应按先次要负荷后重要负荷，先室外后室内，先负荷后电源，先潮湿、污秽严重分路，后无明显缺陷分路的原则停电。瞬停查找接地故障应经调度同意，为防止保护误动作，在试分保护装置电源前，应解除可能误动的保护，恢复电源后再投入保护。断开直流回路的时间不得超过 3 s，不论回路接地与否，均应及时恢复供电。瞬停试探中，如切断回路空气开关时，接地故障消失，恢复送电后接地故障又出现，则可以肯定接地点发生在该回路的下接回路中，通过层层分解、段段排除法，直至找出故障点并设法消除。

4. 查找直流接地的注意事项

（1）当直流系统发生接地时，应停止站内一切工作，尤其禁止在二次回路上进行任何工作。

（2）在处理直流接地故障时不得造成直流短路和另一点接地。

（3）直流接地故障的查找和处理必须由两人同时进行，并做好安全监护，防止人身触电。

（4）用仪表检查时，所用仪表的内阻不应该低于 2 000 Ω/V。

（5）如需试拉调度管辖设备（保护），需向调度申请，并做好事故预想，防止开关误跳或出现其他异常情况。

（6）在处理直流接地故障时，严禁试拉电压互感器并列装置直流电源，防止保护及自动装置由于失压而误动作。

（7）试拉直流回路，应经调度同意。断开电源的时间一般小于 3 s，不论回路中有无故障、接地信号是否消失，均应及时投入。

（8）为了防止误判断，观察接地故障是否消失时，应从信号、绝缘监测装置、表计指示情况等综合判断。

二、直流系统异常的处理

1. 变电站典型直流系统

直流系统一般为单母线分段形式，每段母线上有一组充电机及一组蓄电池，两段母线分列运行，遇有充电机故障或蓄电池试验时，可将两段母线并列，但应注意此时母线上也只能有一组充电机和蓄电池（典型接线见图 4-21）。

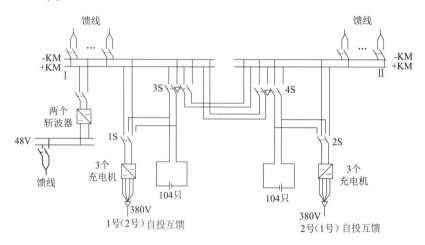

图 4-21 某变电站直流系统单母线分段接线

正常方式为：1 号充电机输出开关 1S 切至"投向 I 段母线"位置，第一组蓄电池进线及母联开关 3S 切至"第一组蓄电池投向 I 段母线"位置；2 号充电机输出开关 2S 切至"投向 II 段母线"位置。第二组蓄电池进线及母联开关 4S 切至"第二组蓄电池投向 II 段母线"位置，此时两段母线分列运行。如 1 号充电机或第一组蓄电池需退出运行则应先将第一组蓄电池进线及母联开关 3S 切至"母联 II 段母线"位置，再将 1 号充电机输出开关 1S 切至"投向第一组蓄电池"位置，保证母线上有且只有一组充电机和蓄电池。

2. 直流系统失电

1）主要现象

（1）装置电源指示灯灭。

（2）后台机发出"直流系统故障""控制回路断线""保护直流电源消失"或"保护装置异常"等信号。

（3）监控中心遥信、遥测数据不刷新。

（4）通信装置若无独立电源，则变电站通信中断。

2）可能原因

（1）直流系统低压断路器容量小或不匹配，在大负荷冲击下造成上级低压断路器跳闸，导致部分回路直流消失。

（2）低压断路器质量不合格，接触不良导致直流失电。

（3）直流两点接地或短路造成低压断路器跳闸导致直流消失。

（4）直流蓄电池故障，后备电源失去，在充电机故障或站用交流失去时引起全站直流消失。

3）处理要点

（1）查熔丝是否熔断，更换容量满足要求的合格熔断器。

（2）试合低压断路器，如不能合上，则拉开所有支路后试送，最后逐路合上支路低压断路器，如有跳闸，则说明该支路负荷有故障。

（3）直流消失后，应汇报调度，停用相关保护，防止查找处理过程中保护误动作。

3. 蓄电池故障

检查中若发现下列故障时，应及时汇报，由专业检修人员进行处理。

（1）测得个别电池电压很低，或为零，或反极性。电池电压为零或很低，可能是电池内部发生短路。反极性故障的主要原因是：若是电池极板硫化造成的，会使其容量降低电压很快下降，若是其他正常电池对它充电而发生反极性的，会影响相邻电池的电压下降。

（2）正极呈褐色并带有白点。这是由于经常过充电或使用的蒸馏水水质不纯等引起极板上活性物质过量脱落的缘故。

（3）极板严重弯曲变形，容器下有大量沉淀物。这是由于电解液不纯、密度过大或温度过高等原因造成的。

4. 直流母线电压过低、电压过高的处理

直流母线电压过高会使长期带电的电气设备过热损坏，或继电保护、自动装置可能误动；若电压过低，又会造成断路器保护动作及自动装置动作不可靠等现象。

（1）直流系统运行中，若出现母线电压过低的信号时，值班人员应检查并消除。检查浮充电流是否正常、直流负荷是否突然增大、蓄电池运行是否正常等。若属直流负荷突然增大时需及时查明原因，应迅速调整降压硅链或分压开关，使母线电压保持在正常规定值。

（2）当出现母线电压过高的信号时，应降低浮充电流，使母线电压恢复正常。

任务四　直流系统的运行维护

 教学目标

1. 知识目标
（1）掌握阀控式铅酸蓄电池的特点及技术参数。
（2）掌握蓄电池的充放电。
（3）理解阀控式铅酸蓄电池的运行与维护。
（4）掌握直流系统监控系统的运行与维护。

2. 能力目标
（1）具备对蓄电池进行正确的运行和维护的能力。
（2）具备对直流系统监控系统进行正确的操作的能力。

3. 素质目标
（1）培养规范操作的安全及质量意识。
（2）培养细致严谨的工作习惯。
（3）提高团队协作与沟通能力。

一、蓄电池

蓄电池是一种化学电源，它既能将电能转化为化学能存储起来，又能将存起来的化学能转化为电能输送出去，这两个能量的转化过程，就叫作蓄电池的充电和放电过程。

蓄电池是独立的电源，不会受电力网的影响。它具有电压稳定、使用方便和安全可靠等优点，并可根据需要选择其容量或形式。所以，在国防、科研和国民经济各个部门中，特别是电力工业和通信等部门都普遍采用蓄电池作为直流电源。目前在发电厂和变电站的直流系统中，广泛应用阀控式铅酸蓄电池。

二、阀控式铅酸蓄电池

1. 阀控式铅酸电池的结构及其特点
阀控式铅酸蓄电池（简称 VRLA 电池）主要由正负极板、电解液、隔膜、电池壳和安全阀组成，此外还有一些零件如连接条、极柱等。图 4 - 22 所示为阀控式铅酸蓄电池的结构示意图。

阀控式铅酸蓄电池的基本特点是使用期间不用加酸加水维护，电池为密封结构，不会漏酸，也不会排酸雾，电池盖子上设有单向排气阀（也叫安全阀），该阀的作用是当电池内部气体量超过一定值（通常用气压值表示），即当电池内部气压升高到一定值时，排气阀自动打开，排出气体，然后自动关阀，防止空气进入电池内部。

与以往的开口式铅酸蓄电池相比，阀控式铅酸蓄电池有以下主要特点。

（1）VRLA 电池实现了电池的密封，电池密封的关键技术是氧在电池内部的再复合实现氧的循环，氧的复合原理如图 4 - 23 所示。

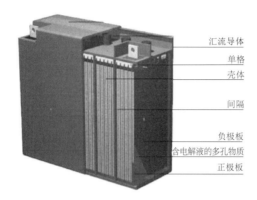

图 4 - 22　阀控式铅酸蓄电池

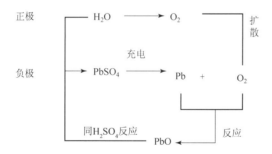

图 4 - 23　氧的复合原理

从图 4 - 23 中可看出，正极充电过程中因电解水析出的氧气，扩散到负极，与负极铅发生反应生成氧化铅（PbO），负极表面的 PbO 遇到电解液 H_2SO_4 发生化学反应生成 $PbSO_4$ 和 H_2O，其中 $PbSO_4$ 再充电而转变为 Pb，生成的 H_2O 又回到电解液，因氧气的再复合，避免了水的损失，从而实现了电池的密封。

（2）采用密封式阀控滤酸结构，酸雾不能逸出，达到安全、保护环境的目的。

由于阀控式铅酸蓄电池密封的特点，单向安全阀有一定的动作压力，电解液或水分不能溢出，因此阀控式铅酸蓄电池在一定时期内可免加水维护。这是被称为免维护电池的由来，因此阀控式铅酸蓄电池也称为贫液蓄电池，也是相对于富液式电池需要经常加酸加水而言的。

2. 阀控式铅酸蓄电池的技术参数

铅酸蓄电池的电性能用下列参数量度，包括容量、电池电动势、开路电压、终止电压、工作电压、放电电流、电池内阻、使用寿命（浮充寿命、充放电循环寿命）等。

1）蓄电池的容量

蓄电池的容量 Q 是蓄电池蓄电能力的重要标志。容量 Q 是在指定的放电条件（温度、放电电流、终止电压）下所放出的电量，称为蓄电池的容量，单位用 Ah（安培小时）表示。

蓄电池的容量一般分为额定容量和实际容量两种。

（1）额定容量。额定容量是指充足电的蓄电池在 25 ℃时以 10 h 放电率放出的电能。

①放电时间率。放电时间率指在一定放电条件下，放电至放电终止电压的时间长短。依据 IEC 标准，放电时间率有 20 h、10 h、5 h、3 h、1 h、0.5 h 率等。

②放电终止电压。铅酸蓄电池以一定的放电率在 25 ℃环境温度下放电至能再反复充电使用的最低电压，称为放电终止电压。大多数固定型电池规定以 10 h 放电时（25 ℃）终止电压为 1.8 V/只。终止电压值视放电速率和需要而确定。通常，为使电池安全运行，小于 10 h 的小电流放电，终止电压取值稍高，大于 10 h 的大电流放电，终止电压取值稍低。在通信电源系统中，蓄电池放电的终止电压由通信设备对基础电压的要求而定。

（2）实际容量。实际容量是指电池在一定条件下所能输出的电量，它等于放电电流与放电时间的乘积，单位为 Ah。蓄电池实际容量与放电电流的大小关系甚大，以大电流放电，到达终止电压的时间就短，以小电流放电，到达终止电压的时间就长。

2）蓄电池的电动势、开路电压、工作电压

（1）电动势。当蓄电池用导体在外部接通时，正极和负极的电化反应自发地进行，倘若电池中电能与化学能转换达到平衡时，正极的平衡电极电动势与负极平衡电极电动势的差值，便是电池电动势，它在数值上等于达到稳定值时的开路电压。电动势与单位电量的乘积，表示单位电量所能做的最大电功。

（2）开路电压。电池在开路状态下的端电压称为开路电压。电池的开路电压等于电池正极电极电动势与负极电极电动势之差。

（3）工作电压。电池工作电压是指电池有电流通过（闭路）的端电压。在电池放电初始的工作电压称为初始电压。电池在接通负载后，由于欧姆电阻和极化过电位的存在，电池的工作电压低于开路电压。表 4 - 2 所示为阀控式铅酸蓄电池各电压值。

表 4-2　阀控式铅酸蓄电池的各电压值　　　　　　　V

阀控式密封铅酸蓄电池	标称电压		
	2	6	12
运行中的电压偏差值	±0.05	±0.15	±0.3
开路电压最大与最小电压差值	0.03	0.04	0.06
放电终止电压值	1.8	5.4	10.8

3）循环寿命

蓄电池经历一次充电和放电，称为一次循环（一个周期）。在一定放电条件下，电池工作至某一容量规定值之前，电池所能承受的循环次数，称为循环寿命。

各种蓄电池使用循环次数都有差异，传统固定型铅酸蓄电池为 500～600 次，启动型铅酸蓄电池为 300～500 次。阀控式密封铅酸蓄电池循环寿命为 1 000～1 200 次。影响循环寿命的因素，一是厂家产品的性能，二是维护工作的质量。固定型铅酸蓄电池使用寿命还可以用浮充寿命（年）来衡量，阀控式密封铅酸蓄电池浮充寿命在 10 年以上。

3. 阀控式铅酸蓄电池的失效机理

阀控式铅酸蓄电池的故障机理是非常复杂的，主要的故障机理有电解液失水、负极板硫化、极板腐蚀和热失控等。

（1）电解液失水。虽然阀控式铅酸蓄电池一般情况下不会轻易失水或者说失水量很少，但它也并不是全密闭的。阀控式铅酸蓄电池顶部设有单向放气阀。在充电电流或放电电流过大的情况下，蓄电池内部化学反应会产生气体，或在蓄电池内部有故障的情况下，气体也会增多，这样蓄电池内部压力就会增大。放气阀就是在内部压力过大时，为保护蓄电池不会炸裂而设计的。当内部压力达到一定值时，这些阀就会打开，向外放气。而这些气体中就存在正极上放出的氧气和负极上放出的氢气，如此电池便"失水"了。蓄电池的失水会导致电池内部活性物质减少，蓄电池容量下降，蓄电池内阻增大。

（2）负极板硫化。当阀控式密封铅酸蓄电池的电荷不足时，在电池的负极栅板上就有 $PbSO_4$ 存在，$PbSO_4$ 长期存在会失去活性，不能再参与化学反应，这一现象称为活性物质的硫酸化，硫酸化使电池的活性物质减少，降低蓄电池的有效容量，久之就会使电池失效，蓄电池内阻增大。

（3）极板腐蚀。由于电池失水，造成电解液比例增高，过强的电解液酸性加剧正极板腐蚀。极板腐蚀会造成活性物质减少，蓄电池容量降低，蓄电池内阻增大。

（4）热失控。热失控是指蓄电池在充电时，充电电流和电池温度发生一种累积性的相互增强作用，并逐步损坏蓄电池的现象。电池内部温度的增加使充电电流增加，充电电流增加即反应速度增大使电池内部温度升高，如此恶性循环，最终造成电池的热失控。热失控的直接后果是蓄电池的外壳鼓胀、漏气，电池容量下降，最终导致电池失效。极端情况下由于电流过大、温度过高，使电池极柱、外壳和内部毁坏。

4. 影响蓄电池寿命的因素

影响蓄电池寿命的因素相当复杂，而在使用过程中，温度和电压对蓄电池寿命的影响最大。

1）环境温度对蓄电池的影响

蓄电池的寿命和性能与电池内部产生的热量密切相关，电池内部的热源是电池内部的功率损耗，在浮充工作时，电池内部的功率损耗可以简单地看作浮充电压和浮充电流的乘积。在氧的再化合反应中，浮充电流会增大因而产生较多的热量。在恒压充电时，浮充电流随温度上升而增大，增大了的浮充电流又会产生更多的热量，从而使温度进一步上升。一般来讲，环境温度在 25 ℃时每升高 6 ~ 10 ℃，蓄电池寿命缩短一半。

阀控式铅酸蓄电池正常情况下限制了内部水的蒸发，这样可以免去向电池内部加液的麻烦。然而，也是这一特点使得蓄电池内部热量不能由水蒸气蒸发而被带走。因此，对于阀控式铅酸蓄电池，控制电池温度就显得格外重要。阀控式铅酸蓄电池温度与寿命关系曲线如图 4 – 24 所示。

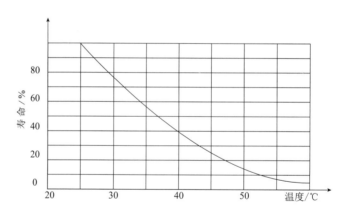

图 4 – 24　阀控式铅酸蓄电池的温度与寿命关系曲线

2）浮充电压对蓄电池的影响

在系统中，电池是在线备用状态，这样电池基本上处于浮充状态中。在理论上要求浮充电压产生的电流量是补偿电池的自放电。浮充电压的选取对电池的长期可靠运行起着至关重要的作用，是影响电池寿命至关重要的因素。

偏高的浮充电压会造成电池缓慢失水并发生热失控而使电池失效；偏低的浮充电压会造成电池长期处于欠充电的状态，使电池发生硫酸化而导致电池失效。

三、阀控式铅酸蓄电池的运行与维护

1. 阀控式铅酸蓄电池的常见故障及造成故障的原因

1）过放电

（1）故障现象。

①2 V 电池电压低于 1.8 V（通常只有 0～1.5 V）。

②12 V 电池电压低于 10 V，6 V 电池电压低于 5 V。

（2）造成故障的可能原因。

①浮充电压长期低于说明书要求的范围，电池长年亏电。

②长期停止充电。

③循环使用的电池每次补充电不足。

④按一定的电流放电，放到终止电压后仍继续放电，放电后又不及时充电或充电不足。

⑤电池储存期过长。

2）过充电

（1）故障现象。

①电池外壳各单格均鼓胀，明显变形（电池使用时的轻微鼓胀、变形属正常现象）。

②电池容量变小（电解液趋于干涸）。

③严重者端极柱基部渗酸。

④一组电池中电压参差不齐。

（2）造成故障的可能原因。

①浮充电压超过说明书规定值。

②环境温度高于 45 ℃，但浮充电压未按要求进行缩减（以 25 ℃ 为标准，环境温度每升 1 ℃ 电压降低 3 mV）。

③充电机失控或误调充电机，造成充电电流超过规定值，且时间较长。

3）短路

（1）故障现象。

①一组电池中，其他电池电压均正常，只一格电池电压少 2 V（如 12 V 电池为 10～10.8 V，6 V 电池电压为 4～4.3 V、2 V 电池电压为 0 V）。

②单格电池经均衡充电，电压仍达不到额定电压 2 V（如 12 V 电池达不到 12 V 以上、6 V 电池达不到 6 V 以上、2 V 电池达不到 2 V 以上）且短路的一个单格发热严重。

（2）造成故障的可能原因。

①隔板破损或穿透。

②有铅粒落入电池内部。

4）电池渗漏电液

（1）故障现象。

①电池壳或电池盖明显因撞击摔打而破裂。

②电池的极柱阀帽渗漏。

③电池壳与盖封合处漏酸。

（2）造成故障的可能原因。

①运输或搬运、安装或其他意外造成的撞击。

②大电流长期充电造成外壳变形、渗漏，极柱严重扭曲、撞击造成极柱渗漏。

③热封或黏合壳盖不牢固。

5）外观破损

（1）故障现象。极柱断裂或电池外表损伤严重。

（2）造成故障的可能原因。接线不当、扭断或因意外撞断极柱及造成电池外观破损（由运输或搬运造成）。

6）气阀故障

（1）故障现象。

①电池中某单格外壳严重鼓胀甚至造成胀破外壳。

②电池在存放一段时间（2~6个月）后某电池的开路电压或闭路电压明显比其他电池低（2 V电池低于2 V、6 V电池低于5.5 V、12 V电池低于11 V），将电池面上的盖片打开时其中的一个或两个阀帽的顶面中心部位无凹陷（正常应有凹陷）现出。

（2）造成故障的可能原因。

①阀帽与阀座在顶面的接触部位发生了异常的黏结，造成电池不能向外排气。

②阀帽与阀座配合太松，造成电池某单格未能密封好。

③阀帽内壁或阀座外壁有杂物，造成某单路未能密封好，凡是气阀密封不良的单格都会使空气中的氧气进入电池，造成负极氧化而自放电，同时该单格电池因失水也较快丧失电池容量。

2. 阀控式铅酸蓄电池的充放电

1）充电

充电分为初充电、正常充电、浮充电、均衡充电等几种。

（1）新蓄电池的首次充电称为初充电，目的在于使电池在装配过程中被氧化的极板活性物质还原，增加活性物质含量，提高蓄电池的放电性能。蓄电池安装好后都要进行初充电。从理论上讲，浮充电不能替代初充电。

（2）蓄电池在正常工作中，工作放电后进行充电称为正常充电。当电源系统输入交流电源中断时，蓄电池组立即承担起主要负荷。交流电源恢复送电时，充电装置将自动或手动进入恒流充电—恒压充电—浮充电，并恢复到正常运行状态。

（3）一般情况下，电池组与整流电源并联连接到负载上，当交流电源正常时，整流器将交流电整流为直流电后，一面给蓄电池充电，一面为负载供电。当交流电源中断时，蓄电池的直流电立即给负载供电，以保证供电的连续性。这种蓄电池充电称为浮充电。

（4）蓄电池在使用过程中，往往会产生容量、电压等不均衡现象，导致蓄电池组输出电压过低、输出电量过小。为此，对电池组进行过充电，使蓄电池组中的每个蓄电池都处于充足电状态，这一充电过程称为均衡充电。一般均衡充电电流选在电池 Ah 数的 1/10，而时间一般为 10 h 左右。

无论使用哪种充电方法，都应该按照厂家产品说明，控制充电电压和电流，以防欠充和过充造成蓄电池性能下降和寿命缩短。

特别是浮充电，浮充电电压的选取很关键。国内一般选择 2.23 ~ 2.27 V 的浮充电压。不同厂家对浮充电压的具体规定不完全一样，所以实际中应根据具体厂家的电池要求及具体的环境温度选取浮充电电压。一般情况下，浮充电电压定为 2.23V/单体（25 ℃）比较合适。

如果不按此浮充电范围工作，而是采用 2.35V/单体（25 ℃），则连续充电 4 个月就会出现热失控；或者采用 2.30V/单体（25 ℃），连续充电 6 ~ 8 个月就会出现热失控；要是采用 2.28V/单体（25 ℃），则连续充电 12 ~ 18 个月就会出现严重的容量下降，进而导致热失控。另外，应注意不同环境温度浮充电电压的选择。图 4 - 25 是某厂家电池浮充电电压与温度的关系曲线。

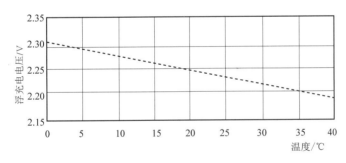

图 4 - 25　浮充电电压与温度的关系曲线

阀控式密封铅酸蓄电池在使用中应注意观察电池的温度情况，随时注意观察浮充电电压，若充电设备没有补偿温度的功能，就应按温度每上升 1 ℃，每单体电池浮充电电压下降 3 mV 进行修正。

均衡充电电压较高，不宜频繁使用。在停电不频繁的电源系统，可以采用每年 4 次，如果停电比较频繁的电源系统则再增加 1 ~ 2 次，电池组遇有下列情况之一时应进行均衡充电：

①有两只以上的电池在浮充状态下，电压低于 2.18 V（12 V 系统为 13.08 V）。

②电池系统安装完毕。

③电池组搁置不用时间超过 3 个月需均衡充电。

2）放电

核对性放电：即将蓄电池按照 10 h 放电率进行放电，放电时要求及时监测每个单体电压和总电压，防止过放电，蓄电池端电压不要低于终止电压（最低 1.8 V/2 V 单体或 10.8 V/12 V 单体）。放电完后，静置 2 h 后再用同样大小的电流对蓄电池进行恒流充电，使电池电压上升到 2.35 V/只或 14.1 V/只，保持该电压对电池进行 8 h 的均衡充电后将恒压充电电压改为 2.25 V/只或 13.5 V/只，进行浮充电。上述方法，可以放出蓄电池容量的 80%。但一般情况下，放出蓄电池容量的 30% ~ 50% 就可以了。通过核对性放电，可以计算出电池组的容量、活化老旧的电池、恢复电池的容量。

放电时需要注意，放电电流不宜过大，更要避免短路放电。一般放电电流选在电池 Ah 数的 1/10；放电时，蓄电池端电压不要低于终止电压，以防蓄电池过度放电导致蓄电池性能下降和寿命缩短；放电后，应该及时充电。不允许蓄电池在放电状态下长时间搁置。

容量校核：即判断蓄电池的实际容量，一般要求每三年进行一次。

每年应以实际负荷做一次核对性放电试验，放出额定容量的 30% ~ 40%，每三年做一次容量试验，使用六年后应每年做一次，若该组电池实际放电容量低于额定容量的 80%，则认为该电池组寿命终止。

3）蓄电池的检测

预测蓄电池状态性能的一般方法有蓄电池的电压变化监测和内阻检测。

（1）监测放电时的电压变化，是检测阀控式铅酸蓄电池故障的一种方法，但是要想使检测结果准确，就必须与放电试验结合进行。因此，这种试验必须在市电正常时带假负载或在市电停电时电池带真负载放电过程中，才能检出故障电池，但检出故障电池时，蓄电池组已不能再提供可靠的电源，这样会对供电系统造成严重影响，失去备用电源的作用。

（2）各种电池失效后都能引起蓄电池内阻的增大。可见，根据电池内阻的大小可以检测出电池性能的好坏。需要注意的是，电池的内阻值在不同的状态及环境下，其内阻值也有很大的差异。电池内阻尽量在同一状态下比较，且明显的内阻变化才表明蓄电池有大的性能改变，超过 30% 的变化即可认为明显，但这个变化幅度可能跟不同厂家的电池有关。

3. 阀控式铅酸蓄电池的安装与运行维护

1）阀控式铅酸蓄电池的安装注意事项

在安装和使用电池之前，首先应仔细阅读产品说明书，按要求进行安装和使用。安装时应特别注意以下几个方面。

（1）安装方案应根据地点、条件制定，如地面负荷、通风环境、阳光照射、腐蚀和有机溶剂、机房布局、维修是否方便等。

（2）安装时新旧蓄电池一般不能混用，不同类型的电池或不同容量的电池绝不可混合使用。

（3）电池均为 100% 荷电出厂，必须小心操作，忌短路。安装时应采用绝缘工具，戴绝缘手套，防止电击。

（4）电池在安装使用前，应在 0 ~ 35 ℃ 的环境下存放，储存期限为 3

个月，若超过 3 个月，就应按使用说明书给定标准对电池进行补充电。

（5）按规定的串并联线路连接列间、层间、面板端子的电池，在安装末端连接件和整个电源系统导通前，应认真检查正负极性及测量系统电压。并注意：在符合设计截面积的前提下，引出线应尽可能短，以减少大电流放电时的压降；两组以上电池并联时，每组电池至负载的电缆线最好等长，以利于电池充放电时各组电池电流均衡。

（6）电池连接时，螺钉必须紧固，但也要防止拧紧力过大而使极柱嵌铜间损坏。

（7）安装结束后应再次检查系统电压和电池正负极方向，以确保电池安装的正确。

（8）可用肥皂水浸湿软布清洁电池壳、盖、面板和连接线，不能用有机溶剂清洗，以免腐蚀电池盖及其他部件。

2）阀控式铅酸蓄电池的日常维护

蓄电池日常运维包括以下几点。

（1）保持蓄电池室卫生清洁、通风照明良好，环境温度保持在 25 ℃左右。

（2）逐个检查电池的清洁度、端子的损伤及发热痕迹、外壳及盖的损坏或过热痕迹。

（3）引线连接处、连接片无松动、腐蚀现象。

（4）电池壳体有无渗漏和变形。

（5）极柱、安全阀周围是否有酸雾逸出。

（6）每 10 天进行一次蓄电池单体电压测量。

（7）测量和记录电池系统的总电压、浮充电流。

（8）在运行中，主要监视蓄电池组及直流母线的对地电阻和绝缘状态。

阀控式铅酸蓄电池虽然是免维护蓄电池，避免了开口电池冒酸气补水补酸的问题，且可以不用专门蓄电池室，可以和其他配电柜一起放置，这是其优点。但免维护不等于不维护，不正确的使用可以显著地对蓄电池造成损害，并使蓄电池的使用寿命缩短。

因此，必须加强维护，加强监测并控制蓄电池组的浮充电电压、使用温度，监测蓄电池内阻，及时、准确地发现劣化电池并采取必要措施，定期核对性放电，活化落后的电池，使整组蓄电池工作在正确的使用状态，保证负载的正常工作。

四、直流监控系统的运行与维护

1. 监控单元的组织结构认识

监控系统兼容了电源系统中的各种设备的检测与控制，系统组织结构如图 4 - 26 所示。

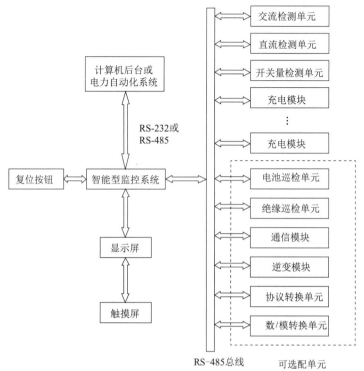

图4-26 直流监控系统组织结构框图

2. 主监控显示界面及操作说明

1）主监控工作原理

主监控主要完成数据的采集与处理，如当数据异常时给出报警信息，并做出相应的控制，包括：控制模块限流；将数据通过 RS-232/RS-485 总线远传到后台（如电力自动化系统）；接收后台发来的控制命令；接收手动输入的各种操作命令，如设定告警限、控制模块开关机、手动均衡充电与浮充电转换等。其工作原理框图如图4-27所示。

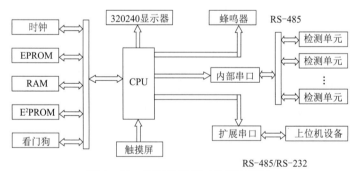

图4-27 直流监控机工作原理框图

2）电池供电管理原理

（1）恒流充电电流：电池恒流充电的限流值默认为 $0.1C$（C 为电池容量）。

（2）转换电流：由均衡充电转换到浮充电的转换电流默认为 $0.02C$。

（3）浮充电转均衡充电的条件（以下任一条件成立，则转均衡充电）：

①手动转均衡充电：通过"电池管理"菜单中设定。

②维护性均衡充电，当电池长期浮充电超过设定的维护均衡充电时间（默认为 30 天）则自动转均衡充电。

③交流上电，当交流停电后又恢复供电时，进入均衡充电状态；但当电池充电电流在 20 min 内降到 $0.02C$ 以下时，自动返回浮充电状态。

④大电流均衡充电，当电池充电电流大于 $0.03C$ 时自动进入均衡充电状态；但当电池充电电流在 20 min 内降到 $0.02C$ 以下时，自动返回浮充电状态。

（4）均衡充电转浮充电的条件：当电池处于均衡充电的时间超过设定的"均充限时"时间时，自动转浮充电；当充电电流小于"转换电流"时，延时"均充延时"时间后转浮充电。

（5）当一个系统中配有两组充电机、两组电池时，系统自动默认为两组电池的容量和电池节数相等，同时各组充电机组上的充电模块数量均为设定的"充电模块总数"的一半。

3. 显示界面结构

显示器画面分为五个部分，即题头栏、时间、信息栏、主参数栏和菜单栏，如图 4-28 所示。题头栏显示产品名称；时间栏显示日期和时间；信息栏为主要信息获取视窗，同时也可作为大面域的键盘使用；主参数栏显示系统状态、合母电压、控母电压、电池电流和充电方式；菜单栏显示一些主要的菜单，如上、下翻页按钮。通过视窗式结构设计可使维护人员操作一目了然，及时掌握系统运行信息，操作非常方便，同时考虑到触摸屏有限的分辨率，系统将作为输入界面的按钮做得尽量大些。充分利用 5.7 英寸①这个有限的空间，使误操作率降到最低，完全实现人性化设计。

（题头栏）		（时间）
（信息栏）		主参数栏
（菜单栏）		

图 4-28 显示画面

4. 基本画面

基本画面即系统上电时显示的画面，也即系统默认画面，如图 4-29 所示。当系统在一段时间（2 min）内无触摸操作时，系统自动回到基本画面；当系统正常时，基本画面显示产品名称（或其他）；当系统出现异常时，系统自动显示当前故障信息，维护人员可在最短的时间内迅速掌握故障信息。

---

① 1 英寸≈2.54 厘米。

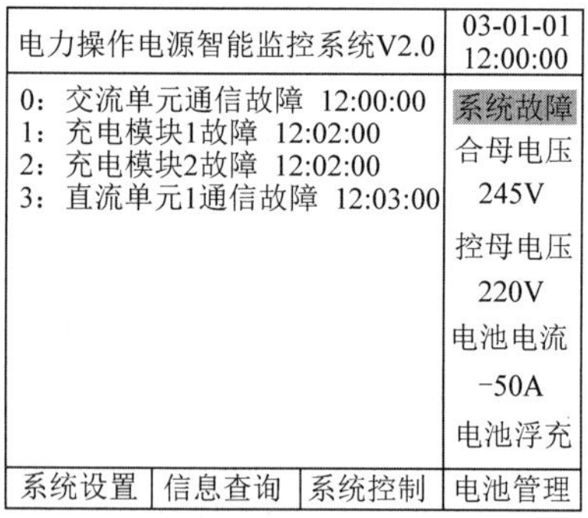

图 4-29　基本画面

在主参数栏用文字显示系统最为重要的参数，如系统状态、合母电压、控母电压、电池电流和充电方式。

5. 系统设置

在基本画面中点触"系统设置"，将出现图 4-30 所示画面，输入系统设置密码，按"输入"键进入系统设置功能，系统设置密码包括初始化密码、超级密码和一般密码，只要正确输入其中一个密码即可进入系统设置画面。

输入密码（或数据）时，可直接在数字键盘上操作，输完一个数值后按"输入"键，系统自动判断数值的合法性，合法则输入该数值，不合法则回到数值输入状态，输入数字时可灵活配合使用"退格"和"清零"键，当不希望更改当前数据时可按"取消"键，回到前面的操作界面（注：数值长度最大值为 7）。

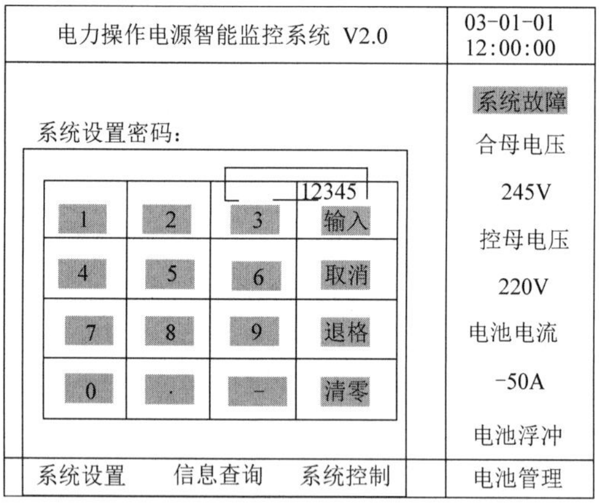

图 4-30　系统设置

从系统设置菜单上可看到系统设置包括十个可选菜单，即系统配置、交流设置、直流设置、电池巡检设置、绝缘检测设置、通信设置、节点设置、时间密码修改、其他设备设置和亮度调节。用户可直接点触菜单上的汉字进入相应的菜单选项。

6. 信息查询

在信息查询菜单（见图 4 – 31）中用户可查询系统实时运行参数，包括交流参数、直流参数、模块参数、电池巡检、绝缘检测、历史故障、充放电曲线、放电计量、其他设备查询和版本说明。

电力操作电源智能监控系统V2.0		03-01-01 12:00:00
⇒ 系统配置	通信设置	系统故障
交流设置	节点设置	合母电压 245V
直流设置	时间密码	控母电压 220V
电池巡检	其他设备	电池电流 -50A
绝缘检测	亮度调节	电池浮充
上　页　　下　页　　返　回		退　出

图 4 – 31　信息查询

7. 系统控制

系统控制是对充电模块开关机的手动控制，具体操作方法与参数设置方法相同。同时用户也可以通过后台通信实现远程遥控功能。

8. 电池管理

电池管理是电力电源监控系统的重要组成部分，所以系统将电池管理功能直接在基本画面中进入，突出其重要性。

可以根据电池实际运行情况手动控制电池均衡充电与浮充电转换，当用户手动控制电池均衡充电与浮充电转换后，系统会自动根据用户设定的电池管理条件进行电池的智能化均衡充电与浮充电管理。其中可设置的参数有均电压、电池容量、温度补偿系数（温度补偿范围为 10～50 ℃）和其他均衡充电与浮充电转换条件。当系统实现双电双充时，两组电池的电池管理参数相同。

项目小结

直流系统是变电站操作、控制、监测的中枢神经系统，为各种控制、自动装置、继电保护装置、信号等提供可靠的工作电源和操作电源。

直流系统主要由交流输入单元、充电单元、微机监控单元、电压调整单元、绝缘监测单元、直流馈电单元、蓄电池组、电池巡检单元等构成，在交流输入正常供电时，通过交流配电单元经电模块整流，一面给蓄电池组充电，一面给直流负载供电。当系统交流输入故障停电时，由蓄电池给直流负载供电。变电站常用的直流母线接线方式有单母线分段和双母线两种，新建的 220～500 kV 变电站多采用单母线分段接线。

直流系统是绝缘系统，正常时正负极对地电压平衡。发生一点接地时，正负极对地电压发生变化，但对全站保护、监控、通信装置的运行并没有影响，当直流系统发生两点接地时，可能会引起继电保护、自动装置误动、拒动或导致直流系统失电，所以当直流系统一点接地时，设备虽然可以继续运行，但必须尽快查到接地点，立即消除或隔离。可根据实际情况采用分网法或瞬停法排查接地故障。

阀控式铅酸蓄电池的基本特点是使用期间不用加酸加水维护，电池为密封结构，不会漏酸，也不会排酸雾，故称为免维护蓄电池，但免维护不等于不维护，要掌握阀控式铅酸蓄电池的充放电及日常巡查维护项目，掌握直流监控系统的正确操作。

思考题

4-1 变电站直流系统的主要负荷有哪些？

4-2 变电站直流系统由哪些模块组成？各部分的作用是什么？

4-3 直流系统的工作原理是什么？

4-4 直流系统的正极接地后，又有一点接地对运行可能造成哪些危害？

4-5 直流系统的负极接地后，又有一点接地可能引起哪些危害？

4-6 直流系统的正负极各有一点接地可能引起哪些危害？

4-7 如何排查直流系统的接地故障？

4-8 蓄电池充放电的制度是什么？

4-9 如何进行蓄电池的运行与维护？

4-10 如何进行直流监控系统的操作？

系统的数据通信与网络构建

 项目描述

　　本学习项目共分为五个学习任务，分别为系统数据通信认知、数据通信的传输方式和传输介质、数据通信接口、数据通信规约和系统通信网络构建。通过五个学习任务的学习，能够掌握变电站综合自动化系统的通信内容、掌握"四遥"信息的含义，理解变电站数据通信的传输方式及适用场合，掌握数据通信的传输介质、通信接口及通信规约，能构建综合自动化系统通信网络。

 教学目标

一、知识目标

（1）掌握变电站综合自动化系统数据通信的内容。

（2）理解变电站综合自动化系统数据通信的传输方式。

（3）了解变电站综合自动化的传输介质。

（4）掌握变电站综合自动化系统数据通信接口和通信规约。

（5）掌握变电站综合自动化系统的通信网络。

二、能力目标

（1）能识别不同的传输介质。

（2）能分析不同规约的体系结构。

（3）能制作网线、使用测线仪测试网线。

（4）具备构建变电站综合自动化系统的通信网络的能力。

三、素质目标

（1）培养规范操作的安全及质量意识。

（2）养成细致严谨、善用资源的工作习惯。

（3）具备分析问题与解决问题的能力。

（4）提高团队协作与沟通能力。

教学环境

建议在理实一体化实训室展开教学。实训室配备完整的变电站综合自动化系统一套，配备监控主机、综合自动化系统通信网络等设备，备有网线钳、网线测试仪等工器具，配备多媒体投影等设施。

任务一　系统数据通信认知

教学目标

1. 知识目标
(1) 掌握变电站数据通信的内容。
(2) 了解变电站数据通信的要求。
(3) 掌握远距离数据通信模型。
(4) 理解信号的调制与解调过程。

2. 能力目标
(1) 能说明变电站的"四遥"功能。
(2) 能简述远距离数据通信的环节。

3. 素质目标
(1) 培养良好的团队协作与沟通能力。
(2) 培养独立思考的习惯。

一、变电站综合自动化系统的通信内容

数据通信的内容很广，计算机与计算机之间、一个系统与另一个系统、计算机内部各部件间、CPU 与存储器、磁盘及人机接口设备之间的信息交换都是数据通信的范畴。

变电站综合自动化的主要目的不仅仅是以微机为核心的保护和控制装置来替代变电站内常规的保护和控制装置，关键在于实现信息交换。通过控制和保护互联、相互协调，允许数据在各功能模块之间相互交换，可以提高它们的性能。通过信息交换、相互通信，实现信息共享，提供常规的变电站二次设备所不能提供的功能，减少变电站设备的重复配置，简化设备之间的互联，从整体上提高变电站综合自动化的安全性和经济性，从而提高整个电网的自动化水平。

因此，变电站综合自动化系统的数据通信包括两个内容：一个是综合自动化系统的现场级通信；另一个是变电站与控制中心的通信。

（一）变电站内的信息传输内容

现场的变电站综合自动化系统一般都是分层分布式结构，需要传输的信息有下列几种。

1. 设备层与单元层（间隔层）间的信息交换

间隔层设备大多需要从设备层的 TV、TA 采集正常情况和事故情况下的电压值和电流值，采集设备的状态信息和故障诊断信息。这些信息主要包括断路器、隔离开关位置，变压器的分接头位置，变压器、互感器、避雷器的诊断信息以及断路器操作信息。

2. 单元层的信息交换

单元层的信息交换是指在一个单元层内部相关的功能模块间，即继电保护和控制、监视、测量之间的数据交换。这类信息包括测量数据、断路器状态、器件的运行状态、同步采样信息等。

同时，不同单元层之间的数据交换有主、后备继电保护工作状态、互锁、相关保护动作闭锁，电压无功综合控制装置等信息。

3. 单元层与变电站层的通信

（1）测量及状态信息，主要有正常及事故情况下的测量值和计算值，断路器和隔离开关的位置、主变压器分接开关位置、各间隔层运行状态、保护动作信息等。

（2）操作信息，主要有断路器和隔离开关的分、合闸命令，主变压器分接头位置的调接，自动装置的投入与退出等。

（3）参数信息，如微机保护和自动装置的整定值等。

另外，还有变电站层不同设备之间的通信，要根据各设备的任务和功能特点，传输所需的测量信息、状态信息和操作命令等。

（二）综合自动化系统与控制中心的通信内容

综合自动化系统前置机或通信控制机具有执行远动功能，会把变电站内相关信息传送到控制中心，同时能接收上级调度数据和控制命令。变电站向控制中心传送的信息通常称为"上行信息"；而由控制中心向变电站发送的信息常称为"下行信息"。这些信息可按"四遥"功能划分，主要包括以下内容。

1. 遥测

（1）35 kV 及以上线路和旁路断路器的有功功率（或电流）、有功电能量；35 kV 及以上联络线的双向有功电能量，必要时测无功功率。

（2）三绕组变压器两侧有功功率、有功电能、电流及第三侧电流，二绕组变压器有功功率、有功电能、电流。

（3）各级母线电压（小电流接地系统应测三个相电压，而大电流接地系统只测一个相电压）；所用变压器低压侧电压；直流母线电压。

（4）10 kV 线路电流；母线分段、母联断路器电流；并联补偿装置的三相电流；消弧线圈电流。

遥测（动画视频）

（5）用遥测处理的主变压器有载调节的分接头位置。计量分界点的变压器增测无功功率。

（6）主变压器温度；保护设备的室温。

2. 遥信

（1）所有断路器位置信号；断路器控制回路断线总信号；断路器操作机构故障总信号。

遥信（动画视频）

（2）35 kV 及以上线路及旁路主保护信号和重合闸动作信号，母线保护动作信号；主变压器保护动作信号；距离保护闭锁总信号；高频保护收信信号。

（3）调节主变压器接头的位置信号；反映运行方式的隔离开关的位置信号。

遥控（动画视频）

（4）电站事故总信号；变压器冷却系统故障信号；继电保护、故障录波装置故障总信号；直流系统异常信号；低频减负荷动作信号。

（5）小电流接地系统接地信号，变压器油温过高信号，TV 断线信号。

（6）继电保护及自动装置电源中断总信号；遥控操作电源消失信号；远动及自动装置用 UPS 交流电源消失信号；通信系统电源中断信号。

3. 遥控

（1）变电站全部断路器及电能遥控的隔离开关。

（2）可进行电控的主变压器中性点接地刀闸。

（3）高频自发信号启动。

（4）距离保护闭锁复归。

遥调（动画视频）

4. 遥调

（1）有载调压主变压器分接头位置调节。

（2）消弧线圈抽头位置调节。

在实际工程中，变电站远传信息应根据实际情况进行删减。

二、 变电站综合自动化系统通信的要求

1. 变电站通信网络的要求

数据通信在综合自动化系统内占有重要位置，由于变电站综合自动化系统内的数据通信网络的特殊环境对其有以下要求。

（1）快速的实时响应能力。变电站综合自动化系统的数据网络要及时地传输现场的实时运行信息和操作控制信息。网络必须很好地保证数据通信的实时性，应满足电力工业标准中对系统数据传送实时性的要求。

（2）很高的可靠性。电力系统是连续运行的，数据通信网络也必须连续运行，通信网络的故障和非正常工作会影响整个变电站综合自动化系统的运行。设计不合理的系统，严重时甚至会造成设备和人身事故，导致很大的损失。因此，变电站综合自动化系统的通信系统必须保证很高的可靠性。

（3）优良的电磁兼容性能。变电站是一个具有强电磁干扰的环境，存在电源、雷击、开关操作等强电磁干扰和地电位差干扰，通信环境恶劣，

数据通信网络必须采取相应的措施消除这些干扰等。

（4）分层式结构。由整个系统的分层分布式结构决定了通信系统的分层。系统的各层次又各自具有特殊的应用条件和性能要求，因此每一层都要有合适的网络系统。

2. 信息传输响应速度的要求

不同类型和特性的信息要求传送的时间差异很大，其具体内容如下。

（1）经常传输的监视信息。

①为监视变电站的运行状态所需的信息，如母线电压、电流、有功功率、无功功率、功率因数、零序电压、频率等测量值，这类信息需要经常传送，响应时间需满足 SCADA 的要求，一般不宜大于 1 ~ 2 s。

②计量用的信息，如有功电能量和无功电能量，这类信息传送的时间间隔可以较长，传送的优先级可以较低。

③为刷新变电站层的数据库所需的信息，如断路器的状态、继电保护装置和自动装置投入和退出的工作状态信息等，可以采用定时召唤方式，以刷新数据库。

④为监视变电站电气设备的安全运行所需要的信息，如变压器、避雷器等的状态收视信息，与变电站保安、防火有关的运行信息。

（2）突发事件产生的信息。

①系统发生事故时需要快速响应的信息，要求传输延时最小、优先级最高。

②正常操作时的状态变化信息，如断路器状态变化，要求立即传送，传输响应时间要短；自动智能装置和继电保护装置的投入和退出信息要及时传送。

③故障情况下，继电保护动作的状态信息和事件顺序记录，这些信息作为事故后分析之用，不需要立即传送，待事故处理时再送即可。

④故障发生时的故障录波，带时标的扰动记录的数据，这些数据量大，传输时占用时间长，也不必立即传送。

⑤控制命令、升降命令、继电保护和自动设备的投入和退出命令，修改定值命令的传输不是固定的，传输时间间隔比较长。

⑥在高压电气设备内装设的智能传感器和智能执行机构，高速地与自动化系统单元层的设备交换数据，这些信息的传输速率取决于正常状态时对模拟量的采样速率，以及故障情况下快速传输的状态量。

3. 各层之间和每层内部传输信息时间的要求

（1）设备层和间隔层，1 ~ 100 ms。

（2）间隔内各个模块间，间隔层的各个间隔单元，1 ~ 100 ms。

（3）间隔层和变电站层之间，10 ~ 1 000 ms。

（4）变电站层的各个设备之间，变电站和控制中心之间，不小于 1 000 ms。

三、 远距离数据通信的基本模型

远距离数据通信系统由以下几部分组成，如图 5 – 1 所示。

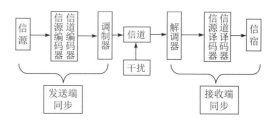

图 5 – 1 远距离数据通信模型

（1）信源。即电网中的各种信息源，如电压 U、电流 I、有功功率 P、频率 f、电能脉冲量等，经过有关器件处理后转换成易于计算机接口元件处理的电平或其他量。另外，还有各种指令、开关信号等。

（2）编码器。其包括信源编码器和信道编码器。信源编码器是把各种信源送出的模拟信号或数字信号转换为符合要求的数码序列。信道编码器是给数码序列按一定规则加入监督码元，使接收端能发现或纠正错误码元，以提高传输的可靠性。

（3）调制器与解调器。调制器是将信道编码器输出的数码转换为适合于在信道上传送的调制信号后再送往信道。解调器则将收到的调制信号转换为数字序列，它是调制的逆变换。

（4）信道。它是信号远距离传输的载体，如载波通道、光纤通道、微波通道等。

（5）译码器。其包括信道译码器和信源译码器。信道译码器是将收到的数码序列进行检错或纠错；信源译码器是将信道译码器处理后的数字序列变换为相应的信号后送给受信者。

（6）受信者（信宿）。指接收信息的人或设备。

（7）同步。用以保证收发两端步调一致、协调工作。它是数字通信系统中不可缺少的组成部分。如收发两端失去同步，数字通信系统会出现大量的错码，无法正常工作。

四、 数字信号的调制与解调

在数字通信中，由信源产生的原始电信号为一系列方形脉冲，通常称为基带信号，又称低频信号。基带信号的特点是其能量或频率主要集中在零频附近，并具有一定的范围，即带宽基带信号有两种类型，一种是连续信号，另一种是离散信号。这种基带信号不能直接在模拟信道上传输，因为传输距离越远或者传输速率越高，方形脉冲的失真现象就越严重，甚至使得正常通信无法进行。

为了解决这个问题，需将数字基带信号用调制器变换成适合远距离传输的信号——正弦波信号。这种正弦波信号携带了原基带信号的数字信息，通过线路传输到接收端后，再将携带的数字信号取出来，这就是调制与解调的过程。完成调制与解调的设备叫调制解调器，调制解调器并不改变数据的内容，只改变数据的表示形式，以便于传送。调制与解调示意图如图 5-2 所示。

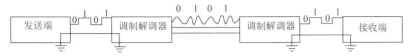

图 5-2　调制与解调示意图

模拟信号传输的基础是载波，一个正弦波电压可表示为 $u(t) = U_m \sin(2\pi ft + \varphi)$，载波具有三大要素，即幅度、频率和相位，数字数据可以针对载波的不同要素或它们的组合进行调制。数字调制有三种基本形式，即数字调幅（又称移幅键控，记为 ASK）、数字调频（又称移频键控，记为 FSK）、数字调相（又称移相键控，记为 PSK）。

（1）数字调幅，ASK 是用载波的两种不同振幅来代表二进制的码元"0"和"1"，而相位和频率不变，由于二进制只有"0"和"1"两种码元，因此，只需要两种振幅，如可用振幅为零来代表码元 0，用振幅为某一值来代表码元 1，如图 5-3（b）所示。

（2）数字调频，FSK 是用载波频率附近的两种不同频率来代表二进制的码元"0"和"1"，而相位和振幅不变，采用二进制码制时，用一个高频 $f_H = f_0 + \Delta f$ 来表示码元 1，用一个低频 $f_L = f_0 - \Delta f$ 来表示码元 0，如图 5-3（c）所示。在电力系统调度自动化中，用于与载波通道或微波通道相配合的专用调制解调器多采用 FSK 原理。

（3）数字调相，PSK 是用载波的不同相位代表数字基带信号的不同数值，而振幅和频率不变。数字调相分为二元绝对调相和二元相对调相，如用相位为 0 的正弦波代表数码 0，而用相位为 π 的正弦波代表数码 1，如图 5-3（d）所示。

二元相对调相是用相邻两个波形的相位变化量 $\Delta\varphi$ 来代表不同的数码，如 $\Delta\varphi = \pi$ 表示 1，$\Delta\varphi = 0$ 表示 0，如图 5-3（e）所示。

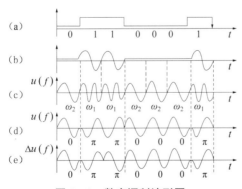

图 5-3　数字调制波形图

（a）数码；（b）调幅波；（c）调频波；（d）二元绝对调相波；（e）二元相对调相波

图 5 – 4 所示为用数字电路开关实现 FSK 调制的原理。两个不同频率的载波信号分别通过这两个数字电路开关，而数字电路开关又由调制的数字信号来控制。当信号为"1"时，开关 1 导通，送出一串高频 f_H 载波信号，而当信号为"0"时，开关 2 导通，送出一串低频 f_L 载波信号。它们在运算放大器的输入端相加，其输出端就得到已调制的信号。

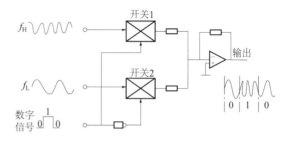

图 5 – 4 用数字电路开关实现 FSK 调制的原理

解调是调制的逆过程。各种不同的调制波要用不同的解调电路。下面以常用的数字调频（FSK）解调方法——零交点检测为例，简单介绍解调原理。

前面已讲过，数字调频以两个不同频率 f_1 和 f_2 分别代表码元"1"和码元"0"。鉴别这两种不同的频率可以采用检查单位时间内调制波（正弦波）与时间轴的零交点数的方法，这就是零交点检测法。图 5 – 5 所示为零交点检测法的原理框图和相应波形图。

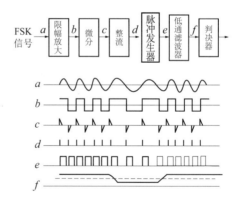

图 5 – 5 零交点检测法原理框图和相应波形图
（a）原理框图；（b）相应波形图

零交点检测法的步骤如下。

（1）放大限幅。首先将图 5 – 5 中的 a 收到的 FSK 信号进行放大限幅，得到矩形脉冲信号 b。

（2）微分电路。对矩形脉冲信号 b 进行微分，即得到正、负两个方向的微分尖脉冲信号 c。

（3）全波整流。将负向尖脉冲整流成为正向脉冲，则输出全部是正向尖脉冲 d。

数字信号的调制与
解调（动画视频）

（4）脉冲发生器。波形 d 中尖脉冲数目（也就是 FSK 信号零交点的数目）的疏密程度反映了输入 FSK 信号的频率差别。脉冲发生器把尖脉冲加以展宽，形成一系列等幅、等宽的矩形脉冲序列 e。

（5）低通滤波器。将矩形脉冲序列 e 包含的高次谐波滤掉，就可得到代表"1""0"两种数码，即与发送端调制之前同样的数字信号 f。

任务二　数据通信的传输方式和传输介质

 教学目标

1. 知识目标

（1）理解串行数据通信及其特点及应用范围。

（2）掌握同步数据传输和异步数据传输的工作方式。

（3）了解全双工、半双工、单工通信的含义及应用。

（4）理解数据通信的差错控制。

（5）掌握数据通信的传输介质。

2. 能力目标

（1）能分析串行、并行数据传输的适用场合。

（2）能分析同步、异步两种数据传输方式。

（3）能根据网线制作工艺要求制作网线。

3. 素质目标

（1）培养规范操作的安全及质量意识。

（2）养成细致、严谨的工作习惯。

（3）提高团队协作与沟通能力。

一、数据通信的传输方式

（一）并行数据通信和串行数据通信

1. 并行数据通信

并行数据通信是指数据的各位同时传送。如图 5 - 6（a）所示，可以字节为单位（8 位数据总线）并行传送，也可以字为单位（16 位数据总线）通过专用或通用的并行接口电路传送，各位数据同时发送同时接收。

并行传输速度快，有时可高达几十、几百兆字节每秒，而且软件和通信规约简单。但是在并行传输系统中，除了需要数据线外，往往还需要一组状态信号线和控制信号线，数据线的根数等于并行传输信号的位数。显然，并行传输需要的传输信号线多、成本高。因此，常用在传输距离短（通常小于 10 m）、要求传输速度高的场合。

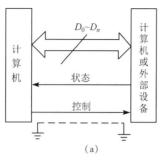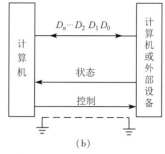

图 5 – 6 并行和串行数据传输示意图

(a) 并行数据通信；(b) 串行数据通信

2. 串行数据通信

串行数据通信是数据一位一位顺序地传送，如图 5 – 6 (b) 所示。显而易见，串行通信数据的各个不同位可以分时使用同一传输线，故其最大的优点是可以节约传输线，特别是当数据位数很多和远距离传送时，这个优点更为明显，不仅可以降低传输线的投资，而且简化了接线。串行通信的缺点是传输速度慢，且通信软件相对复杂，因此适合于远距离的传输，数据串行传输的距离可达数千千米。

在变电站综合自动化系统内部，为了减少连接电缆，降低成本，各种自动装置或继电保护装置与监控系统间常采用串行通信。

（二）异步数据传输和同步数据传输

对于串行通信，目前采用两种传输方式，即异步传输和同步传输。数据通信过程中，各种信息按规定的顺序一个码元一个码元逐位发送，接收端也必须对应地逐位接收，收发两端需达到同步。同步即收发两端的时钟频率相同、相位一致。在实际应用传输方式中有传输双方始终保持同步的同步传输和根据传输需要再同步的异步传输两种方式。

1. 异步数据传输

数据按字（或字节）为单位传送，一个字被封装为一个数据帧，在传送时数据被一帧一帧地传输。每个数据帧由起始位、数据位、奇偶校验位和停止位四部分组成，在停止位和下一起始位之间可以不同步。异步数据传输是指在一帧传输内收发两端维持同步，其他时间可以异步。传输过程中，每一帧首设起始位，建立收发两端同步。同步后，传输实际数据和校验位，在结束传输时设置终止位完成传输并停止同步。前一帧结束到下一帧开始之前，收发两端没有同步要求，时间也不确定，直到收信端再次收到起始位才再次同步传输，异步数据传输如图 5 – 7 所示。传输每帧数据时，都含有起始位、奇偶校验位、停止位，如果数据位数较短，其数据有效比率相比同步数据传输低。但每次传输量小，对定时系统稳定性要求相对较小。异步数据传输可看作被分割成小块的简化的同步数据传输。

2. 同步数据传输

在同步传输中，数据不需添加起始位和终止位，但收发两端必须始终

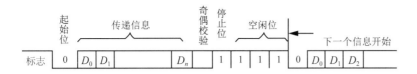

图5-7 异步数据传输方式传送的一个8位字符的示例

保持同步。传输内容以帧为单位，通常含有若干个同步字符，每一帧由同步字符、控制字符、数据字符等部分组成，如图5-8所示。

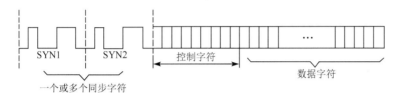

图5-8 同步数据传输示意图

同步字符通常称为SYN，是一种特殊的码元组合，实际应用中可设一个或多个。接收端通过检测收到的数据中的字符与双方约定的同步字符比较成功后，才会把后面接收到的字符加以储存。控制字符、数据字符在同步字符之后，数据字符个数不受限制，由所传输的数据长度决定。

为保证传输中收发两端同步，在无信息传送时，通道上仍需连续传送同步码。由于收发两端每次实现同步后，要完成大量数据传送，对定时系统的精度和稳定性要求比较高，保证同步一次以后，经历相当长的时间，收发两端时序的偏差仍不超过允许值。同步数据传输附加的同步数据字符量不大，因而传输的数据序列中有效数据所占的比例很高。

这里提到的码元，指数据通信中，信息以数字方式传送，开关位置状态、测量值或远动命令等都变成数字代码，转换成相应的物理信号，如电脉冲等，把每个脉冲称为一个码元，再经过适当变换后由信道传输给对方。常用的二进制代码为"0""1"。数据传输速度可以用每秒传输二进制数码的位数来表示，单位为bps或b/s（位/秒）。数据经传输后发生错误的码元数与总传输码元数之比，称为误码率。在电网远动通信中，一般要求误码率应小于10^{-5}数量级。误码率与线路质量、干扰因素等有关。

我国1991年发布的《循环式远动规约》DL 451—1991（简称CDT规约），是采用同步传输方式，同步字符为EB90H。同步字符连续发三个，共占6个字节，按照"低位先发、高位后发，每字的低编号字节先发、高编号字节后发"的原则顺序发送。

二、数据通信的工作方式

数据通信根据收发双方是否同时工作，分成单工、半双工和全双工三种不同的方式，如图5-9所示。

如图5-9（a）所示，通信双方都有发送和接收设备，由一个控制器协调收发两者之间的工作，接收和发送可以同时进行，四条线供数据传输用，故称为全双工。如果对数据信号的表达形式进行适当加工，也可以在同一对线上同时进行收和发两种工作，即线上允许同时进行双向传输，这种方式称为双向全双工。图5-9（b）所示为单工通信组成形式，收和发是固定的，信号传送方向不变。图5-9（c）所示为半双工方式，双方都有接收和发送能力。但是它与全双工不同，它的接收器和发送器不同时工作。平时让设备处于接收状态，以便随时响应对方的呼叫。半双工方式下收和发交替工作，通常用双线实现。三种方式中无论哪一种，数据的发送和接收原理是基本相同的，只是收发控制上有所区别而已。

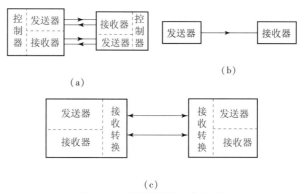

图5-9　数据通信工作方式
（a）全双工；（b）单工；（c）半双工

三、数据通信的差错控制

1. 差错控制的作用

在信息传输过程中常会出现各种干扰，如线路本身电气特性造成的随机噪声、信号幅度的衰减、频率相位的畸变、电信号在线路上产生反射造成的回音效应、相邻线路间的串扰以及各种外界因素（如大气中的闪电、外界强电流磁场的变化、电源的波动等）都会造成信号失真，使所传输的信号码元发生差错，如某位"1"变成了"0"或"0"变成了"1"。这样，接收到的就是错误信号。在一个实用的通信系统中一定要能发现（检测）这种差错，并采取纠正措施，把出错控制在所能允许的尽可能小的范围内，这就是差错控制。

2. 差错检测

差错控制最常用的方法是差错控制编码。要发送的数据称为信息位。在向信道发送之前，先按某种关系加上一定的监督位（这个过程称为差错控制编码），构成一个码字再发送，接收到码字后查看信息位和冗余位，并检查它们之间的关系（检验过程），以发现传输过程是否有差错发生。差错控制编码又可分为检错码和纠错码，前者是指能自动发现差错的编码，后者是指不仅能发现差错而且能自动纠正差错的编码。附加在有效信息后面的监督码又有校验码、冗余码、保护码等名称，它们像铁路乘警保护旅客一样保护着传输信息的安全。

常用的检错方法有以下几个。

1）奇偶校验

奇偶校验即在每帧的每一字节末端附上一个奇或偶校验位（码元），如采用偶校验传送 7 位二进制信息，则在传送的七个信息位后加上一个偶校验位，如前七位中 1 的个数是偶数，则第八位加 0，如前七位中 1 的个数是奇数，则第八位加 1，这样使整个字符代码（共 8 位）中 1 的个数恒为偶数。接收端若检测到某字符代码"1"的个数不是偶数，即可判断为错误码而不予接收。同样的道理，也可采用奇校验位。

该方法实现简单、编码效率高，应用广泛。一般异步传输用偶校验，同步传输用奇校验。

2）纵向冗余校验

纵向冗余校验是改进型的奇偶校验。一帧数据被分解为二维数据组，如数据"0000111 0000110 0000101 0000100 0000011"，将数据分成五行七列矩阵，纵向冗余校验见表 5 – 1，每行采用奇校验，每列也采用奇校验，编码后为"00001110 00001101 00001011 00001000 00000111 11111000"。此方法相对单一奇偶校验法的误码率减少两个数量级。假设第一行第二位和第五位出错，横向校验失败，纵向第二列、第四列则可查出有错。但如果第一行第二位和第五位出错，同时另有一行第 2 位和第 5 位同时出错，则纵向校验也无法查出。

表 5 – 1　纵向冗余校验

序号	原信息码							横奇校验
1	0	0	0	0	1	1	1	0
2	0	0	0	0	1	1	0	1
3	0	0	0	0	1	0	1	1
4	0	0	0	0	1	0	0	0
5	0	0	0	0	0	1	1	1
6	1	1	1	1	1	0	0	0

3）循环冗余校验

在实际远动通信中，常使用循环冗余校验（Cyclic Redundancy Check，CRC）方法，它是对一个数据块进行校验，对随机或突发差错造成的帧破坏有很好的校验效果。

其原理为在 k 位信息码后再拼接 r 位校验码，整个编码长度为 $n = k + r$ 位，因此这种编码又叫（n，k）码。

k 位二进制数可表示为 $k - 1$ 阶多项式，设一个八位二进制数可用七阶多项式表示，即 $A_7x^7 + A_6x^6 + A_5x^5 + A_4x^4 + A_3x^3 + A_2x^2 + A_1x^1 + A_0x^0$。例如，11000101 可表示为 $A(x) = 1 \times x^7 + 1 \times x^6 + 0 \times x^5 + 0 \times x^4 + 0 \times x^3 + 1 \times x^2 + 0 \times x^1 + 1 \times x^0 = x^7 + x^6 + x^2 + 1$。通过最高次幂为 $r = n - k$ 的生成多

项式 $G(x)$ 产生 CRC 码，其步骤如下。

（1）将 x 的最高幂次为 r 的生成多项式 $G(x)$ 转换成对应的 $r+1$ 位二进制数。

（2）将信息码左移 r 位，相当于对应的信息多项式 $C(x) \times 2r$。

（3）用生成多项式（二进制数）对信息码做模 2 除（无借位的二进制除法），得到 r 位的余数。

（4）将余数拼到信息码左移后空出的位置，得到完整的 CRC 码。

生成多项式是收信端和发信端的一个约定，也是一个二进制数，在整个传输过程中，这个数始终保持不变。在发信端利用生成多项式对信息多项式做模 2 除，生成校验码，在收信端利用生成多项式对收到的编码多项式做模 2 除检测和确定错误位置，所以生成多项式应满足以下条件。

（1）生成多项式的最高位和最低位必须为 1。

（2）当传送信息（CRC 码）任何一位发生错误时，生成多项式做模 2 除后应该使余数不为 0。

（3）不同位发生信息错误，应该使余数不同。

（4）对余数继续做模 2 除，应使余数循环。

在数据通信与网络中，通常 k 相当大，由一千甚至数千数据位构成一帧，而后采用 CRC 码产生 r 位的校验位，它只能检测出错误，而不能纠正错误。一般情况下，r 位生成多项式产生的 CRC 码可检测出所有的双错、奇数位数、突发长度小于或等于 r 的突发错和突发长度大于或等于 $r+1$ 的突发错。例如，对 $r=16$ 的情况，能检测出所有突发长度小于 17 的突发错。突发错是指几乎是连续发生的一串错，突发长度是指从出错的第一位到出错的最后一位的长度（但是，中间并不一定每一位都错）。部颁远动规约规定：采用（48，40）CRC 码，生成多项式为 $G(x) = x^8 + x^2 + x + 1$。

3. 差错控制方式

差错控制方式基本上分为反馈纠错、前向纠错和混合纠错。

（1）反馈纠错。这种方式是在发信端采用某种能发现一定程度传输差错的简单编码方法对所传信息进行编码，加入少量监督码元，在收信端则根据编码规则将收到的编码信号进行检查，只要检测出有错码，即向发信端发出询问的信号，要求重发，发信端收到询问信号，立即重发已发生传输差错的那部分信息，直到正确收到为止。检测差错是指在若干接收码元中知道有一个或一些是错的，但不一定确定错误的准确位置。

（2）前向纠错。这种方式是在发信端采用某种在解码时能纠正一定程度传输差错的较复杂的编码方法，使收信端在收到信息时不仅能发现错码，还能纠正错码。采用前向纠错方式时，不需要反馈信道，也无须反复重发而延误传输时间，对实时传输有利，但是纠错设备比较复杂。

（3）混合纠错。混合纠错的方式是指少量差错在收信端自动纠正，差错较严重，超出自行纠正能力时，就向发信端发出询问信号，要求重发。因此，混合纠错是前向纠错及反馈纠错两种方式的混合。

对于不同类型的信道，应采用不同的差错控制方式；否则将事倍功半。

反馈纠错可用于双向数据通信，前向纠错则用于单向数字信号的传输。

四、数据远传信息通道

电力系统远动通信的信道类型较多，可简单地分为有线信道和无线信道两大类。明线、电缆、电力线载波和光纤通信等都属于有线信道，而短波、散射、微波中继和卫星通信等都属于无线信道。

1. 电缆信道

这是采用架空或敷设线路实现的一种通信方式，其特点是线路敷设简单、线路衰耗大、易受干扰，主要用于近距离的变电站之间或变电站与调度或监控中心的远动通信。常用的电缆有多芯电缆、同轴电缆等类型。

2. 电力线载波信道

采用电力线载波方式实现电力系统内话音和数据通信是最早采用的一种通信方式。一个电话话路的频率范围为 0.3 ~ 3.4 kHz，为了使电话与远动数据复用，通常将 0.3 ~ 2.5 kHz 划归电话使用，2.7 ~ 3.4 kHz 划归远动数据使用。远动数据采用数字脉冲信号，故在送入载波机之前应将数字脉冲信号调制成 2.7 ~ 3.4 kHz 的信号，载波机将话音信号与该已调制的 2.7 ~ 3.4 kHz 信号叠加成一个音频信号，再经调制、放大耦合到高压输电线路上。在接收端，载波信号先经载波机解调出音频信号，并分离出远动数据信号，经解调得到远动数据的脉冲信号，如图 5-10 所示。

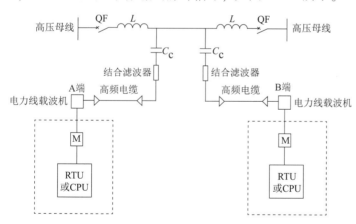

图 5-10 电力线载波信道的信息传输

3. 微波中继信道

微波中继信道简称微波信道。微波是指频率为 300 MHz ~ 300 GHz 的无线电波，它具有直线传播的特性，其绕射能力弱。由于地球是一球体，因此微波的直线传输距离受到限制，需经过中继方式完成远距离的传输。在平原地区，一个 50 m 高的微波天线通信距离地球为 50 km 左右，因此远距离微波通信需要多个中继站的中继才能完成，如图 5-11 所示。

微波信道的优点是容量大，可同时传送几百乃至几千路信号，其发射功率小，性能稳定。微波信道有模拟微波信道和数字微波信道之分。用微波传送远动信息时，对于模拟微波信道，需要经过调制、载波后才能上信道，接收端也需经过载波和解调才能获得信息。对于数字微波信号，远动数据信号需经复接设备才能上、下微波信道。

图 5-11　微波中继信道形式

4. 卫星信道

卫星通信是利用位于同步轨道的通信卫星作为中继站来转发或反射无线电信号，在两个或多个地面站之间进行通信。和微波通信相比，卫星通信的优点是不受地形和距离的限制，通信容量大，不受大气层扰动的影响，通信可靠。凡在需要通信的地方，只要设立一个卫星通信地面站，便可以利用卫星进行转接通信。

一般来说，地面通信线路的成本随着距离的增加而提高，而卫星通信与距离无关。这就使得长距离干线或幅员辽阔的地区采用卫星通信较合适。要想采用卫星通信方式，必须租用或拥有一个星上应答器，并具有必要的上行和下行联络设备。国外一些电力公司已成功采用了卫星通信为 SCADA 服务。由于卫星在同步轨道的超高空上，报文来回一次的时间约为 250 ms，传输延迟大，因此不能用于响应速度要求很快的场合，如继电保护等。

5. 光纤信道

光纤通信就是以光波为载体、以光导纤维作为传输介质，将信号从一处传输到另一处的一种通信手段。图 5-12 所示为典型的光纤组成，芯材由填充材料包裹，形成光纤。

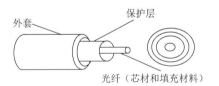

图 5-12　典型的光纤组成

随着光纤通信技术的发展，光纤通信在变电站作为一种主要的通信方式已得到越来越广泛的应用。其特点如下：①光纤通信优于其他通信系统的一个显著特点是它具有很好的抗电磁干扰能力；②光纤的通信容量大、功能价格比高；③安装维护简单；④光纤是非导体，可以很容易地与导线捆在一起敷设于地下管道内，也可固定在不导电的导体上，如电力线架空地线复合光纤；⑤变电站还可以采用与电力线同杆架设的自承式光缆。

光纤通信是用光导纤维作为传输介质，形式上是采用有线通信方式，而实质上系统是采用光波的通信方式，波长为纳米波。目前，光纤通信系统是采用简单的直接检波系统，即在发送端直接把信号调制在光波上（将信号的变化变为光频强度的变化），通过光纤传送到接收端。接收端直接用光电检波管将光频强度的变化转变为电信号的变化。

光纤通信系统主要由电端机、光端机和光导纤维等组成。图 5 – 13 所示为单方向通道的光纤通信系统。

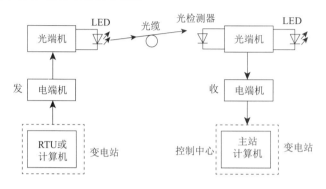

图 5 – 13　单方向通道的光纤通信系统

发送端的电端机对来自信源的模拟信号进行 A/D 变换，将各种低速率数字信号复接成一个高速率的电信号进入光端机的发送端。光纤通信的光发射机俗称光端机，实质上是一个电光调制器，它用脉冲编码调制（PCM）电端机发送数字脉冲信号驱动电源（如图中发光二极管 LED），发出被 PCM 电信号调制的光信号脉冲，并把该信号耦合进光纤送到对方。远方的光接收机（也称光端机）装有检测器（一般是半导体雪崩二极管 APD 或光电二极管 PIN），把光信号转换为电信号经放大和整形处理后，再送至 PCM 接收端机还原成发送端信号。远动和数据信号通过光纤通信进行传输是将远动装置或计算机系统输出的数字信号送入 PCM 终端机。因此，PCM 终端机实际上是光纤通信系统与 RTU 或计算机的外部接口。

光纤通信的设计内容主要包括：光纤线路和光缆的选择，调制方式、线路码型的选择，光纤路由的选择，光源和光检测器的选择以及系统接口。

6. 电力系统特种光缆的种类

（1）光纤复合地线（OPGW）。又称地线复合光缆、光纤架空地线等，是在电力传输线路的地线中含有供通信用的光纤单元。它具有两种功能：一是作为输电线路的防雷线，对输电导线抗雷闪放电提供屏蔽保护；二是通过复合在地线中的光纤来传输信息。OPGW 是架空地线和光缆的复合体，但并不是它们之间的简单相加。

OPGW 光缆主要在 500 kV、220 kV、110 kV 电压等级线路上使用，受线路停电、安全等因素影响，多在新建线路上应用。OPGW 的适用特点是：①高压超过 110 kV 的线路，档距较大；②易于维护，对于线路跨越问题易解决，其机械特性可满足线路大跨越要求；③OPGW 外层为金属铠装，对高压电蚀及降解无影响；④OPGW 在施工时必须停电，停电损失较大，所以在新建 110 kV 以上高压线路中使用；⑤OPGW 的性能指标中，短路电流越大，需要用良导体做铠装，则相应降低了抗拉强度，而在抗拉强度一定的情况下，要提高短路电流容量，只有增大金属截面积，从而导致缆径和缆重增加，这样就对线路杆塔强度提出了安全要求。

（2）光纤复合相线（OPPC）。在电网中，有些线路可不设架空地线，但相线是必不可少的，为了满足光纤联网的要求，与 OPGW 技术相类似，在传统的相线结构中以合适的方法加入光纤，就成为光纤复合相线。虽然它们的结构雷同，但从设计到安装及运行，OPPC 与 OPGW 有原则的区别。

（3）金属自承光缆（MASS）。金属绞线通常用镀锌钢线，因此结构简单，价格低廉。MASS 作为自承光缆应用时，主要考虑强度和弧垂以及与相邻导/地线和对地的安全间距。它不必像 OPGW 要考虑短路电流和热容量，也不需要像 OPPC 那样要考虑绝缘、载流量和阻抗，其外层金属绞线的作用仅是容纳和保护光纤。

（4）全介质自承光缆（ADSS）。它在 22kV、110 kV、35 kV 电压等级输电线路上广泛使用，特别是在已建线路上使用较多。它能满足电力输电线跨度大、垂度大的要求。标准的 ADSS 设计可达 144 芯。其特点是：①ADSS 内光纤张力理论值为零；②ADSS 光缆为全绝缘结构，安装及线路维护时可带电作业，这样可大大减少停电损失；③ADSS 的伸缩率在温差很大的范围内可保持不变，而且其在极限温度下具有稳定的光学特性；④ADSS 光缆直径小、质量轻，可以减少冰和风对光缆的影响，其对杆塔强度的影响也很小。

（5）附加型光缆（OPAC）。这是无金属捆绑式架空光缆和无金属缠绕式光缆的统称，是在电力线路上建设光纤通信网络的一种既经济又快捷的方式。用自动捆绑机和缠绕机将光缆捆绑和缠绕在地线或相线上，其共同的优点是：光缆质量轻、造价低、安装迅速，在地线或 10 kV/35 kV 相线上可不停电安装；共同的缺点是：由于都采用了有机合成材料做外护套，因此都不能承受线路短路时相线或地线上产生的高温，都有外护套材料老化问题，施工时都需要专用机械，在施工作业性、安全性等方面问题较多，而且极容易受到外界损害，如鸟害、枪击等，因此在电力系统中都未能得到广泛的应用。

目前，在我国应用较多的电力特种光缆主要有 ADSS 和 OPGW。

五、网线的制作与测试

1. 双绞线

在局域网中，常见的网线主要有双绞线、同轴电缆、光缆三种。其中双绞线按照是否有屏蔽层又可分为屏蔽双绞线（STP）和非屏蔽双绞线（UTP）。STP 线缆抗干扰性较好，但由于价格较贵，因此采用的不是很多。目前布线系统规范通常建议采用 UTP 线缆进行水平布线，而将光纤用作主干线缆，同轴电缆已经不再推荐使用。

UTP 线缆内部由四对线组成，每对线由相互绝缘的铜线拧绞而成，拧绞的目的是为了减少电磁干扰，双绞线的名称即源于此。每根线的绝缘层都有颜色。一般来说，其颜色排列可能有以下两种情况。

第一种情况是由四根白色的线分别和一根橙色、一根绿色、一根蓝色、一根棕色的线相间组成，通常把与橙色相绞的那根白色的线称为白橙色线，与绿色线相绞的白色线称为白绿色线，与蓝色相绞的那根白色线称为白蓝色线，与棕色相绞的白色线称为白棕色线。

第二种情况是由八根不同颜色的线组成，其颜色分别为白橙（由一段白色与一段橙色相间而成）、橙、白绿、绿、白棕、综、白蓝、蓝。

注意：由于双绞线内部的线对均已经在技术上按照抗干扰性能进行了相应的设计，所以使用者切不可将两两相绞线对的顺序打乱，如将白绿色线误作为白棕色线或其他线等。

2. 制作双绞线的工具和材料准备

（1）网线 1 ~ 2 m（见图 5 – 14）。

（2）RJ45 水晶头若干（见图 5 – 15）。

（3）剥线钳一把（见图 5 – 16）。

（4）网线测试仪一只（见图 5 – 17）。

图 5 – 14　超五类网线

图 5 – 15　RJ45 水晶头

图 5 – 16　剥线钳

图 5 – 17　测试仪

3. 三种 UTP 线缆的作用及线序排列

（1）直连线。直连线用于将计算机连入 Hub 或交换机的以太网口，或在结构化布线中由配线架连到 Hub 或交换机等。表 5 - 2 给出了根据 EIA/TIA 568 - B 标准的直连线线序排列说明。EIA/TI A568 - B 标准有时被称为端接 B 标准。

表 5 - 2　直连线线序排列

端 1	白橙	橙	白绿	蓝	白蓝	绿	白棕	棕
端 2	白橙	橙	白绿	蓝	白蓝	绿	白棕	棕

（2）交叉线。交叉线用于将计算机与计算机直接相连、交换机与交换机直接相连，也被用于将计算机直接接入路由器的以太网口。表 5 - 3 给出了 EIA/TIA 568 - B 标准的交叉线线序排列。

表 5 - 3　交叉线线序排列

端 1	白橙	橙	白绿	蓝	白蓝	绿	白棕	棕
端 2	白绿	绿	白橙	蓝	白蓝	橙	白棕	棕

（3）反转线。反转线用于将计算机连到交换机或路由器的控制端口，在这个连接场合计算机所起的作用相当于它是交换机或路由器的超级终端。表 5 - 4 给出了 EIA/TIA 568 - B 标准的反转线线序排列。

表 5 - 4　反转线线序排列

端 1	白橙	橙	白绿	蓝	白蓝	绿	白棕	棕
端 2	棕	白棕	绿	白蓝	蓝	白绿	橙	白橙

4. 线缆接校及制作

1）制作直连线

（1）取适当长度的 UTP 线缆一段，用剥线钳在线缆的一端剥出一定长度的线缆。

（2）用手将四对绞在一起的线缆按白橙、橙、白绿、绿、白蓝、蓝、白棕、棕的顺序拆分开来，并小心地拉直。注意：切不可用力过大，以免扯断线缆。

（3）按表 5 - 2 端 1 的顺序调整线缆的颜色顺序，即交换蓝线与绿线的位置。

（4）将线缆整平直并剪齐，确保平直线缆的最大长度不超过 1.2 cm。

（5）将线缆放入 RJ45 插头，在放置过程中注意 RJ45 插头的把子朝上，并保持线缆的颜色顺序不变。

（6）检查已放入 RJ45 插头的线缆颜色顺序，并确保线缆的末端已位于 RJ45 插头的顶端。

（7）确认无误后，用压线工具用力压制 RJ45 插头，以使 RJ45 插头内部的金属薄片能穿破线缆的绝缘层。

（8）重复步骤（1）～（7）制作线缆的另一端，直至完成直连线的制作。

（9）用网线测试仪测线，若两组 1、2、3 至 7、8 指示灯依次同时亮起，表示直通线制作成功。图 5-18 所示为网线测试仪指示灯示意图。

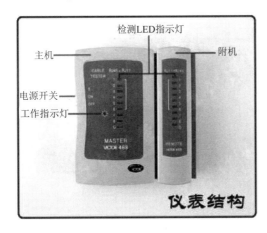

图 5-18　某网线测试仪指示灯示意图

2）制作交叉线

（1）按照"制作直连线"中的步骤（1）～（7）制作线缆的一端。

（2）用剥线工具在线缆的另一端剥出一定长度的线缆。

（3）用手将四对绞在一起的线缆按白绿、绿、白橙、橙、白蓝、蓝、白棕、棕的顺序拆分开来并小心地拉直。

（4）按表 5-3 端 2 的顺序调整线缆的颜色顺序，也就是交换橙线与蓝线的位置。

（5）将线缆整平直并剪齐，确保平直线缆的最大长度不超过 1.2 cm。

（6）将线缆放入 RJ45 插头，在放置过程中注意 RJ45 插头的把子朝下，并保持线缆的颜色顺序不变。

（7）检查已放入 RJ45 插头的线缆颜色顺序，并确保线缆的末端已位于 RJ45 插头的顶端。

（8）确认无误后，用压线工具用力压制 RJ45 插头，以使 RJ45 插头内部的金属薄片穿破线缆的绝缘层，直至完成交叉线的制作。

（9）网线测试仪测线，若一组 1、2、3、4、5、6、7、8 指示灯亮，另一组 3、6、1、4、5、2、7、8 指示灯亮，表示交叉线制作成功。

3）制作反转线

（1）按"制作直连线"的步骤（1）～（7）制作线缆的一端。

（2）用剥线工具在线缆的另一端剥出一定长度的线缆。

（3）用手将四对绞在一起的线缆按白橙、橙、白绿、绿、白蓝、蓝、白棕、棕的顺序拆分开来并小心地拉直，然后交换绿线与蓝线的位置。

（4）将线缆整平直并剪齐，确保平直线缆的最大长度不超过 1.2 cm。

（5）将线缆放入 RJ45 插头，在放置过程中注意 R45 插头的把子朝上，并保持线缆的颜色顺序不变。

（6）翻转 RJ45 插头方向，使其把子朝上，检查已放入 RJ45 插头的线缆颜色顺序是否和表 5-4 中的端 2 颜色顺序一致，并确保线缆的末端已位于 RJ45 插头的顶端。

（7）确认无误后，用压线工具用力压制 RJ45 插头，以使 RJ45 插头内部的金属薄片能穿破线缆的绝缘层，直至完成反转线的制作。

（8）用网线测试仪检查已制作完成的网线，确认其达到反转线线缆的合格要求；否则按测试仪提示重新制作线缆。

任务三　数据通信接口

 教学目标

1. 知识目标

（1）掌握 RS-232 接口的功能特性、规约特性、机械特性、电气特性及应用范围。

（2）掌握 RS-485 接口的特性及应用范围。

2. 能力目标

（1）能正确使用 RS-232 接口。

（2）能正确使用 RS-485 接口。

3. 素质目标

（1）养成善于观察的习惯。

（2）具备分析问题与解决问题的能力。

（3）提高团队协作与沟通能力。

在变电站综合自动化系统中，特别是微机保护、自动装置与监控系统相互通信电路中，主要是使用串行通信。串行通信主要是指数据终端设备（DTE）和数据传输设备（DCE）之间的通信。在设计串行通信接口时，主要考虑的问题是串行标准通信接口、传输介质、电平转换等问题。这里的数据终端设备（DTE）一般可认为是 RTU、计量表、图像设备、计算机等。数据传输设备（DCE）一般指可直接发送和接收数据的通信设备，调制解调器就是 DCE 的一种。DTE 和 DCE 之间传输信息时，必须有协调的接口。本书主要介绍 RS-232D 和 RS-485 的机械、电气、功能和控制特性标准。

一、物理接口标准 RS-232D 简介

RS-232D 是美国电子工业协会（Electronic Industries Association，EIA）制定的物理接口标准，也是目前数据通信与网络中应用最广泛的一

种标准。它的前身是 EIA 在 1969 年制定的 RS－232C 标准。RS 是 Recommend Standard（推荐标准）的英文缩写，232 是该标准的标识符，RS－232C是 RS－232 标准的第三版。RS－232C 标准接口是在终端设备和数据传输设备间，以串行二进制数据交换方式传输数据最常用的接口。经 1987 年 1 月修改后，定名为 EIA－RS－232D。由于两者相差不大，因此 RS－232D 与 RS－232C 在物理接口标准中基本成为等同的接口标准，人们经常称它们为 RS－232 标准。

RS－232D 标准给出了接口的电气和机械特性及每个针脚的作用，如图 5－19 所示。RS－232D 标准把调制解调器作为一般的数据传输设备（DCE）看待，把计算机或终端作为数据终端设备（DTE）看待。图 5－19（a）所示为电话网上的数据通信；常用的大部分数据线、控制线如图 5－19（b）所示；图 5－19（c）给出了 DB－25 型连接器。

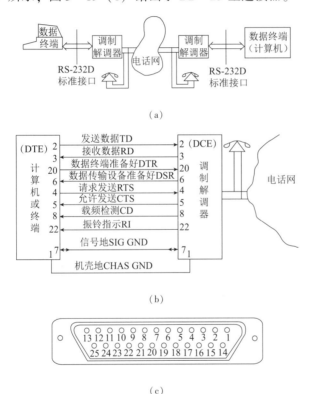

（a）

（b）

（c）

图 5－19 RS－232D 接口标准

（a）在电话网上的数据通信；（b）RS－232D 标准接口的数据线和控制线；（c）DB－25 型连接器

二、RS－232D 接口标准的内容

该标准的内容有功能、规约、机械、电气四个方面的规范。

1. 功能特性

功能特性规定了接口连接的各数据线的功能。将数据线、控制线分成四组，更容易理解其功能特性。

（1）数据线。TD（发送数据）——DCE 向电话网发送的数据；RD

（接收数据）——DCE 从电话网接收的数据。

（2）设备准备好线。DTR（数据终端准备好）——表明 DTE 准备好；DSR（数据传输设备准备好）——表明 DCE 准备好。

（3）半双工联络线。RTS（请求发送）——表示 DTE 请求发送数据；CTS（允许发送）——表示 DCE 可供终端发送数据。

（4）电话信号和载波状态线。CD（载波检测）——DCE 用来通知终端，收到电话网上载波信号，表示接收器准备好；RI（振铃指示）——收到呼叫，自动应答 DCE，用以指示来自电话网上的振铃信号。

2. 规约特性

RS–232D 规约特性规定了 DTE 与 DCE 之间控制信号与数据信号的发送时序、应答关系与操作过程。

3. 机械特性

在机械特性方面，RS–232D 规定了用一个 25 根插针（DB–25）的标准连接器，一台具有 RS–232 标准接口的计算机应当在针脚 2 上发送数据，在针脚 3 上接收数据。有时还会在 DB–25 型连接器上看到字母 P 或 S 的字样，这表示连接器是凸形的 P 还是凹形的 S。通常在 DCE 上应当采用凹形 DB–25 型连接器插头，而在 DTE（计算机）上应当采用凸形 DB–25 型连接器，从而保证符合 RS–232D 标准的接口在国际上是通用的。

由于 EIA–232 并未定义连接器的物理特性，因此出现了 DB–25 型和 DB–9 型（见图 5–20）两种连接器，其引脚的定义各不相同，使用时要小心。DB–25 型连接器虽然定义了 25 根信号，但实际异步通信时，只需九个信号，即两个数据信号、六个控制信号和一个信号地线。故目前电力现场常常采用 DB–9 型连接器作为两个串行口的连接器。

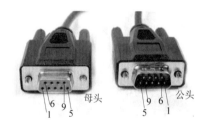
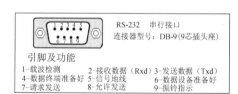

（a）   （b）

图 5–20　EIA–232 标准 DB–9 型连接器外形及引脚分配

（a）外形；（b）引脚分配

4. 电气特性

RS–232D 标准接口电路采用非平衡型。每个信号用一根导线，所有信号回路公用一根地线。信号速率在 20 Kb/s 之内，电缆长度在 15 m 之内。由于是单线，线间干扰较大，其电性能用 ±12 V 标准脉冲。值得注意的是，RS–232D 采用负逻辑。

在数据线上：Mark（传号）= –5 ~ –15 V，逻辑"1"电平。

Space（空号）= +5 ~ +15 V，逻辑"0"电平。

在控制线上：On（通）= +5 ~ +15 V，逻辑"0"电平。

Off（断）= −5 ~ −15 V，逻辑"1"电平。

三、RS−232 串口通信的连接方法

RS−232 简单的连接方法常用三线制接法，即地、接收数据、发送数据三线互连。因为串口传输数据只要有接收数据引脚和发送数据引脚就能实现，如表 5−5 所示。

表 5−5　串行连接方法表

连接器型号	9 针 −9 针		25 针 −25 针		9 针 −25 针	
引脚编号	2	3	3	2	2	2
	3	2	2	3	3	3
	5	5	7	7	5	7

连接的原则：接收数据引脚（或线）与发送数据引脚（或线）相连，彼此交叉，信号地对应连接。

四、物理接口标准 RS−485

在许多工业环境中，要求用最少的信号线完成通信任务，目前广泛应用的 RS−485 串行接口正是在这种背景下产生的。

RS−485 适用于多个点之间共用一对线路进行总线式联网，用于多站互联非常方便，在点对点远程通信时，其电气连接如图 5−21 所示。在 RS−485 互联中，某一时刻两个站中，只有一个站可以发送数据，而另一个站只能接收数据，因此其通信只能是半双工的，且其发送电路必须由使能端加以控制。当发送使能端为高电平时，发送器可以发送数据，为低电平时，发送器的两个输出端都呈现高阻态，此节点就从总线上脱离，好像断开一样。

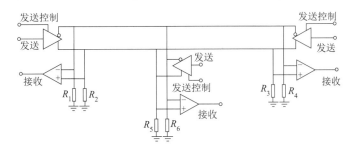

图 5−21　RS−485 电气连接

RS−485 的使用，可节约昂贵的信号线，同时可高速远距离传送。其最大传输距离约为 1 219 m，最大传输速率为 10 Mb/s。平衡双绞线的长度与传输速率成反比，在 100 Kb/s 速率以下，才可能使用规定最长的电缆长度。只有在很短的距离下才能获得最高速率传输。一般 100 m 长双绞线最大传输速率仅为 1Mb/s。

任务四　数据通信规约

 教学目标

1. 知识目标

（1）掌握循环式远动规约的特点及应用范围。

（2）掌握问答式远动规约的特点及应用范围。

（3）掌握帧的结构和帧的组织方式。

2. 能力目标

（1）能说明不同规约的配置原则。

（2）能分析不同规约的体系结构。

3. 素质目标

（1）具有对相关专业文件的理解能力。

（2）养成细致、严谨的工作习惯。

（3）提高团队协作与沟通能力。

变电站综合自动化系统中，为了保证通信双方能有效、可靠地传输信息，必须有一套关于信息传输的顺序、信息格式和信息内容等约定，这种约定常称为"通信规约"，以约束双方进行正确、协调地工作。

通信规约包括数据编码、传输控制字符、传输报文格式、呼叫应答方式、差错控制方式、通信方式（单工、半双工、全双工）、同步方式（同步或异步）、传输速率等。变电站综合自动化系统中，必须选同一套通信规约，用于约束通信双方。

目前，许多国际组织和权威机构都在积极进行关于变电站自动化的标准化工作。我国调度自动化系统中常用两类规约：①循环式远动规约；②问答式远动规约。

一、循环式远动规约（CDT）

该规约规定了电网数据采集与监控系统中循环式远动规约的功能、帧结构、信息字结构和传输规则等，适用于点对点的远动通道结构及以循环字节同步方式传送远动信息的远动设备与系统，也适用于调度所间以循环式远动规约转发实时远动信息的系统。CDT方式的主要缺点是完全不了解调度端的接收情况和要求，只适用于点对点通道结构，对总线型或环型通道，循环传输就不适用了。

该规约规定了主站和子站间可进行遥信、遥测、事件顺序记录（SOE）、电能脉冲计数值、遥控命令、设定命令、对时、广播命令、复归命令、子站工作状态等信息的传送。

1. 帧与帧结构

按 1991 年 11 月原部颁的《循环式远动规约》(DL 451—1991) 要求，远动信息的帧结构如图 5-22 所示，由同步字开头，有控制字，除少数帧之外还应有信息字，同步字、控制字和信息字都由 48 位二进制组成。

| 同步字 | 控制字 | 信息字 1 | … | 信息字 n | 同步字 | … |

图 5-22 循环式远动规约的帧格式

(1) 同步字。同步字用以同步各帧，CDT 规定同步字为 3 组 EB90H，同步字连续发三个，共占 6 个字节，即三组 1110B、1011B、1001B、0000B。按上述发码规则，为了保证通道中传送的顺序，写入串行通信接口的同步字排列格式是三组 D709H。

(2) 控制字。控制字的结构如图 5-23 (a) 所示，共由六个字节组成，是对本帧信息的说明。

控制字节	B_7 字节
帧类别	B_8 字节
信息字数 n	B_9 字节
源站址	B_{10} 字节
目的站址	B_{11} 字节
校验码	B_{12} 字节

E	L	S	D	0	0	0	1

(a)　　　　　　　　　　(b)

图 5-23 控制字和控制字节的组成

(a) 控制字的组成；(b) 控制字节的组成

①控制字节。控制字节的结构如图 5-23 (b) 所示，扩展位 E=0，表示使用本规约定义的帧类别，E=1 表示帧类别另行定义；帧长定义位 L=0，表示本帧信息字数 n 为 0，L=1 表示有信息字，且信息字个数为控制字中"信息字数 n"的值；源站址定义位 S 和目的站址定义位 D 不可同时为 0，在上行信息中，S=1 表示控制字中源站址字节内容是子站号，D=1 表示控制字中目的站址字节内容是主站号；在下行信息中，S=1 表示源站址字节内容即为主站号，D=1 表示目的站址字节内容为信息到达站号，D=0 表示目的站址字节内容为 FFH，即代表广播命令，所有子站同时接收并执行此命令。

②帧类别。规约定义了各种帧类别代码及其含义。例如，用代码 61H 表示上行是送重要遥测，下行是送遥控；选择命令用代码 F4H 表示上行送遥测状态，下行送升降选择状态。帧类别代码及其含义见表 5-6。

表 5 – 6   帧类别代码及其含义

帧类别代码	含义		帧类别代码	含义	
	上行 E = 0	下行 E = 0		上行 E = 0	下行 E = 0
61H	重要遥测（A 帧）	遥控选择	57H		设置命令
C2H	次要遥测（B 帧）	遥控执行	7AH		设置时钟
B3H	一般遥测（C 帧）	遥控撤销	0BH		设置时钟校正值
F4H	遥测状态（D1 帧）	升降选择	4CH		召唤子站时钟
85H	电能脉冲计数值（D2 帧）	升降执行	3DH		复归命令
26H	时间顺序记录（E 帧）	升降撤销	9EH		广播命令

③校验码。循环式远动规约规定采用 CRC 校验。控制字和信息字都是 $(n, k) = (48, 40)$ 码，采用循环冗余校验，生成多项式 $G(x) = x^8 + x^2 + x + 1$。

（3）信息字。信息字的格式如图 5 – 24 所示，每个信息字由六个字节组成。其中，第一个字节是功能码字节，第 2 ~ 5 个字节是信息数据字节，第 6 个字节是校验码字节。

功能码	信息数据	校验码

图 5 – 24   信息字的结构

功能码字节的八位二进制可以取 256 种不同的值，对不同的信息字其功能码的取值范围不同。例如，00 ~ 7FH，共 128 个字，用于遥测，占 16 个信息位数，最多可定义 256 个遥测量；F0 ~ FFH，共 16 个字，用于遥信，因一个遥信状态用 1 位表示，所以最多可送到 512 个遥信。功能码及其字数、用途、信息位数见表 5 – 7。

表 5 – 7   功能码及其字数、用途、信息位数

功能码	字数	用途	信息位数	功能码	字数	用途	信息位数
00H ~ 7FH	128	遥测	16	E3H	1	遥控撤销（下行）	32
80H ~ 81H	2	事件顺序记录	64	E4H	1	升降选择（下行）	32
82H ~ 83H		备用		E5H	1	升降返校	32
84H ~ 85H	2	子站时钟返送	64	E6H	1	升降执行（下行）	32
86H ~ 89H	4	总加遥测	16	E7H	1	升降撤销（下行）	32
8AH	1	频率	16	E8H	1	设置命令（下行）	32
8BH	1	复归命令（下行）	16	E9H	1	备用	
8CH	1	广播命令（下行）	16	EAH	1	备用	

功能码	字数	用途	信息位数	功能码	字数	用途	信息位数
8DH~92H	6	水位	24	EBH	1	备用	
A0H~DFH	64	电能脉冲计数值	32	ECH	1	子站状态信息（下行）	8
E0H	1	遥控选择（下行）	32	EDH	1	设置时针校正值（下行）	32
E1H	1	遥控返校	32	EEH~EFH	2	设置时钟	64
E2H	1	遥控执行（下行）	32	F0H~FFH	16	遥信	32

信息字可以分为上行信息字和下行信息字。从表 5 – 7 中可以看出，上行信息字包括遥测、总加遥测、电能脉冲计数值、时间顺序记录、水位、频率、子站时钟返送和子站状态信息等。下行信息字包括遥控命令、升降命令、设定命令、复归命令、广播命令、设置时钟命令和设置时钟校正值命令等。不同的信息字除功能码取值范围不同外，信息字中第 2~5 字节（信息数据字节）的各位含义不一样。这里仅以遥测信息字和遥信信息字为例进行说明。

遥测信息字的格式如图 5 – 25 所示。它们的功能码取值范围是 00H~7FH，每个遥测信息字传送两路遥测量，所以遥测的最大容量为 256 路。图 5 – 25 中 $b_{11} \sim b_0$ 传送一路遥测量的值，以二进制码表示。其中 b_{11} 表示遥测量的符号位，b_{11} 取 0 时遥测量为正；b_{11} 取 1 时遥测量为负，其值为二进制补码。$b_{14} = 1$ 表示溢出，$b_{15} = 1$ 表示数无效。

项目	功能表（00H~7FH）	B_n 字节
遥测 i	$b_7 \cdots b_0$	B_{n+1}
	$b_{15} \cdots b_8$	B_{n+2}
遥测 $i+1$	$b_7 \cdots b_0$	B_{n+3}
	$b_{15} \cdots b_8$	B_{n+4}
	校验码	B_{n+5}

遥测信息字格式说明：
（1）每个信息字传送两路遥测量；
（2）$b_{11} \sim b_0$ 传送一路模拟量，以二进制码表示，$b_{11} = 0$ 时为正数，$b_{11} = 1$ 时为负数，以 2 的补码表示负数；
（3）$b_{14} = 1$ 表示溢出，$b_{15} = 1$ 时表示数无效

图 5 – 25　遥测信息字格式

遥信信息字的格式如图 5 – 26 所示。它们的功能码取值范围是 F0H~FFH，每个遥信信息字传送两个遥信字。一个遥信字包含 16 个状态位，所以遥信的最大容量为 512 路。当遥信信息字中的状态位 $b_i = 0$ 时，表示断路器或隔离开关状态为断开、继电保护未动作；$b_i = 1$ 表示断路器或隔离开关状态为闭合、继电保护动作。

项目	功能表（F0H~FFH）	B_n 字节
遥信字 i	$b_7 \cdots b_0$	B_{n+1}
	$b_{15} \cdots b_8$	B_{n+2}
遥信字 $i+1$	$b_7 \cdots b_0$	B_{n+3}
	$b_{15} \cdots b_8$	B_{n+4}
	校验码	B_{n+5}

遥信信息字格式说明：

（1）每个遥信字含 16 个状态位；

（2）状态位定义：$b_i = 0$ 表示断路器或隔离开关状态为断开，继电保护未动作；$b_i = 1$ 表示断路器或隔离开关状态为闭合，继电保护动作

图 5-26　遥信信息字格式

下面以某报文为例进行分析。

某报文：

```
EB   90   EB   90   EB   90   71   61   12   4D   00   86
E1   CC   06   CC   06   9A   E1   CC   06   CC   06   9A
E1   CC   06   CC   06   9A   03   00   00   00   00   59
04   0C   00   0C   00   64   05   0C   00   00   00   FA
06   00   00   00   00   B4   07   00   00   00   00   D6
08   00   00   00   00   E6   09   00   00   00   00   84
0A   00   00   00   00   22   0B   00   00   00   00   40
0C   00   00   00   00   69   0D   00   00   00   00   0B
0E   00   00   00   00   AD   0F   00   00   00   00   CF
10   00   00   00   00   CD   11   00   00   00   00   AF
```

在此报文中，EB 90 EB 90 EB 90 为同步字；71 61 12 4D 00 86 为控制字，71 为控制字中的控制字节，二进制为 01110001，是根据控制字的控制字节组成的（ELSD0001）。其中，E 表示扩展位，L 表示帧长定义位，S 表示源站址定义位，D 表示目的站址定义位。

扩展位 E=0 时，控制字中帧类别字节的代码，取本规约已定义的帧类别，见表 5-6，E=1 时表示帧类别代码可以根据需要另行定义，以满足扩展功能的要求。帧长定义位 L=0 时，表示控制字中信息字数 n 字节的内容为 0，即本帧没有信息字；L=1 表示本帧有信息字，信息字的个数等于控制字中信息字数 n 字节的值。由于本帧为上行信息，在上行信息中，S=1 表示控制字中源站址有内容，源站址字节即代表信息始发站的站号，即子站站号；D=1 时，目的站址字节代表主站站号。从控制字的帧类别代码 61 可知，其余主要为重要遥测信息字，从控制字的信息字数 12 可知，该报文共计 18 个信息字，信息字来自源站址 4D，表示 RTU 站号为 4D，即 77 站号，且信息字传送到代码为 00 的设备，本例主站号定义为 0，86 为校验码。

在第一个信息字 E1 CC 06 CC 06 9A 中，根据信息字的格式，E1 为功能码，根据 E1 的功能码定义，该信息为遥控返校码；CC 06 CC 06 为信息数据，9A 为校验码。

2. 帧系列和信息字的传送顺序

在循环式远动规约中，远动信息按其重要性和实时性要求，分为五种不同的帧，即 A、B、C、D（D1 帧和 D2）帧和 E 帧。这些帧在循环时间上有不同要求，所以应正确安排各种帧的传送顺序，并控制一帧中信息字的数量。

（1）上行信息的优先级排列顺序和传送时间要求。

子站收到主站召唤子站的时钟命令后，在上行信息中心优先插入两个返送信息字，即：子站时钟信息字和等待时间信息字插入传送一遍；变位遥信和子站工作状态变化信息，以信息字为单位优先插入传送，连送三遍；重要遥测量安排在 A 帧传送，循环时间不大于 3 s；次要遥测量安排在 B 帧传送，循环时间一般不大于 6 s；一般遥测量安排在 C 帧传送，循环时间一般不大于 20 s；遥信状态信息，包含子站工作状态信息，安排在 D1 帧定时传送；电能脉冲计数值安排在 D2 帧定时传送；事件顺序记录安排在 E 帧，以帧插入方式传送三遍。D1、D2 帧传送的是慢变化量，以几分钟至十几分钟的周期循环传送。E 帧传送的事件顺序记录是随机量，同一个事件顺序记录应分别在三个 E 帧内重复传送三次。

（2）下行命令的优先级排列。

召唤子站时钟、设置子站时钟校正值、设置子站时钟，遥控选择、执行、撤销命令，升降选择、执行、撤销命令，设定命令，广播命令，复归命令。下行命令是按需要传送，非循环传送。当下行通道中不发命令时，应连续发送同步码。

在满足规定的循环时间和优先级要求的条件下，帧系列可以任意组织。对于 A、B、C、D1、D2 帧，可以按要求的循环时间，固定各帧的排列顺序循环传送，如按 ABACABACABAD1 ABACABACABAD2 的顺序循环。当出现需要以帧方式插入 E 帧时，可在图 5 – 27（a）所示的箭头处插入，按规定连续传送三遍。当出现对时的子站时钟返回信息，变为遥信或遥控、升降命令的返回信息时，就以信息字为单位优先插入当前帧传送，对时的子站时钟返回信息传送一遍，其他信息则连送三遍。若本帧不够连续插送三遍，就全部安排至下帧插送。如被插帧为 A、B、C、D1、D2 帧，则原信息字被取代，帧长不变，如图 5 – 27（b）所示。如被插帧为 E 帧，则应在事件顺序记录完整的信息之间插入，帧的长度相应增加，如图 5 – 27（c）所示。

此外，在遥控、设定和升降命令的传送过程中，若出现遥信变位，则自动取消该命令，并通过子站工作状态信息通知主站。

子站加电或重新复位后，帧系列应从 D1 帧开始传送，使主站能及时收到遥信状态信息。

下行信道无命令发送时，则连续发送同步字。

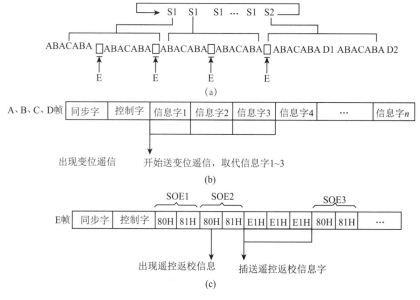

图 5－27　帧系列传送示例

（a）各帧均需传送，有 E 帧插入；（b）插送变位遥信；（c）插送遥控返校

二、问答式远动规约

1. 问答式远动规约的特点及适用范围

问答式远动传输规约，或称查询式远动规约、POLLING 规约。

问答式远动规约是一个以调度中心为主动的远动数据传输规约。厂（站）端只有在调度中心咨询以后，才能向调度中心发送回答信息。调度中心按照一定规则向各个厂（站）端发出各种询问报文，厂（站）端按询问报文的要求以及厂（站）端的实际状态，向调度中心回答各种报文。调度中心也可以按需要对厂（站）端发出各种控制厂（站）端运行状态的报文。厂（站）端正确接收调度中心的报文后，按要求输出控制信号并向调度中心回答相应报文。对于点对点和多个点对点的网络拓扑，变电站端产生事件时，厂（站）端可触发启动传输，主动向调度中心报告事件信息。

该规约适用于网络拓扑结构为点对点、多个点对点、多点贡献、多点环型和多点星型网络等配置的远动系统中，可以是双工或半双工的通信。

在问答式远动规约中，链路服务级别分为三级。第一级是发送/无回答服务，主要用在调度中心向变电站端发送广播报文。第二级是发送/确认服务，用于调度中心向变电站端设置参数和遥控、设点、升降的选择、执行命令。第三级是请求/响应服务，用于调度中心向变电站端召唤数据，变电站端以数据或事件回答。

变电站端事件启动触发传输只适用于点对点和多个点对点的全双工通道结构。当遥信发生变位或遥测的变化超出死区范围时，变电站端主动触发一次发送/确认服务，并组织报文向调度中心传送，调度中心收到报文后，以确认报文回答变电站端。如果因为忙，数据缓冲区溢出，则调度中心以忙帧回答厂（站）。随后变电站端如还要传送数据，则触发一次请求/响应服务，变电站端以请求帧询问调度中心链路状态，调度中心以响应帧报告链路状态。

2. 报文格式

约定采用异步通信方式，传送的报文以 8 位字节为单位，传送时增加起始位、停止位，但不带奇偶校验位。上、下行报文格式如图 5 – 28 所示。

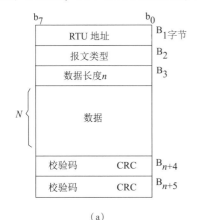
（a）

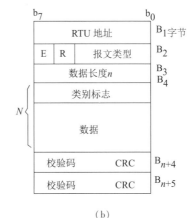
（b）

图 5 – 28　报文格式

（a）下行报文主站至分站的命令；（b）上行报文分站至主站的响应

地址部分通常为一个字节，在下行信息中为目的站地址，在上行信息中为源站地址，地址范围为 00H ~ FFH。

报文类型用来说明报文的内容或类型，它用不同的代码来表示不同类型的报文。例如，主站传送的命令报文：扫描周期 SCAN，代码为 11（H）；类别查询 ENQ，代码为 05（H）等。

在分站给主站的响应报文中都有 E 和 R 两位以及一个字节的类别标志。E 用来报告事件记录情况，有事件记录时 E = 1，否则 E = 0。R 用来报告 RAM 自检情况，自检有错时 R = 1，否则 R = 0。分站给主站的响应报文中用"类别标志"来报告哪些类别的数据有了变化。类别标志中的每一位表示对应类别的情况，如类别标志中的 b_1 位为 1，就表示类别 1 中有数据变化。主站也可设置类别标志，指明查询某些类别的数据。

数据长度表明报文中数据段的字节数。

校验码部分有三种情况：对于重要的报文采用 16 位校验码；对于不太重要的报文只用 8 位校验码；分站给主站的"肯定性确认"和"否定性确认"报文不带校验码。

三、循环式远动规约和问答式远动规约的比较

（1）对网络拓扑结构的要求不同。CDT 规约只适应点对点的通信，故要求通信双方网络拓扑结构是点对点的结构；而 POLLING 规约能使用点对点、多个点对点、多点环型、多点星型等多种通道结构。

（2）通道的使用率不同。用 CDT 规约传送信息时，调度中心和变电站之间连续不断地发送和接收，始终占用通道；用 POLLING 规约时，只

在需要传送信息时才能使用通道，因而允许多个 RTU 分时共享通道资源。

（3）调度与变电站的通信控制权不同。采用 CDT 规约，以变电站端为主动方，变电站远传信息连续不断地送往调度中心，变电站的重要信息能及时插入传送，调度中心只发送遥控、遥调等命令；而 POLLING 规约以调度中心为主动方，包括遥信等在内的重要远传信息，变电站只有在接收到询问后，才向调度中心报告。

（4）对通信质量的要求不同。采用 CDT 规约，在通道上连续发送信息，某远传信息一次传送没有成功时，可在下一次传送中得到补偿，信息刷新周期短，因而对通道的质量要求不是太高；而采用 POLLING 规约，仅当需要时传送，故一次通信失败会带来比较大的损失，所以即使选用了防止报文丢失和重传技术，对通道的质量要求仍比循环式规约高。

（5）实现的控制水平不同。采用 CDT 规约，数据采集以变电站为中心；而采用 POLLING 规约，采集信息中心已延伸到调度中心，数据处理比 CDT 规约简单，可在更大的范围内控制电网运行。

（6）通信控制的复杂性不同。采用 CDT 规约，信息发送方不考虑信息接收方接收是否成功，仅按照规定的顺序组织发送，通信控制简单；采用问答式规约，信息发送方要考虑接收方的接收成功与否，采用了信息丢失以及等待—超时—重发等技术，通信控制比较复杂。

四、变电站常用通信规约简介

1. 基本远动任务配套标准 IEC 60870 – 5 – 101 简介

基本远动任务配套标准 IEC 60870 – 5 – 101 一般用于变电站远动设备和调度计算机系统之间，能够传输遥测、遥信、遥调，保护事件信息，保护定值、录波等数据。其传输介质可为双绞线、电力线载波和光纤等，一般采用点对点方式传输，信息传输采用平衡方式（主动循环发送与查询相结合的方法）。该协议年输送数据量是 CDT 协议的数倍。可传输变电站内包括保护和监控的所有类型信息，因此可满足变电站自动化的信息传输要求。目前该标准已经作为我国电力行业标准推荐采用，且得到了广泛的应用，该协议也被推荐用于配电网自动化系统进行信息传输。

IEC 60870 – 5 – 101 远动规约常用的信息体元素类型包含信息体地址的信息体标识单元，加上信息体元素和信息体时标（如果存在），构成了 101 规约报文中最重要的信息体。

作为国家电力行业新的远动通信标准，101 规约将在今后一段时间内逐步被贯彻，取代原部颁 CDT 规约的地位。

2. 电能累计量传输配套标准 IEC 60870 – 5 – 102 简介

IEC 60870 – 5 – 102 主要应用于变电站电量采集终端和电能量计量系统之间传输实时或分时电能量数据，是在 IEC 60870 – 5 基本标准的基础上编制而成的，对物理层、链路层、应用层、用户进程做了许多具体的规定和定义。制定此配套标准的目的是为了远动电力市场，满足电能量计量系统的传输电能累计量的需要，并使电力系统中传输电能累计量的数据终端之间达到互换性和互操作性的目的。如果电能量计量系统中的主站通过调制解调器或者网络直接访问电能累计量表计读电能累计量时，电能累计量表计应提供该标准所规定的传输规约的接口，国内版本为《远动设备及系统 第5部分 传输规约 第102篇 电力系统电能累计量传输配套标准》（DL/T 719—2000）。

3. 继电保护设备信息接口配套标准 IEC 60870 – 5 – 103 简介

IEC 60870 – 5 – 103 是将变电站内的保护装置接入远动设备的协议，用以传输继电保护的所有信息。该规约为继电保护和间隔层（IED）与变电站层设备间的数据通信传输规定了标准，国内版本为《远动设备及系统 第5部分 传输规约 第103篇 继电保护设备接口配套标准》（DL/T 667—1999）。

4. 采用标准传输协议子集的 IEC 60870 – 5 – 104 网络访问（IEC 60870 – 5 – 104）简介

IEC 60870 – 5 – 104 是将 IEC 60870 – 5 – 101 以 TCP/IP 的数据包格式在以太网上传的扩展应用。随着网络技术的迅猛发展，为满足网络技术在电力系统中的应用，通过网络传输远动信息，IEC TC57 在 IEC 60870 – 5 – 101 基本远动任务配套标准的基础上制定了 IEC 60870 – 5 – 104 传输规约，采用 IEC 60870 – 5 – 101 的平衡传输模式，通过 TCP/IP 协议实现网络传输远动信息，它适用于 PAD（分组装和拆卸）的数据网络。

5. IEC 61850 变电站自动化系统结构和数据通信的国际标准简介

为了满足经济社会发展的新需求和实现电网的升级换代，以欧美为代表的各个国家和组织提出了"智能电网"概念，各国政府部门、电网企业、装备制造商也纷纷响应。智能电网被认为是当今世界电力系统发展变革的新的制高点，也是未来电网发展的大趋势。国际电工委员会（IEC）的标准化管理委员会（SMB）组织成立了"智能电网国际战略工作组（SG3）"，由该工作组牵头开展智能电网技术标准体系的研究；IEC SG3 确定的 5 个核心标准如下。

·IEC/TR 62357 电力系统控制和相关通信，目标模型、服务设施和协议用参考体系结构。

·IEC 61850 变电站自动化。

·IEC 61970 电力管理系统—公共信息模型（CIM）和通用接口（GID）的定义。

·IEC 61968 配电管理系统—公共信息模型（CIM）和用户信息系统（CIS）的定义。

·IEC 62351 安全性。

IEC 61850 是最新一代的变电站自动化系统的国际标准，它是（IEC）TC57 工作组制定的《变电站通信网络和系统》系列标准，是基于网络通信平台的变电站自动化系统唯一的国际标准。此标准参考和吸收了已有的许多相关标准，其中主要有：IEC 870 – 5 – 101 远动通信协议标准；IEC 870 – 5 – 103 继电保护信息接口标准；UCA2.0（Utility Communication Architecture 2.0）（由美国电科院制定的变电站和馈线设备通信协议体系）；ISO/IEC 9506 制造商信息规范 MMS（Manufacturing Message Specification）。

IEC 61850 是一个关于变电站自动化系统结构和数据通信的国际标准，其目的是使变电站内不同厂家的智能电子设备（IED）之间通过一种标准

（协议）实现互操作和信息共享。电力行业尤其是变电站环境对数字化网络通信的要求非常苛刻。按照 IEC 61850 系列标准的要求，工业以太网交换机产品至少要满足其中的功能性要求、电磁兼容设计要求、宽温环境要求和机械结构验证四大类要求。

功能性方面，最重要的至少有两点：一是要求工业以太网交换机能够支持快速转发和 QoS 服务质量以保证 IEC 61850 标准中重要的 GSE/GOOSE 数据包得到实时传输，并且能够支持组播通信管理 IGMPsnooping。二是工业以太网交换机必须能够支持构建冗余的网络拓扑（如环网架构）以提高拓扑的可靠性，并且能够同时提供极短的网络故障恢复时间。此外，还包括像 VLAN、优先级和快速生成树等技术功能测试要求。

IEC 61850 标准总结了变电站内信息传输所必需的通信服务，设计了独立于所采用网络和应用层协议的抽象通信服务接口（ACSI），在 IEC 61850－7－2 中建立了标准兼容服务器所必须提供的通信服务模型，包括服务器模型、逻辑设备模型、逻辑节点模型、数据模型和数据集模型。客户通过 ACSI，由专用通信服务映射（SCSM）映射到所采用的具体协议栈，如制造报文规范（MMS）等。IEC 61850 标准使用 ACSI 和 SCSM 技术，解决了标准的稳定性与未来网络技术发展之间的矛盾，即当网络技术发展时只要改动 SCSM，而不需要修改 ACSI。

任务五　系统通信网络构建

 教学目标

1. 知识目标

（1）掌握局域网的拓扑结构及以太网的应用。

（2）掌握采用 LonWorks 网络和 CAN 现场总线的变电站综合自动化通信网络。

2. 能力目标

（1）能识读系统网络图。

（2）能构建变电站综合自动化系统通信网络。

3. 素质目标

（1）培养规范操作的安全及质量意识。

（2）养成细致严谨、善用资源的工作习惯。

（3）培养阅读专业文件的能力。

变电站综合自动化系统在逻辑结构上分为三个层次，这三个层次分别称为变电站层、间隔层、过程层，在变电站层—间隔层—过程层结构分层的变电站内需要传输数据。变电站层的内部通信，在变电站层不同设备之间存在信息流，各种数据流在不同的运行方式下有不同的传输响应速度和优先级要求。

通信网络作为实现变电站综合自动化系统内部各种 IED 之间，以及与其他系统之间的实时信息交换的功能载体，它是连接站内各种 IED 的纽带，必须能支持各种通信接口，满足通信网络标准化要求。随着变电站的无人化以及自动化信息量的不断增加，通信网络必须有足够的空间和速度来存储和传送事件信息、电量、操作命令、故障录波等数据。因此，构建一个可靠、实时、高效的网络体系是通信系统的关键之一，通信技术是变电站自动化系统的关键技术。

一、局域网的应用

计算机局部网络（Local Area Networks，LAN），简称局域网，是计算机技术迅速发展的新域。它是把多台小型、微型计算机以及外围设备用通信线路互联起来，并按照网络通信协议实现通信的系统。在该系统中，各计算机既能独立工作，又能交换数据进行通信。构成局域网的四大因素是网络的拓扑结构和传输介质、传输控制和通信方式。

1. 局域网的拓扑结构

在网站中，多个站点相互连接的方法和形式称为网络拓扑。局域网的拓扑结构主要有星型、总线型和环型等几种，如图 5-29 所示。

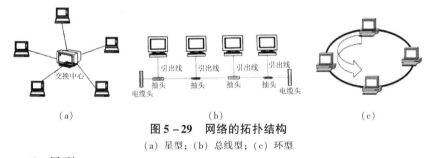

图 5-29　网络的拓扑结构
（a）星型；（b）总线型；（c）环型

1）星型

星型结构的特点是集中式控制。网络中各节点都与交换中心相连。当某节点要发送数据时，就向交换中心发出请求，由交换中心以线路交换方式将发送节点与目的节点沟通。通信完毕，线路立即拆除。星型网也用轮询方式由控制中心轮流询问各个节点。例如，某节点需要发送时，就授以发送权；如无报文发送或报文已发送完毕，则转而询问其他节点。

星型网络结构简单，任何一个非中心节点故障对整个系统影响不大；但中心节点故障时会使全系统瘫痪。为了保证系统工作可靠，中心节点可设置备份。

在电力系统中，采用循环式规约的远动系统中，其调度端同各厂（站）端的通信拓扑结构就是星型结构。

2）总线型

在总线型结构中所有节点都经接口连到同一条总线上。不设中央控制装置的总线型结构是一种分散式结构。由于总线上同时只能有一个节点发报，故节点需要发报时采用随机争用方式。报文送到总线上可被所有节点接收，与广播方式相似，但只有与目的地址符合的节点才受理报文。

采用总线方式时，增加或减少用户比较方便。某一节点故障时不会影响系统其他部分工作。但如总线故障，就会导致全系统失效。

3）环型

环型拓扑结构由封闭的环组成。在环型网络中，报文按一个方向沿着环一站一站地传送。报文中包含有源节点地址、目的节点地址和数据等。报文由源节点送至环上，由中间节点转发，并由目的节点接收。通常报文还继续传送，返回到源节点，再由源节点将报文撤除。环型网一般采用分布式控制，接口设备较简单。由于环型网的各个节点在环中串接，因而任何一个节点故障，都会导致整个环的通信中断。为了提高可靠性，必须找出故障部位加以旁路，才能恢复环网通信。

2. 常用的局域网——以太网

以太网是一种常用的局域网（LAN）通信协议标准。在以太网中，所有计算机被连接在一条同轴电缆上，采用具有冲突检测的载波感应多处访问（CSMA/CD）方法，运用竞争机制。以太网由共享传输媒体，如双绞线电缆或同轴电缆和多端口集线器、网桥或交换机构成。在星型或总线型配置结构中，集线器、交换机、网桥通过电缆使得计算机、打印机、工作站彼此之间相互连接。以太网是总线型拓扑结构，它是一种局部通信网，通常在线路半径为 1~10 km 的中等规模范围内使用，为单一组织或单位的非公用网，网中的传输介质可以是数据线、同轴电缆或光纤等。它的特点是：信道带宽较宽；传输速率可达 10 Mb/s，误码率很低（一般为 10^{-11} ~ 10^{-8}Mb/s）；具有高度的扩充灵活性和互联性；建设成本低，见效快。

图 5-30 所示为一个以太网的结构框图，从图中可以看出，凡是用同轴电缆互连的各站都能收到主机 HOST 发出的报文分组，但只有要求接收的终端才能接收。这样就需要路径选择，且控制也是完全分散的，也就是说，以太网中没有交换逻辑装置，因此没有中央计算机控制网络。这种分布式网络可接收从各个终端发出的语言、图形、图像和数据信号，形成综合业务网。它的突出特点是使用可靠的信道而不是各种功能设备，当网中某一站发生故障时，不会影响整个系统的运行。

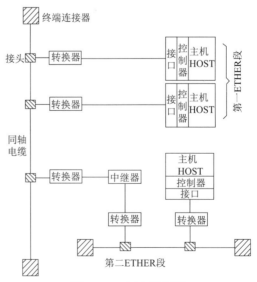

图 5-30　以太网框图

二、现场总线的应用

1. 现场总线简介

现场总线是应用在生产现场，在微机化测量控制设备之间实现双向传输、串行、多分支结构、数字式的通信系统，主要解决工业现场的智能化仪器仪表、控制器、执行机构等现场设备间的数字通信以及这些现场控制设备和高级控制系统之间的信息传递问题，也被称为开放式、数字化、多点通信的底层控制网络。它在制造业、流程工业，特别是在变电站的分层分布式综合自动化系统中具有广泛的应用前景。

现场总线技术将专用微处理器置入传统的测量控制仪表，使它们各自都具有数字计算和数字通信能力，采用可进行简单连接的双绞线等作为总线，把多个测量控制仪表连接成网络系统，并按公开、一致的通信协议，在位于现场的多个微机化测量控制设备之间以及现场仪表与远程计算机之间，实现数据传输与信息交换，形成各种适应实际需要的自动控制系统。简而言之，它把单个分散的测量控制设备变成网络节点，以现场总线为纽带，把它们连接成可以相互沟通信息、共同完成自控任务的网络系统与控制系统。它给自动化领域带来的变化，正如众多分散的计算机被网络连接在一起，使计算机的功能、作用发生变化那样，现场总线则使自控系统和设备具有通信能力，把它们连接成网络系统，加入信息网络的行列。因此，把现场总线技术说成是一个控制技术新时代的开端并不过分。

2. 现场总线系统的技术特点

（1）系统的开放性。开放是指对相关标准的一致性、公开性，强调对标准的共识与遵从。一个开放系统，是指它可以与世界上任何地方遵守相同标准的其他设备或系统连接。通信需要一致、公开，各不同厂家的设备之间可以实现信息交换。

（2）互操作性与互用性。互操作性是指实现互联设备间、系统间的信息传送与沟通，而互用则意味着不同生产厂家的性能类似的设备可实现相互替换。

（3）现场设备的智能化与功能自治性。它将传感测量、补偿计算、工程量处理与控制等功能分散到现场设备中完成，仅靠现场设备即可完成自动控制的基本功能，并可随时诊断设备的运行状态。

（4）系统结构的高度分散性。现场总线已构成一种新的全分散性控制系统的体系结构。从根本上改变了现有 DCS 集中与分散相结合的控制系统体系，简化了系统结构，提高了可靠性。

（5）对现场环境的适应性。工作在生产现场前端，作为工厂网络底层的现场总线，是专为现场环境而设计的，可支持双绞线、同轴电缆、光缆、射频、红外线、电力线等，具有较强的抗干扰能力，能采用两线制实现供电与通信，并可满足本质安全防爆要求等。

几种有影响的现场总线有：基金会现场总线（Foundation Fieldbus，

FF），是现场总线基金会在 1994 年 9 月开发出的国际上统一的总线协议；LonWorks 现场总线，是美国 Echelon 公司推出并由它与摩托罗拉、东芝公司共同倡导，于 1990 年正式公布形成的；CAN（Control Area Network）总线，是控制局域网络的简称，最早由德国 BOSCH 公司推出的。下面以 LonWorks 现场总线为例，来说明在变电站综合自动化系统中的具体应用。

3. LonWorks 总线的通信网络（局部操作网络）

CSC – 2000 型变电站综合自动化系统就是采用 LonWorks 网络的总线型分散分布式实例。采用 LonWorks 网络的通信系统如图 5 – 31 所示。

（1）变电站层、主站通信功能。由图 5 – 31 可知，它只分为两层，即变电站层和间隔层。LonWorks 网络取消了通信管理层。变电站层有三个主站并相互独立，提高了系统的冗余度。主站 1 主管系统监控，它有一个监控总线网卡与 LonWorks1（监控总线）和 LonWorks2（录波总线）监控总线连接，还通过 RS – 232 接口连接人机界面的 PC，用作后台监控。主站 2 也设置一个监控总线网卡，主管远动传送、接收信息，通过 MODEM 将监控信息传送给调度中心。工程师站具有两个网卡，分别连接监控总线和录波总线。接监控总线的 PC 具有监控系统功能，但不能做控制操作；接录波总线的网卡，将各间隔变化（或专用录波装置）的录波数据，从 LonWorks 总线形式变换为 RS – 232 串行接口形式，通过 MODEM 和电话通信网传向具有电话通信功能的远方一端，因此该主站微机系统具有录波数据远方通信功能。

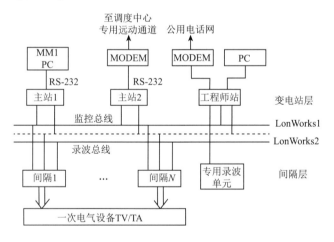

图 5 – 31　采用 LonWorks 网络的通信系统

（2）主站总线网卡原理。主站总线网卡 CSM – 100 硬件结构如图 5 – 32 所示。这是一个由 CPU 控制的主站微机系统，它与通信管理芯片 Neuron 并行连接。

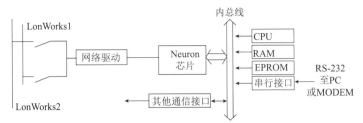

图 5-32　主站总线网卡 CSM-100 硬件结构

主机通信网卡实质上是一种智能接口转换器。它将 LonWorks 总线接口标准转换成 RS-232 串行接口标准，以实现保护与监控后台机或调度的通信。Neuron 芯片主要是用作与 LonWorks 总线接口通信用，在网卡的内部总线上还可以接有其他通信接口，如专门光纤接口、微波或光纤通信系统的 PCM 接口等。在接口标准转换过程中，传送的数据与信息被暂时存放在 RAM 芯片内。因此在网卡内存设置了一个实时数据库，存放全站各测点的模拟量和状态量，一方面可供就地监控后台机通信使用，另一方面供其他控制功能使用。

CPU 除控制接口标准转换外，还控制一个切换电路，即控制连接至网 I 或网 II（当用于双网时，如图 5-31 虚线 LonWorks2 所示）。网卡驱动器用于驱动 LonWorks 总线通道，当用于驱动光纤时应改用光纤驱动器。

Neuron 芯片有一个重要特性，即它本身含有 CPU 微处理器，所有通信事务均由它独立处理，如网络媒介占有控制、通信同步、误码检测、优先级控制等全部无须系统设计人员关心。而 LonWorks 总线也有一个重要特点，它的应用层软件（如微机保护软件）和网络部分完全相互独立，因而应用层软件不会因网络上的任何原因而改变。这两个特点使保护和监控单元的设计、使用、维护人员均不需考虑通信网络上的烦琐问题，这是十分重要且可贵的特点。它与 8044 单片微机的位总线特点类似，这种总线方式组成的分散分布式监控网络日后有较广阔的发展前景。

LonWorks 总线网络在物理上连接十分简单，只要用抗干扰性能较强的双绞线电缆把所有节点连在一起即可。

（3）间隔层保护装置的监控特点。在 CSC-2000 监控系统的间隔层中省略了监控单元的测量功能。由于每个保护装置都具有测量功能，可在保护不启动时，利用其闲余时间"顺便"计算电压、电流、有功、无功、频率等，从而由保护单元取代了监控单元的测量功能（监控单元的开关量 I/O 功能是不可取代的）。但是计费用电能表仍然接仪表 TA，所以可以保证计费的正确性，而保护装置的电流量仍然取自保护 TA，并不影响保护的正常工作。供 SCADA 用的量由保护 TA 和保护装置测量能满足精度要求，但为了提高远动功率总加的精度，在某些汇总点装设专用测点并接仪表 TA，如在主变的高、中、低压三侧增设测点。这样，保护装置在取代监控单元的测量功能后，既保证了监控功能，也不影响电能测量精度。应指出的是，这种装置的保护功能仍然是独立的，因为在保护启动后装置的遥测功能就停止了，CPU

集中处理保护功能，因此保护功能是独立且可靠的。

4. CAN 现场总线

CAN（Controller Area Network），即控制器局域网络，最早由德国 BOSCH 公司推出，最初用于汽车内部测量与执行部件之间的数据通信，其总线规范已被 ISO 国际标准化组织制订为国际标准，是一种具有很高可靠性、支持分布式实时控制的串行通信网络。现在已广泛应用于变电站自动化设备的监控等领域。

CAN 协议实现 ISO/OSI 参考模型的一、二两层。物理层定义了传送过程中的所有电气特性，数据链路层的功能包括确认要发送的信息和接收到的信息并为之提供接口，也包括帧组织、总线仲裁、检错报告、错误处理等功能。

CAN 可以点对点、一点对多点（成组）及全局广播等方式传送和接收数据，网络上任意一个节点均可以在任意时刻主动地向网络其他节点发送信息，可以方便地构成多机备份系统。

网络上各节点可以定义不同的优先级以满足不同的实时要求。CAN 采用非破坏性总线仲裁技术，当两个节点同时向网络传送信息时，优先级低的节点主动停止数据传送，而优先级高的节点可不受影响地继续传输数据，有效避免了总线冲突。

CAN Bus 上的节点数，理论值为 2 000 个，实际值是 110 个。直接通信距离为 10 km（5 Kb/s）、40 m（1 Mb/s）。传输介质为双绞线和光纤。

CAN 采用短帧结构，每一帧的有效字节数为 8 个，因而传输时间短，受干扰概率低，并采用冗余校验及其他校错措施，保证了极低的信息出错率，而且具有自动关闭总线功能，在错误严重的情况下，可切断它与总线的联系，使总线上的其他操作不受影响。

采用 CAN 现场总线构成的变电站综合自动化系统网络结构如图 5-33 所示，后台机及每个测控保护装置都安装有智能 CAN 卡。

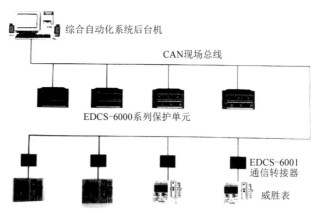

图 5-33 采用 CAN 现场总线构成的变电站综合自动化网络

三、变电站通信网络硬件设备

组成综合自动化变电站的小型局域网的主要硬件设备有网卡、集线器、交换机、网络传输介质和网关、通信管理机等网络互联设备。下面简单介绍一下相关设备。

1. 网卡

网络接口卡 NIC（Network Interface Card）也称网卡，见图 5-34，通过它将用户工作站的 PC 机连接到网络上。在局域网中用于将用户计算机与网络相连，大多数局域网采用以太网网卡。网卡是一块插入微机 I/O 槽中，发送和接收不同的信息帧、计算帧检验序列、执行编码译码转换等以实现微机通信的集成

图 5-34 网卡

电路卡。它主要完成以下功能：①读入由其他网络设备（路由器、交换机、集线器或其他 NIC）传输过来的数据包（一般以帧的形式），经过拆包，将其变成客户机或服务器可以识别的数据，通过主板上的总线将数据传输到所需 PC 设备中（内存或硬盘）；②将 PC 设备发送的数据，打包后输出至其他网络设备中。按总线类型可分为 ISA 网卡、EISA 网卡、PCI 网卡等，其中 ISA 网卡的数据传送量为 16 位，EISA 和 PCI 网卡的数据传送量为 32 位，速度较快。

2. 交换机、集线器

集线器（Hub）是局域网中计算机和服务器的连接设备，是局域网的星型连接点，每个工作站用双绞线连接到集线器上，由集线器对工作站进行集中管理。

交换机也叫交换式集线器，是一种工作在 OSI 第二层（数据链路层）上的、基于 MAC（网卡的介质访问控制地址）识别、能完成封装转发数据包功能的网络设备。交换机同集线器一样主要用于连接计算机等网络终端设备，但比集线器更加先进，它允许连接其上的设备并行通信而不冲突。图 5-35 所示为交换机，图 5-36 所示为集线器。

图 5-35 交换机

图 5-36 集线器

3. 网关

网关（Gateway）是将两个使用不同协议的网络段连接在一起的设备。它的作用就是对两个网络段中使用不同传输协议的数据进行互相翻译转换。路由器也用于连接两种不同类型的局域网，它可以连接遵守不同网络协议的网络，路由器能识别数据的目的地地址所在的网络，并能从多条路径中选择最佳的路径发送数据。如果两个网络不仅网络协议不一样，而且硬件和数据结构都大不相同时，那么就得使用网关。

4. 传输介体

常见的网线分为细同轴线缆、粗同轴线缆和双绞线、光缆等，具体介绍见前文。

5. 通信管理机

图 5-37 所示为通信管理机。变电站系统都采用的是分层式结构，按纵向分为间隔层、通信层和变电站层。间隔层的设备主要是针对变电站系统中的各种保护工作，面对大量的二次接线，各个间隔层的设备通过通信网络接入到通信层的通信管理机上，通信管理机对数据进行管理，规整之后转发至变电站层。这样可以避免用于测量、控制的大批电缆。通信管理机可以有效地提高变电站的网络安全防护能力，同时有利于变电站层其他智能设备的接入，达到站内信息的有效管理，同时提高了系统的可靠性和投资成本。变电站层设备可以针对性地提供设备状态的监视、控制和相关数据的记录。

通信管理机通过各种各样的通信端口与间隔层的智能设备进行通信，做到信息采集、汇总及处理；对各智能单元实现各种监视及控制功能；进行规约转换、数据转发。因此，通信管理机是整个厂站自动化系统的枢纽。通信管理机在变电站系统中的连接如图 5-38 所示。

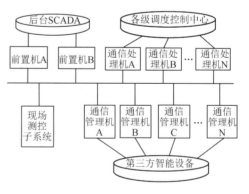

图 5-37　通信管理机　　图 5-38　通信管理机在变电站系统中的连接

通信管理机应具备的主要特点如下：

①多种功能的集合。

·普通通信管理机功能，完成一种通信规约的解释和传输。

·网关功能，完成多种通信规约之间的规约转换和传输。

·前置机功能，完成间隔层各类智能装置数据的采集和传输。

·后台监控系统功能。

②丰富的通信规约库。

·丰富的可裁剪规约库，囊括现今所有主流规约，包括 IEC 870 - 5 - 101、102、103、104，DNP 3.0 等，保证各种用户的规约需求。

·强大的主站通信能力。

·支持多种现场总线协议：如 CAN 总线、MODBUS 总线、COURRIER。

·系统可靠性设计。具有系统自动检测、自动恢复功能，系统内各主要模块均有状态监视信号，方便故障排查及快速处理。

 **项目小结**

在变电站综合自动化系统中，数据通信是一个很重要的环节，综合自动化系统数据通信的内容主要包括变电站和调度中心的通信内容，即"四遥"信息，以及变电站内部的通信信息；在通信过程中，电网中厂（站）的各种信息源经过有关器件处理后，经 A/D 变换器等转换成易于计算机接口元件处理的电平或其他量。A/D 变换器输出的信号都是二进制的脉冲序列，即基带数字信号。这种信号传输距离较近，在长距离传送时往往因电平干扰和衰减而发生失真。为了增加传输距离，将基带信号进行调制传送，这样即可减弱干扰信号，然后进入信道进行传输。

数据通信的主要方式包括串行通信和并行通信，并行数据通信是指数据的各位同时传送，串行数据通信是指数据各位同时传送，在变电站综合自动化系统内部，为了减少连接电缆、降低成本，各种自动装置间或继电保护装置与监控系统间，常采用串行通信。对于串行通信，在实际应用中又分为传输双方始终保持同步的同步传输和根据传输需要再同步的异步传输两种方式。电力系统数据通信的通道可简单地分为有线信道和无线信道两大类。明线、电缆、电力线载波和光纤通信等都属于有线信道，而短波、散射、微波中继和卫星通信等都属于无线信道。

在变电站综合自动化系统中，特别是微机保护、自动装置与监控系统相互通信电路中，主要使用串行通信，串行通信主要解决建立、保持和拆除数据终端设备（DTE）和数据传输设备（DCE）之间的数据链路的规约。RS - 232 接口可以实现点对点的通信方式，但这种方式不能实现联网功能；RS - 485 适用于多个点之间共用一对线路进行总线式联网，用于多站互联非常方便，故变电站综合自动化系统中，各测量单元、自动装置和保护单元常配有 RS - 485 接口，以便联网构成分布式系统。

我国电网监控系统主要采用循环式远动规约和问答式远动规约，循环式远动规约是一种以厂站端为主动的远动规约，适用于点对点通道结构的两点通信，信息传递采用循环同步的方式，信息以帧为单位进行传输，重要程度和优先级不同的信息编入不同等级的帧中进行传送；问答式远动规约是以调度中心为主动的远动数据传输规约，适用于点对点、多个点对点、多点贡献、多点环型或多点星型的网络拓扑结构。

通信网络是实现变电站综合自动化系统内部各种 IED（智能电子装置）之间，以及与其他系统间的实时信息交换的功能载体，它是连接站内各种 IED 的纽带，必须能支持各种通信接口，满足通信网络标准化的需要。局域网把多台计算机及外设用通信线路互联起来，并按网络通信协议实现通信的系统，构成局域网的四大因素是网络的拓扑结构、传输介质、传输控制和通信方式。现场总线应用于微机化测量控制设备等现场智能设备之间，实现双向传输、串行、多节点、数字式的通信系统。

思考题

5-1 电力系统中遥测、遥信、遥控、遥调的含义是什么？

5-2 在变电站综合自动化系统中，数据通信的主要任务体现在哪些方面？

5-3 远距离数据通信的基本模型包括哪些环节？

5-4 什么是串行传送？什么是并行传送？

5-5 什么是异步数据传输？什么是同步数据传输？

5-6 调制解调器的作用是什么？

5-7 说明数据通信的不同传输介质及其优、缺点。

5-8 说明 RS-232 和 RS-485 的约定内容。

5-9 通信规约的含义是什么？

5-10 什么是循环式远动规约？

5-11 什么是问答式远动规约？

5-12 说明循环式远动规约和问答式远动规约的不同。

5-13 什么是差错控制？

5-14 什么是以太网和现场总线？

变电站监控系统的运行与操作

项目描述

　　本项目共分为五个任务，涵盖了变电站监控系统的基本功能、变电站监控系统的构成、监控系统的主要工作站、监控系统的典型操作任务及监控系统的常见故障与处理。在任务中，从介绍变电站监控系统的基本功能，及运行监控的内容与意义开始，然后学习变电站监控系统的硬件与软件构成，着重于站控层的硬件设备与软件系统。在监控系统的主要工作站中，着重阐述了继电保护工程师工作站、远动工作站与五防工作站所起的重要作用。在完成监控系统的典型操作任务后，实现对监控系统中出现的常见故障进行分析与处理。

教学目标

　　一、知识目标
　　(1) 理解变电站综合自动化系统中监控系统的基本功能。
　　(2) 理解变电站综合自动化系统中监控系统的硬件与软件构成。
　　(3) 掌握监控软件的操作界面与监控内容。
　　(4) 理解监控系统的主要工作站的功能作用。
　　(5) 掌握变电站综合自动化系统的日常操作任务。
　　(6) 掌握监控系统的硬件与软件常见故障的分析处理。
　　二、能力目标
　　(1) 具备能辨识监控系统的基本功能的能力。
　　(2) 具备能构建监控系统的基本构架的能力。
　　(3) 具备会操作监控系统，执行典型操作任务的能力。
　　(4) 具备能区别不同的远动工作站与五防机的配置方式的能力。
　　(5) 具备能分析处理监控系统的硬件与软件常见故障的能力。
　　三、素质目标
　　(1) 培养与人协作能力及良好的沟通交流能力。
　　(2) 培养独立思考与处理问题的能力。
　　(3) 培养良好的电力安全意识与职业操守。

教学情境

建议分小组进行教学，在变电站综合自动化系统的实训室中开展，便于教—学—做理实一体化教学的实施。

实训室配置：一套完整的变电站综合自动化系统设备，含有投影仪的多媒体教室，中控机及与学生数量相匹配的监控计算机、与硬件设备相匹配的监控软件、打印机等设施。

任务一　变电站监控系统的基本功能

 教学目标

1. 知识目标
（1）掌握变电站综合自动化系统中监控系统的基本功能。
（2）掌握监控系统的模拟量、脉冲量与状态量。
（3）理解运行监控的意义。
（4）了解数据统计的内容。
（5）理解事故追忆的作用。

2. 能力目标
（1）能辨识监控系统的基本功能。
（2）会分析监控系统所采集的状态量、模拟量与脉冲量。

3. 素质目标
（1）培养与人协作能力及良好的沟通交流能力。
（2）培养独立思考与处理问题的能力。
（3）培养良好的电力安全意识与职业操守。

变电站综合自动化的监控系统负责完成收集站内各间隔层装置采集的信息，完成分析、处理、显示、报警、记录、控制等功能，完成远方数据通信以及各种自动、手动智能控制等任务。其主要由数据采集与数据处理、人机联系、远方通信和时钟同步等环节组成，实现变电站的实时监控功能。

监控系统的基本功能：应能改变常规继电保护装置不能与外界通信的缺陷，取代常规的测量系统，如变送器、录波器、指针式仪表等；改变常规的操动机构，如操作盘、模拟盘、手动同期及手控无功补偿等装置；取代常规的告警、报警装置，如中央信号系统、光字牌等；取代常规的电磁式和机械式防误闭锁设备；取代常规远动装置等。现将变电站综合自动化系统中的监控系统的基本功能分述如下。

一、实时数据采集和处理

采集变电站电力运行实时数据和设备运行状态，包括各种状态量、模拟量、脉冲量（电能量）、数字量和保护信号，并将这些采集到的数据去伪存真后存于数据库供计算机处理之用。

1. 模拟量与数字量的采集

变电站采集的典型模拟量有：各段母线电压 U；进线电压 U、进线电流 I、进线有功功率 P；出线电压 U、出线电流 I、出线有功功率 P；主变压器电流 I、主变压器有功功率 P、变压器油的油温；电容器的电流 I、无功功率 Q、频率 f、功率因数 $\cos\varphi$；直流电源的电流、直流电压、站用电电压和功率等。

监控系统按照需要对模拟量进行相应的处理。模拟量的主要处理方式有码值转换、越限、复限处理和归零处理。

数字量的采集主要是指采集变电站内微机保护或智能自控装置的信息；主要针对的是通过监控系统与保护系统通信直接采集的各种保护信号，如保护装置上的测量值及定值、故障动作信息、自诊断信息、跳闸报告和波形；全球定位系统（GPS）信息；通过与电能计系统通信采集的电能量以及其他智能设备（IED）发送的数字信息。

2. 状态量的采集

变电站的状态量有断路器的状态、隔离开关状态，有载调压变压器分接头的位置、同期检查状态、继电保护动作信号和运行告警信号等。这些信号都以状态量的形式，通过光电隔离电路输入至计算机，但输入的方式有所区别，对于断路器的状态，需采用中断输入方式或快速扫描方式，以保证对断路器变位的分辨率能在 5 ms 之内。而对于隔离开关状态和变压器分接头位置等状态信号，不必采用中断输入方式，可以用定期查询方式读入计算机进行判断。状态量的处理方式主要有变位确认及记录、变位闪光、事故推画面、事故推处理指导和事故启动控制等。

3. 电能量的采集

电能计量是对电能量（包括有功电能量和无功电能量）的采集。电能计量常用办法有电能脉冲计量法和软件计算法。

电能脉冲计量法：电能表转盘每转一周便输出一个或两个脉冲，用输出的脉冲数代替转盘转动的圈数，计算机对输出脉冲进行计数，将脉冲数乘以标度系数，便得到电能量。原来老式的电能脉冲计量法，由于脉冲容易出现漏计或多计，计量精度不高。机电一体化电能计量仪表克服了电能表只输出脉冲，传送过程中抗干扰能力差的缺点，利用单片机的智能和存储器的记忆功能，将电能表转盘转动时产生的脉冲，就地统计处理成电能量并存储起来，可供随时查看；并利用单片机的串行通信功能，将电能量以数字量形式传送给监控机或专用电能计量机；还可输出脉冲信息量供给需要用脉冲计量电能的电能计量机用，并且还可对电能量进行分时统计，便于实现分时计费，满足电力市场发展的需要。

二、 数据处理与记录功能

数据处理与记录功能是很重要的一个环节，历史数据的形成和存储是数据处理的主要内容。此外，为满足继电器保护专业和变电站管理的需要，必须进行一些数据统计，主要内容包括：

（1）主变压器与输电线路有功功率和无功功率每天的最大值和最小值以及相应的时间。

（2）母线电压每天定时记录的最高值和最低值以及相应时间。

（3）计算受、配电电能平衡率。

（4）统计断路器动作次数。

（5）断路器切除故障电流和跳闸次数累计数。

（6）控制操作和修改定值记录。

利用交流采样得到的电流、电压值，通过软件计算出有功电能量和无功电能量。因为电压量与电流量的采集是监控系统或数据采集系统必需的基本量，利用所采集的电压与电流值计算出电能量，不需要增加专门的硬件投资，而只需要设计好计算程序，达到运算的目的。目前，软件计算电能法有两种途径，一是在监控系统或数据采集系统中计算；再就是，用微机电能计量仪表计算。

三、 事故顺序记录、 事故追忆功能

事故顺序记录就是对变电站内的继电保护、自动装断路器在事故时动作的先后顺序进行自动记录，自动记录的报告在显示器上显示和打印。记录事件发生的时间应精确到毫秒级。顺序记录的报告对分析事故、评价继电保护和自动装置以及断路器的动作情况是非常有意义的。

事故追忆功能是指对变电站内的一些主要模拟量，如线路、主变各侧的电流、有功功率、主要的母线电压等，在事故前一段时间内做连续测量记录。通过这一记录可了解系统或某一回路在事故前后所处的工作状态，对于分析和处理事故起辅助作用。

追忆的时间越长，需要的数据库容量越大。可根据系统的实际情况和需要来确定追忆时间的长短。一般事故前的追忆时间为 5 s～1 min，事故后 5 s～1 min。事故追忆一般以召唤方式在屏幕上显示或打印。

四、 故障录波功能

随着电力系统的不断发展、区域电网互联趋势的到来，电力系统的行为越来越复杂。因此，丰富详尽的现场数据，特别是故障数据，具有十分重要的意义。它们反映了系统故障时的真实状况，进而能够对故障原因做出正确分析，并检验相应保护与自动装置的动作行为。因此，变电站故障录波系统作为电力系统暂态过程的记录装置，愈来愈凸显其重要性。具有通信功能的故障录波装置可以与监控系统直接通信，为电力系统的事故分析提供基本依据，及时发现一次设备缺陷，消除隐患。

目前，电力系统中普遍采用的故障录波器及事件顺序记录仪均属于故障动态过程记录装置，它可以实现记录因短路、振荡、频率崩溃、电压崩溃等大扰动引起的系统电流、电压及其导出量的全过程变化现象，主要作用如下。

（1）正确分析事故原因，为及时研究对策并处理事故提供重要依据。所录取的故障过程波形图，可以正确反映故障类型、相别、故障电流和电压的数值以及断路器跳合闸时间和重合闸是否成功等情况，为分析并确定事故的原因，研究有效的对策提供可靠的依据。

（2）可根据所录取的波形图，准确评价继电保护和自动装置工作的正确性。可以发现继电保护和自动装置缺陷，及时消除隐患。

（3）分析研究振荡规律。从录波图可以清楚地说明系统振荡的发生、失步、同步振荡、异步振荡和再同步全过程，以及振荡周期、电流和电压等参数，从而可为防止系统发生振荡提供对策，为改进继电保护和自动装置提供依据。

（4）可根据录波图和数据值，帮助查找故障点。例如，根据波形图并结合短路电流计算结果，可以较准确地判断故障地点范围，便于寻找故障点。

（5）借助故障录波装置，可实测系统参数以及监视系统的运行状态。

五、运行监视与操作控制功能

所谓运行监视主要是对变电站各种状态变位情况的监视和各种模拟上的数值监视。即对变电站各种状态量变位情况的监视和各种模拟量的数值监视。通过状态量变位监视，可监视变电站各种断路器、隔离开关、接地开关、变压器分接头的位置和动作情况、继电保护和自动装置的动作情况以及它们的动作顺序。

模拟量的监视分为正常的测量和超过限定值的报警、事故模拟量变化的追忆等。当变电站有非正常状态发生和设备异常时，系统能及时在当地或远方发出事故音响或语音报警，并在 CRT 显示器上自动推出报警画面，为运行人员提供分析处理事故的信息，同时可将事故信息进行打印记录和存储。另外，在变电站综合自动化系统中，要重视对谐波含量的分析和监视。对谐波含量超标的地方要采取抑制措施，降低谐波含量。系统中，需要考虑监控系统监控谐波含量是否超过部颁标准问题，如果超标，应采取相应的抑制谐波的措施，保证谐波含量对系统的影响不超标。

操作管理权限按分层（级）原则进行管理。监控系统设有专用密码的操作口令，使调度员、遥调和遥信操作员、系统维护员和一般人员能够按权限分层（级）操作和控制。

操作人员可通过屏幕对断路器、隔离开关进行分闸、合闸操作。对变压器分接头进行调节控制、对电容器进行投、切控制；接受遥控操作命令，进行远方操作。所有的操作控制均能进行就地和远方控制、就地和远方切换相互闭锁、自动和手动相互闭锁，就地和远方切换相互闭锁，自动和手动相互闭锁。每一操作确保操作的唯一性、合法性、安全性、正确性、完善性，操作过程及结果均保存。

操作闭锁应包括以下内容：操作系统出口具有断路器跳闸、合闸闭锁功能。根据实时信息，自动实现断路器、隔离开关操作闭锁功能。适应一次设备现场维护操作的"电脑五防操作及闭锁系统"。"五防"功能是指防止带负荷拉、合隔离开关；防止误入带电间隔；防止误分、合断路器；防止带电挂接地线；防止带地线合隔离开关。屏幕操作闭锁功能，只有输入正确的操作口令和监护口令才有权进行操作控制。

六、 GPS 时钟对时与报警功能

现代电网继电保护系统、AGC 调频、负荷管理和控制、运行报表统计、事件顺序记录的精确性和统一性十分重要。在变电站综合自动化系统中，几个断路器的跳闸顺序、继电保护动作顺序，更需要精确统一的时间来辨识，为事故分析提供正确的依据。

电网内实时时钟的核心问题是要求统一，即要求各厂站与调度中心之间的实时时钟相一致。从原理上讲，电网内各节点实时时钟的统一性要求胜过绝对准确性。因为直接应用的是时钟的相对一致性。为了实现这个时间的一致性，各厂站测控系统若能接收同一授时源的时钟，一致性问题便迎刃而解了。比较而言，GPS 系统时间精度高，接收方便，在变电站综合自动化系统中应用广泛。

对于一个典型的变电站，应报警的参数有母线电压报警，即当电压偏差超出允许范围且越限连续累计时间达 30 s（或该时间按电压监视点要求）后报警；线路负荷电流越限报警，即按设备容量及相应允许越限时间来报警；主变压器过负荷报警；按规程要求分正常过负荷、事故过负荷及相应过负荷时间报警；系统频率偏差报警，即在系统解列有可能形成小系统时，当其频率监视点超出允许值的报警；消弧线圈接地系统中性点位移电压越限及累计时间超出允许值时报警；母线上的进出功率及电度量不平衡越限报警；直流电压越限报警。

报警处理通常分为两种方式，一种是事故报警，另一种是预告报警。前者包括非操作引起的断路器跳闸、保护装置动作或偷跳信号。后者包括一般设备变位、状态异常信息、模拟量越限报警、计算机站控层的各个部件、间隔层单元的状态异常等。告警内容包括开关变位、事件顺序记录、通道中断、继电保护动作等异常信息的告警、显示、记录。告警信息可按遥信变位、SOE、通道中断、操作记录等分类保存。报警方式主要有自动推出画面、报警行、音响提示（语音或可变频率音响）、闪光报警、信息操作提示，如控制操作超时等。

七、 运行的技术管理功能与人机友好对话功能

监控系统可采用人机交互方式对数据库中的各个数据项进行修改和增删。运行人员可以通过显示器、鼠标、键盘等外界接入设备，直观监视并

方便地操控设备。可修改的内容有各数据项的编号、各数据项的文字描述、对开关量的状态描述、各输入量报警处理的定义；模拟量的各种限值，包括上下限、上上限、下下限、上极限和下极限；模拟量的采集周期、模拟量越限处理的死区、模拟量转换的计算系数、开关量状态正常/异常的定义、电能量计算的各种参数、输出控制的各种参数、对多个开关量的逻辑运算定义等。系统提供灵活方便的图形画面和报表的在线生成工具，具有在线生成、编辑、修改和定义图形画面和报表的功能。

再者，变电站监控系统还能对运行中的各种技术数据、记录进行管理。如：历史数据的处理、存档、检索；统计值的处理，比如时、日、月、典型日；累计值的处理；主要设备的技术参数档案表、各种主要设备故障、检修记录、断路器动作次数记录、继电保护和自动装置的动作记录、运行需要的各种记录和统计等。

对于无人值守的变电站可不设打印功能，变电站的运行报表集中在控制中心打印输出。对于有人值守的变电站，监控系统可配备打印机，完成定时打印报表和运行日志、开关操作记录打印、事件顺序记录打印、越限打印、召唤打印、抄屏打印、事故追忆打印等功能。

八、自诊断与自恢复功能

自诊断是指计算机监控系统能在线诊断系统全部软件和硬件的运行工况，当发现异常及故障时能及时显示和打印报警信息，并在运行工况图上用不同颜色区分显示。系统自诊断的内容包括：各工作站、测控单元、I/O采集单元等的故障，外部设备故障，电源故障，系统时钟同步故障，网络通信及接口设备故障，软件运行异常和故障，与远方调度中心数据通信故障，远动通道故障。

系统自恢复的功能主要包括：当软件运行异常时，自动恢复正常运行；当软件发生死锁时，其自启动并恢复正常运行；当系统发生软、硬件故障时，备用设备能自动切换。

系统日常运行监测
内容（视频）

任务二　变电站监控系统的构成

 教学目标

1. 知识目标

（1）理解变电站综合自动化系统中监控系统的硬件组成。

（2）理解变电站综合自动化系统中监控系统的软件组成。

（3）掌握监控系统的典型结构。

（4）掌握监控系统的软件功能界面。

2. 能力目标

（1）能识别监控系统的硬件构成。

（2）能识别监控系统的软件构成。

（3）能搭建监控系统的典型结构。

（4）会分析监控系统的软件功能。

3. 素质目标

（1）培养与人协作能力及良好的沟通交流能力。

（2）培养独立思考与处理问题的能力。

（3）培养良好的电力安全意识与职业操守。

从监控的角度来看，变电站综合自动化系统可以分成三部分：① 间隔层的分布式设备，它把模拟量、开关量数字化，实现保护功能，上送测量和保护信息、接受控制命令和定值参数，是系统与一次设备的接口；② 站内通信网，它的任务是搜索各综合设备的上传信息，下达控制命令及定值参数，是信息与命令传送的纽带；③ 变电站层的监控系统及通信系统，它的任务是向下与站内通信网相连，使全站信息顺利进入数据库，并根据需要向上送往调度中心和控制中心，实现远方通信功能。此外，通过友好的人机界面和强大的数据处理能力实现就地监视、控制功能，是系统与运行人员的接口。监控系统及通信系统是信息利用和流动的枢纽，是评价变电站综合自动化系统优劣的重要指标。

变电站综合自动化系统中，监控系统的构成与变电站的类型与规模有关。例如，110 kV 及以下电压等级的中小型变电站，其监控系统相对较简单；220 kV 及以上大中型变电站，有的本身就是枢纽变电站，对监控系统的要求相对较高，不仅应具备变电站综合自动化系统的基本功能，而且对暂态过程的检测与控制、远动通信等方面都有较高的要求。因此，这类变电站的监控系统的构成也会相对复杂。

一、监控系统设计的原则

监控系统的设计宜遵循以下原则：

（1）提高变电站安全生产水平和运行的可靠性，使系统维护简单、方便，降低劳动强度，实现减人增效。

（2）减少二次设备间的连接，节约控制电缆。

（3）减少变电站设备的配置，实现资源共享，避免设备重复设置。

（4）减少变电站占地面积和建筑面积，降低工程造价。

（5）变电站计算机监控系统的设计应执行国家、行业的有关标准、规范和规程、规定。

二、监控系统结构的创建要求

创建监控系统的结构一般遵循如下要求与建议：

（1）系统结构应为网络拓扑的结构形式，变电站向上作为调度和集控中心的网络终端，同时又相对独立，站内自成系统，结构应分为站控层和间隔层两部分，层与层之间应相对独立。采用分层、分布、开放式网络系统实现各设备间连接。

（2）站控层的设备宜集中设置，并实现整个系统的监控功能。

（3）间隔层的设备宜实现就地监控功能，连接各间隔单元的智能 I/O 设备等。

（4）间隔层的设备宜按相对集中方式设置，即 220 kV、110 kV 及主变压器的设备宜集中布置在继电器室内，35 kV 及以下的设备在条件许可时，可按分散方式设置配电装置室内。

（5）站控层网络与间隔层网络的连接点可采用前置层设备（通信处理机）连接和直接连接方式。当采用前置层设备（通信处理机）连接时，必须双重化，互为热备用。两套前置层设备（通信处理机）同时以双通道与间隔层的设备进行数据交换。

三、 监控系统的网络结构

监控系统的网络结构主要针对站控层和间隔层的网络设置，站控层网络应具有良好的开放性，以满足与电力系统其他专用网络连接及容量扩充等要求，目前普遍采用以太网技术。

间隔层网络应具有足够的传送速率和极高的可靠性，宜采用以太网，也可采用工控网（CAN、LON）。

系统网络的抗干扰能力、传输速率及传送距离应满足计算机监控系统技术要求。

四、 监控系统的监控内容与操作控制

变电站所有的断路器、隔离开关、接地开关、变压器、电容器、交直流站用电及其辅助设备、保护信号和各种装置状态信号都归入计算机监控系统的监视范围。对所有的断路器、电动隔离开关、电动接地开关、主变压器有载调压开关等实现远方控制。

通过站控层的操作员工作站与保护管理机的通信，对继电保护的状态信息、动作报告、保护装置的复归和投退、定值的设定和修改、故障录波的信息等实现监视和控制，操作控制功能可按集控中心、站控层、间隔层、设备层的分层操作原则考虑。操作的权限也由集控中心—站控层—间隔层—设备层的顺序层层下放。原则上站控层、间隔层和设备层只作为后备操作或检修操作手段，这三层的操作控制方式和监控范围可按实际要求和设备配置灵活应用。

在监控系统运行正常的情况下，无论设备处在哪一层操作控制，设备的运行状态和选择切换开关的状态都应处于计算机监控系统的监视中。任何一级在操作时，其他级操作均应处于闭锁状态。

五、 监控系统的硬件构成

对监控系统的硬件配置提出一个总体建议，具体工程的硬件配置原则应以此建议为基础；监控系统必须选用性能优良、符合工业标准的通用产品；计算机装置的硬件配备必须满足整个系统的功能要求和性能指标要求；间隔层设备必须按电气单元配置，母线设备和站用电设备的监控单元应单独配置。

1）站控层硬件

（1）站控层的硬件设备宜由以下几部分组成：操作员工作站、通信处理机、网络接口设备、卫星接收设备、打印机、电源等。

（2）当站控层网络与间隔层网络通过前置设备（通信处理机）连接时，应冗余配置，双机互为热备用。双套前置设备的容量及性能指标除应能满足变电所远动功能及现约转换要求外，还必须同时以双通道与间隔层的设备进行数据交换。

（3）当站控层网络与间隔层网络采用直接连接方式时，远动信息应直接来自间隔层采集的实时数据，监控系统的远动功能应满足调度和集控中心的要求。

（4）同步对时设备宜统一配置一套卫星时钟，采用一个时钟多个授时口的方式以满足计算机系统或智能设备的对时要求。

（5）打印机的配置数量和性能应能满足定时制表、召唤打印、事故打印和屏幕拷贝等功能要求。

（6）网络媒介可采用双绞线、光纤通信线缆或以上几种方式的组合，通过户外的长距离通信应采用光纤通信线缆。

2）间隔层硬件

（1）间隔层设备包括监控单元、网络接口、同步时钟接口等。

（2）间隔层设备应完成数据采集、控制、监测、同步及本间隔防误操作闭锁等功能。

（3）监控单元的对时精度应满足事件顺序记录分辨率的要求。

（4）监控单元应按电气单元配置组屏，既可集中布置，也可分散布置。

（5）母线设备和站用电设备的监控单元应单独配置。

（6）监控单元的电源配置、处理模块、通信及输入输出模块都可随电气间隔的停运而退出运行。

（7）监控单元宜采用直流供电方式，电源为冗余配置。

（8）当输入电源为额定工作电压的±20%时，监控单元仍能正常工作。

（9）监控单元按电气单元配置操作面板。

（10）35 kV及以下电压等级的保护装置可与监控单元组合在一起。

六、 监控系统的硬件典型结构

在变电站综合自动化系统中，较简单的监控系统则是由监控机、网络管理单元、测控单元、远动接口、打印机等部分组成，如图 6 – 1 （a）、（b） 所示。在无人值班的变电站，监控机主要负责与调度中心的通信，使变电站综合自动化系统具有 RTU 的功能，完成"四遥"的任务。在有人值守的变电站，除了负责与调度中心通信外，还负责人机联系，使综合自动化系统通过监控机完成当地显示、制表打印、开关操作等功能。有的监控系统是由网络管理单元负责完成与调度通信的任务，监控机只负责进行人机联系。也有的监控系统不设置网络管理单元，监控机通过通信网络直接与测控终端相连。

规模较大的变电站，以工作站的形式设有当地维护工作站、工程师工作站以及远动通信服务控制器等，专门用来完成系统维护与操作，以及软件开发与管理、与调度中心通信等任务。因此，监控系统可以是单机系统，也可以是多机系统。一个 110 kV 变电站监控系统的典型配置（见图 6 – 1 （a）），由变电站层与间隔层两层设备结构构成，变电站主站采用

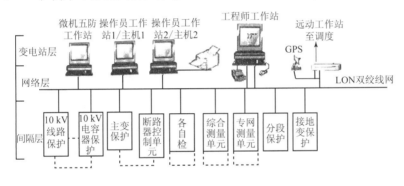

（a）

（b）

图 6 – 1 变电站监控系统

（a） 某 110 kV 变电站监控系统的典型配置；（b） 某 110 kV 变电站监控中心

分布式平等结构，就地监控主站、工程师站、远动主站等相互独立，任一部分损坏，不会影响其他部分工作。间隔层设备按站内一次设备分布式配置，除 10 kV 间隔测控与保护一体化外，其余测控装置按间隔布置，而保护完全独立，维护与扩建极为方便。

间隔层主要是指现场与一次设备相连的采集终端装置，所有智能装置，如备自投装置、微机综合保护装置、智能型直流系统和干式变压器温控仪、智能测控仪表、出线开关回路采用的信号采集器等设备均为间隔层的主要组成部分。间隔层采集各种反应电力系统运行状态的实时信息，并根据运行需要将有关信息传送到监控主站或调度中心。这些信息既包括反映系统运行状态的各种电气量，如频率、电压、功率等，也包括某些与系统运行有关的非电气量，如反映周围环境的温度、湿度等，所传送的既可以是直接采集的原始数据，也可以是经过终端装置加工处理过的信息。同时还接收来自监控主站或上一级调度中心（见图 6 - 2）根据运行需要而发出的操作、调节和控制命令。

图 6 - 2　某供电公司调度控制中心

通信部分主要是指通信管理机，由通信管理机硬件装置和通信管理机、通信线路、通信接入软件组成。通信管理机的任务是实现与现场智能设备的通信及与监控后台及调度主站的通信。一方面，通信管理机可独立对现场智能装置（如保护或测控装置）实现通信信息采集，同时把采集的信息选择性地转发到与通信管理机相连的监控后台系统或远方调度系统。另一方面，对监控后台系统或远方调度主站的信息命令进行解释并转发至现场连接的智能设备，达到对现场智能设备的控制操作。通信管理机在整个系统中起到关键枢纽的重要作用，通信管理机的规约接入支持能力直接影响系统的拓展能力、影响系统在工程中的应对能力。

监控系统的任务是实时采集全站的数据并存入实时数据库和历史数据库，通过各种功能界面而实现的实时监测、远程控制、数据汇总查询统计、报表查询打印等功能，是监控系统与工作人员的人机接口，所有通过计算机对配电网的操作控制全部在监控层进行。

七、监控系统的软件构成

监控系统在硬件的条件下，其监控功能是由各种软件功能来实现的。变电站计算机监控系统的软件应由系统软件、支持软件和应用软件组成。监控系统的软件应具有可靠性、兼容性、可移植性和可扩性。并且应采用模块式结构，以便于修改和维护，如图6-3所示。

系统软件指操作系统和必要的程序开发工具（如编译系统、诊断系统以及各种编程语言、维护软件等）。所采用的操作系统一般为 UNIX 操作系统和 Windows 操作系统。

支持软件主要包括数据库软件和系统组态软件等。目前变电站监控系统所采用的数据库一般分为实时数据库和历史数据库。其中，实时数据库一般在内存中开辟空间，用于存储实时数据，结构由厂家自行定义。它的特点是结构简单、访问速度快。历史数据库一般在硬盘中，用于存储历史数据、事件等，通常采用商用数据库，也有采用厂家自定义的数据文件格式。系统组态软件用于画面编程和数据库生成，它满足系统各项功能的要求，为用户提供交互式的、面向对象、方便灵活、易于掌握和多样化的组态工具，提供一些类似宏命令的编程手段和多种实用函数，以便扩展组态软件的功能。用户能很方便地对图形、曲线、报表、报文进行在线生成和修改。

应用软件则是在上述通用开发平台上，根据变电站特定功能要求所开发的软件系统。应用软件系统的性能直接确定监控系统的运行水平，它满足功能要求和各项技术指标要求。另外，当用户有自行开发要求时，用户程序中有许多接口是与应用软件系统有关的。所以，应用软件系统应有规范的开发过程和完善的技术资料，使用户能清楚其内部结构和机理。还要有通用的接口方式，使用户能顺利地完成自行开发工作。人机联系部分的应用软件主要有 SCADA 软件、AVQC 软件和"五防"闭锁软件。

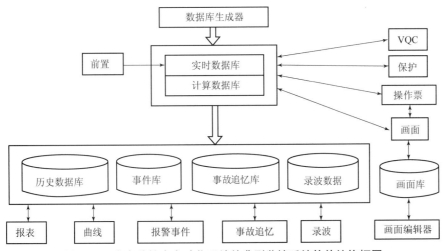

图6-3 变电站综合自动化系统的典型监控系统软件结构框图

通常，系统软件和支持软件采用成熟的商业软件，其通用性好、可靠性高。也有部分支持软件是由供货厂家自行开发的（如网络软件），应用软件则基本上全为供货厂家开发，其界面设置、操作方法差异很大。

八、国内监控系统的典型案例

以国电南自 PS6000 综合自动化系统及其监控软件功能为例，介绍其软件功能。变电站自动化系统 PS6000 是国电南自公司推出的新一代综合自动化系统，其网络结构采用双以太网、基于 TCP/IP 协议，软件设计思想采用面向对象的模块化设计和开放的软件接口标准，硬件选型灵活多样，适用于高压、超高压等级变电站，满足 35 ~ 500 kV 各种电压等级变电站自动化需要。这里以 PS6000 监控系统为例，介绍监控系统软件功能模块。

1. 数据生成系统

PS6000 数据生成系统 NSDBTOOL 是一个数据定义系统，由它生成的数据库文件是监控系统在线运行的基础。NSDBTOOL 提供了方便的列表格式，用于系统数据库的定义。对于系统数据库中某些属性的填充，采用弹出菜单进行选择。NSDBTOOL 还提供有文本描述窗口，用户也可以使用数据描述语言来定义系统数据库。但列表方式的用户界面更加友好，使用更方便，因此建议用户使用列表方式。

启动数据生成系统有两种方式：① 操作系统桌面上激活快捷方式。② 操作系统启动菜单上"程序"中的 PS6000 程序组，选择 NSDBTOOL 菜单项。

（1）系统实时数据库结构。PS6000 的系统实时数据库用于存放现场实时数据及实时数据运算参数，它是在线监控系统数据显示、报表打印、界面操作等的数据来源，也是前置规约解释数据的最终存放地点。数据生成系统 NSDBTOOL 是离线定义系统数据库的工具，而在线监控系统运行时，由系统数据管理模块负责系统数据库的操作，如进行统计、计算、产生报警、处理用户命令（如遥控、遥调等）。

（2）基本数据定义。数据生成系统 NSDBTOOL 分三级定义系统的基本数据，即站定义、子系统定义、点定义。用户可以把屏描述成站，并分配名称。站下面可以包含多个子系统，可为 RTU 及保护设备，各子系统的类别可以相同也可以不同，并分配一个 0 ~ 65 535 范围内的序号。用户可以将 RTU 中地址连续的模板描述成一个子系统（或多个子系统），PS6000 支持的子系统主要有：

①遥测子系统：用来描述遥测量，如电压、电流、有功功率、无功功率等。

②遥信子系统：用来描述断路器量，如断路器、隔离开关、保护动作等。

③遥调子系统：用来描述连续控制量，与遥测值对应。

④遥控子系统：用来描述断路器控制量，与遥信值对应。

⑤脉冲子系统：用来描述脉冲记数值，如电能量。

（3）系统数据的引入和引出。系统定义的数据可以通过 ODBC 转换成其他形式的数据，或从其他形式的数据转换为系统数据，如可以将系统数据定义与 Excel 电子表格文件、Foxpro 的 dbf 文件、Access 的数据库文件互相转换。用户可以采用其他的编辑形式对系统数据进行定义，然后引入定义好的数据。

2. 界面编辑器

监控系统的界面编辑器是生成监控系统的重要工具，地理图、接线图、列表、报表、棒图、曲线等画面都是在界面编辑器中生成的。由界面编辑器生成的画面都能被在线系统调出显示。地理图、接线图、列表是查看数据、进行操作的主要界面，而报表、曲线则主要用于打印。

界面编辑器提供了方便的编辑功能，提高了作图效率。同时又提供了报表、列表自动生成工具，加快作图速度。对于画面中经常使用的符号，例如断路器、隔离开关、变压器等，可以使用界面编辑器制成图符，在编辑画面时直接调出使用。使用多个图符交替显示，用来代表断路器、隔离开关的不同状态。

3. 应用软件

（1）网络管理软件。网络管理软件管理计算机之间的通信，提供运行方法的管理，计算状态的管理，冗余度一览表，切换协调、监视和控制等功能。

（2）人机接口软件。人机接口软件的功能有：①高分辨率的显示，包括动态字符和汉字二级矢量汉字库。②快速画面显示。③所有画面显示，产生所有类型的菜单和画面（单线图、棒图、趋势曲线、系统图和表格等），具有连续光标移动、放缩和画面移动功能。④形成多重系统图。完成部分区域放缩、多级放缩、连续放缩功能，利用人机接口软件，用户能够产生电力系统需要的字符。字符的状态是动态的，根据电力系统的实际状态，赋予字符不同颜色，显示在屏幕上的汉字是矢量字符，提供汉字产生工具。人机接口软件包提供画面生成工具，使用户能方便和直接生成、修改和取得画面。依据画面人机接口软件能够直接定义动态点和动态汉字，在线地进入系统中。

（3）计算机通信支持软件。计算机通信支持软件的任务是负责管理本系统所涉及的各种通信传输介质及各种传输协议，进行有效的通信调度，并负责监测各传输通道的状态，提供通道质量数据。

九、监控系统的后台软件界面

1. 监控系统的后台软件

变电站自动化系统的后台机提供了方便普通运行人员操作的人机监控界面，后台机的人机监控界面主要用来为运行人员对一次设备的监视、控制提供简明、快捷的显示画面，以便可以简单、方便、可靠地对设备进行人工干预。另外，也能够为系统的维护提供个人与计算机对话的友好界面。后台机的人机界面主要由后台机的自动化系统监控软件来实现。

自动化系统后台机的软件除了完成大量的实时数据处理，还要根据电力系统运行的需要进行合适的界面处理，如一次接线图的描述、报警的处理、光字牌的制作、遥控界面的制作等。根据生产厂家的不同，变电站综合自动化的系统软件各不相同，其监控界面的构成和界面操作方法都是各自设计者自己的思路，都不尽相同，其人机界面也是不一样的，即使是同样的后台监控系统，由于操作系统不同，又有不同的人机操作界面。但是不管它们的形式如何，都基本上包括以下一些内容：供画面操作用的画面调用工具、供作图使用的图元制作、进行一次系统图形制作的作图软件工具包、图形的数据库连接操作、为运行统计用的报表制作、数据库修改操作等部分。

2. 北京 CSC - 2000 系统软件与用户界面

这里以北京四方 CSC - 2000 为例，介绍监控系统后台软件的界面。

系统支撑平台：操作系统为 Windows NT 的 Workstation / Serve 版本或 Windows 2000 的 Professional 以上版本。

系统软件：数据库系统采用通用的商用数据库，其接口支持微软公司的开放数据库连接接口（ODBC），允许系统存取各种常用的数据库系统文件，具有很好的开放性和可扩展性。

系统采用面向对象的程序设计方法，用国际通用的软件编写。

系统采用功能强大的 Wizcon 图形平台，工具全面，定制灵活，可靠性极高，这种图形编辑器可根据用户的实际需要将每一画面分为不同的图层、不同平面，用户可控制各图层、平面的显示。不同窗口可互相拷贝画面，并可放大。该图形编辑器带有丰富的电力系统图符库，支持 Active X 控件，支持动画显示，可形象地显示现场的设备状态。

通过启动监控软件后，可以看到图形编辑器功能菜单、CSC - 2000 变电站自动化监控软件功能菜单、系统画面与监控主画面。

①图形编辑器功能菜单中包括图形编辑器中各功能快捷键及用户名，根据用户的权限不同，所能看到使用的功能快捷键的多少也有所不同。

②CSC - 2000 监控软件功能菜单中包括 CSC - 2000 监控软件各功能快捷键及版本号，一般隐藏在屏幕上方，移动鼠标接触屏幕上方的白线即可显示快捷菜单。各快捷按钮有不同的含义，CSC 监控系统画面，如图 6 - 4 所示。

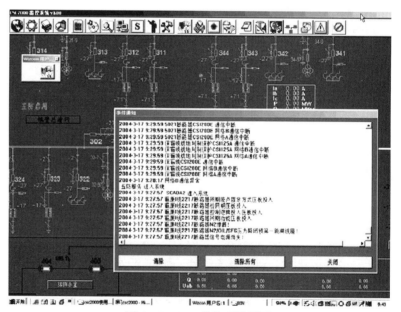

图 6 - 4　CSC 监控系统画面

图6-5为CSC-2000变电站自动化监控软件界面快捷工具条，工具条下面是图形编辑器快捷工具，如图6-6所示。图6-4中间的红框是事件通知器，如果系统正常启动，则会自动弹出事件通知器。若通信网络不正常，则事件通知器中会显示网络通信中断，运行人员要做相应处理。

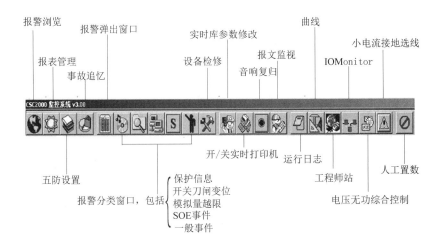

图6-5　监控软件功能菜单快捷工具条

图6-6　图形编辑器功能菜单

③在系统启动后，可以根据用户要求，由宏指令定义MENU图形对话框，MENU（主菜单）如图6-7所示。此对话框中可以定义一次主接线图、公用信号图、系统工况图、棒图、电度一览表、通信状况一览表以及全遥信、全遥测等其他功能分图按钮，单击功能按钮可链接到其分图。

④监控主画面如图6-8所示，用户可以在监控主画面显示用户关心的遥测信息量，并可设置各种触发器按钮，有事故总、报警总、报警清闪、复归按钮以及链接各间隔分图按钮。若想调出某个间隔分图，可单击对应的间隔分图触发器按钮。根据用户的需求，可以在主画面遥控隔离开关（刀闸）、断路器（开关），也可在各自间隔分图执行该间隔的遥控操作。在分图中主要显示各间隔内的详细信息，图6-9所示为电度一览表，图6-10所示为历史棒图以及系统的运行状况信息等，图6-11所示为通信状况一览表，展示各部分通信的运行状态。表6-1对本软件的一些按钮功能给出了具体的解释含义，避免误解与错误使用。

图6-7　MENU图形对话框

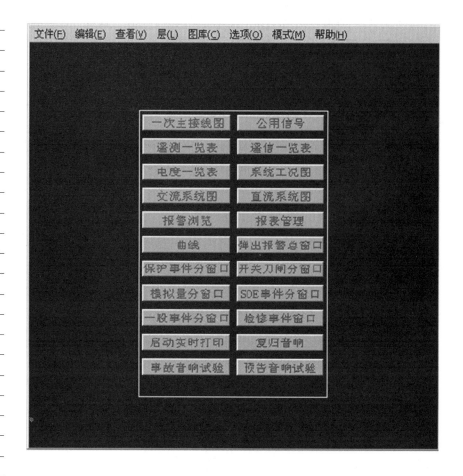

表6-1　按钮功能的含义

按钮功能	解释含义
总复归	当有装置上送报警信号时,单击此按钮复归所有装置
报警总复归	有报警事件发生或运行人员进行遥控操作时,后台监控主画面上会有相应的装置开关闪烁提示,单击此按钮将清除所有的闪烁提示
装置复归	当某一装置上送报警信号时,单击此按钮复归这一装置
间隔复归	当某一间隔发生报警事件或保护事件时,单击此按钮对这一间隔进行清闪
测试电铃电笛	测试电铃电笛回路是否正常,用于运行人员交接班时检验电铃电笛回路
事故总	当系统内有保护动作发生时,事故总会闪烁以提示运行人员
报警总	当系统内有保护报警时,事故总会闪烁以提示运行人员

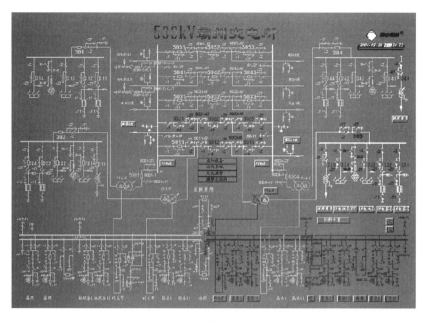

图 6 - 8　监控主画面

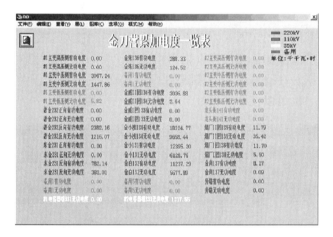

图 6 - 9　电度一览表

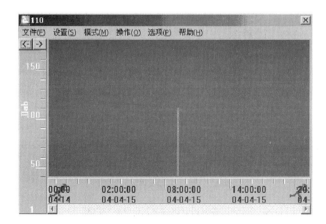

图 6 - 10　历史棒图

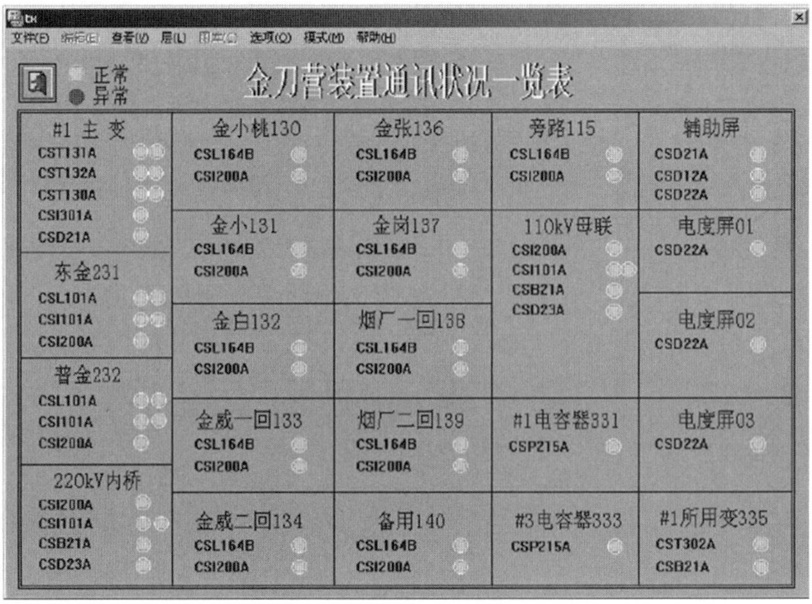

图 6 – 11　通信状况一览表

历史报警浏览图如图 6 – 12 所示，可以支持对变电站过去某一时刻发生的事件、事故或遥信变位进行查询和检索，为进行事故事件排查分析提供可靠的依据。在历史报警浏览图中，可以按照变电站间隔类型对历史报警进行检索，也可以按照"四遥"的类别进行分类检索。

图 6 – 12　历史报警浏览图

报警窗口弹出后，如果系统配有 SQL Server 数据库，则首先连接数据库，如果连接数据库失败，需检查实时库工具中数据库的设置。若数据库连接成功，可使用其功能进行报警查询。

报警浏览可按三大类五小项进行查询，所谓三大类指的是按间隔分类、按详细类型分类和按类型分类，五小项指的是模拟量越限、遥信变位、保护记录、SOE记录和操作记录。表6－2所示为生产商所定义的五小项的含义表。

表6－2 五小项的含义

五小项	解释含义
模拟量越限	遥测数值超过限度时所上送的信息
遥信变位	遥信数值从1到0或从0到1时所上送的信息
保护记录	当有保护事件发生时，装置上送的保护信息
SOE事件	指带有时间标志的遥信变位信息
操作记录	运行人员操作时所记录的信息

监测系统基本功能
（PPT）

任务三 监控系统的主要工作站

 教学目标

1. 知识目标
（1）理解监控系统继电保护工程师站的主要功能。
（2）掌握监控系统继电保护信息的分类。
（3）了解监控系统继电保护工程师站的软件界面。
（4）理解监控系统远动主站的主要功能。
（5）掌握不同的监控主站与"五防"机的配置方式。

2. 能力目标
（1）能识读监控系统继电保护工程师站的保护信息。
（2）会辨识不同的监控主站与"五防"机的配置方式。

3. 素质目标
（1）培养沟通交流及与人协作的能力。
（2）培养良好的电力安全意识和职业操守。

监控系统中的继电保护工程师工作站、远动主站及"五防"工作站是站控层非常重要的设备，下面将这三种工作站进行一一阐述。

一、监控系统的继电保护工程师站

继电保护工程师站又叫保护工作站，有些厂家也称其为保护管理机系统。

继电保护技术的未来趋势是向计算机化、网络化、智能化、保护、控制、测量和数据通信一体化方向发展，这就为保护管理机系统的出现提供了必要的条件。同时，有些调度针对保护装置在电力系统中的重要作用，要求保护能够单独组网，以便对保护信息加以更好地管理。

一些重要的变电站监控系统，特别是 220 kV 及以上电压等级的变电站中，通常会使用不同类型不同厂家的保护装置、故障录波装置以及其他自动化装置。即使是微机保护，不同厂家的产品或同一厂家不同型号的产品，其通信方式和通信规约也不一样；故障录波器的通信也是如此。保护中有一些为实时数据，如保护动作信息和保护装置运行工况，需及时传送给监控系统，与此同时，也要准确无误地传送到调度端，并进行综合分析和处理。

目前，广泛采用一种基于网络技术的电力系统保护信息管理系统，它能将厂站端的故障录波信息、保护装置自检、动作及运行信息实时传送到调度端进行分析和处理，使调度员迅速、准确地掌握故障情况，从而加快对电网事故及保护异常的处理，提高电网安全运行水平。此外，利用电力系统内部网，还能够使各相关人员快捷、方便地查阅保护装置、故障录波器的历史信息、动作报告、事故报告等，进行相关的电网分析和统计分析，提高电力系统的安全监视和管理水平。

1. 继电保护信息

继电保护信息从功能与作用上可分为三大类，即继电保护运行信息、继电保护事故信息、继电保护管理信息。

（1）继电保护运行信息所要求的实时性最强，如保护测量信息、保护开关量信息、继电保护运行设备本身的运行状态信息，都需要尽快得到运行值班人员及调度值班人员的识别，并作为电网事故处理的重要依据。

（2）继电保护事故信息在电网发生事故时，特别是在出现继电保护异常动作后的保护动作信息、故障录波数据都需要尽快传递到有关专业人员手中，经专业人员分析判断后，为调度值班人员在电网事故后恢复电网运行提供支持，同时也是制定反事故措施的基础。

（3）继电保护管理信息除了包括电网内继电保护运行、管理信息和技术信息外，还应包括科研、制造、设计和基建的有关信息，它们是提高继电保护专业工作质量和效率的关键。

保护管理机系统应结合上述三个方面信息的不同特点进行设计。

2. 继电保护工程师站的功能

保护管理机系统应具备的主要功能是采集继电保护装置、故障录波器、安全自动装置等厂（站）内智能装置的实时/非实时的运行、配置和故障信息，对这些装置进行运行状态监视。即监视全厂（站）的继电保护装置运行状态，收集保护事件记录及报警信息，收集保护装置内的故障录波数据并进行显示和分析，查询全厂保护配置，按权限设置修改保护定值，进行保护信号复归、投退保护等，其主要功能如下。

（1）通信管理功能。保护管理机系统应支持目前电力系统使用的各种主要介质和规约，并且应根据需要可以方便、灵活地增加对新介质、新规约的支持。保护管理机应提供通道监视的功能，对流经各通道的数据进行监视，以便于了解通道工况，确定系统通信是否正常，并应提供报文过滤功能，以利于在通信量很大时轻松获得所需数据。

（2）保护信息处理功能。保护管理机系统对各保护装置和录波装置进行数据的采集和监控，信息包括设备的当前设定值及状态、连接片投切状态、异常告警、保护测量值（电压、电流、功率、阻抗、频率等）、通信状态等运行信息，这部分信息除了在保护管理机上显示外，还可以送往当地后台系统中处理显示；系统在发生异常或事故时，保护管理机对事故信号、故障时的采样值、保护动作事件等这类故障记录信息优先处理，处理的级别最高，除了保护管理机本身可以通过图形或声光电信号报警外，根据实时性要求有选择、分优先级地上送到调度和当地后台，以便能够及时提醒运行人员，使运行人员、调度员能够迅速、准确地掌握故障情况，从而加快对电网事故及保护异常的处理，保障电网的安全运行，同时这部分信息被及时地保存到历史数据库中，供日后查询和分析用。对于设备管理、线路参数、保护配置，保护的型号、功能、生产厂家、技术参数等非实时的管理数据，存入磁盘数据库，保护管理机提供接口和界面，供运行人员方便查阅。

（3）录波管理功能。录波管理功能主要实现对各厂家故障录波器装置的集中统一管理，系统接入不同厂家的故障录波器，正常运行时巡检录波器，获得录波器当前运行状态，在有异常时发出报警信息，当有故障录波记录时可以由用户手动召唤或自动接收录波器主动上送的数据，并根据设置有选择地上送到主站端，供进一步分析处理。

（4）图形及系统监控功能。保护管理功能应以图形化的方式显示系统运行状态、保护配置和运行情况，并在异常、故障等情况下主动发出报警信号。图形界面应根据用户要求定制，一般应有系统接线图，显示全系统运行方式、保护装置运行工况等信息，通过热点、多级菜单等方式，可以从总图进入多级子图，保护装置的运行状态。当前定值、保护功能投入情况等都形象地显示在图上；其次应具有保护配置图，显示系统所有保护。安全自动装置等设备的配置情况，包括保护的型号、功能、生产厂家、技术参数等。另外，还应具有连接图，显示系统网络的组成方式、设备接入方式、网络及设备的通信工况等。

（5）报警管理功能。报警管理模块应与系统其他部分最大限度地解耦，保证系统报警信息能可靠地传递给用户，而不会因某个模块的异常而丢失。另外，应考虑到灵活性的要求，报警窗口的大小、位置、报警颜色、图标、报警提示、字体都应可以灵活设置。当系统有异常信息、运行提示消息等发生时，报警管理功能应按照信息的严重程度分类，从而进行不同的管理。

（6）GPS 对时功能。保护管理机应能够接收 GPS 时钟传来的对时信息，并对系统内各计算机、系统所接入的保护录波器和其他智能设备进行对时，以获得统一、准确的时钟。

（7）数据库管理功能。保护管理机应提供实时数据库和历史数据库。实时数据库主要用于系统在线运行时的实时数据存放，它应按照既定的要求不断刷新。历史数据库主要保存各个保护装置和录波器的"四遥"信息、保护的动作事件记录、报警记录、保护定值、运行人员修改固化定值等操作记录、录波器上送的分析报告等信息。

（8）历史记录、查询和报表功能。可以对历史的记录数据进行查询与打印，并且能生成不同格式以满足用户需求的报表。

3. 继电保护工程师站举例

这里以 CSC - 2000 综合自动化系统继电保护工程师站软件为例，介绍综合自动化系统继电保护工程师站的基本作用，其图形界面如图 6 - 13 所示。继电保护工程师站软件用于远方及站内监视、查询和记录保护设备的运行信息，查看保护信息、定值、连接片状态；查询、设定和修改保护设备的定值；监视、查询和记录保护设备的报警、事故信息及历史记录；进行定值区切换和连接片切换操作；查询、记录和分析保护设备的分散录波数据，完成分散式故障录波数据的接收、远传、分析及波形显示等。

从图 6 - 13 中可以看出，在窗口左侧显示的即是本变电站所包括的间隔及间隔下属的装置，选择所要操作的装置，然后选择相应的菜单或图表，就执行完相应的操作。通过工程师站软件界面可以进行以下操作。

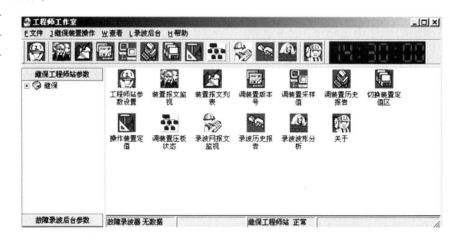

图 6 - 13　继电保护工程师站软件界面

（1）工程师站参数设置。可查看继电保护工程师站的工作状态及通信方式等内容。

（2）装置报文监视。显示监控网络上的报文，可查看继电保护及自动装置上送的报文。图 6－14 所示窗口中显示监控网中收、发的报文。可以通过是否有报文，判断当前网络状态，可以通过看报文，并根据 CSC－2000 规约解释报文，分析工程师站当前的详细情况。如果想要分析具体对应某个 LON 网地址装置的上、下行报文，或者只想观察某种类型的报文，可以通过单击"报文过滤..."按钮，打开设置界面进行选择。

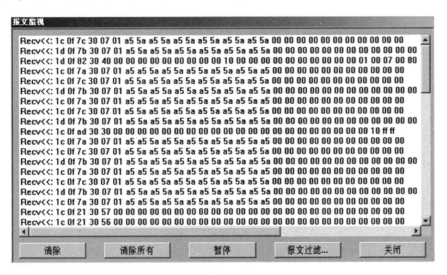

图 6－14 报文监视

（3）装置报文列表。调取继电保护及自动装置的版本号、采样值或者历史报告在此窗口中显示。

（4）调装置采样值。在图 6－13 的左侧"继保工程师站参数"下树形目录中选取装置调取继电保护及取自动装置的运行采样值。

（5）调装置历史报告。在软件中，直观、方便地调取继电保护及自动装置的历史报告。

（6）操作装置定值。在图 6－13 的左侧"继保工程师站参数"下树形目录中选取装置的 CPU 号及定值区后，可修改、查看继电保护及自动装置的定值。

（7）调装置压板状态。在图 6－13 的左侧"继保工程师站参数"下树形目录中选取装置，可调取和修改装置压板状态。

（8）录波网报文监视。可随时查看录波网上送的报文。

（9）录波历史报告。调取存储在录波插件中的录波数据，用于历史报告的重现。选中某个录波单元，然后选择"录波历史报告"。根据录波单元的型号不同，可能弹出不同的窗口，在录波召唤选择对话框中，可以选择不同存储介质中的录波文件，还可以选择第几条录波记录，如图 6－15所示。

图 6 – 15　录波文件窗口

（10）录波波形分析。可以对录波波形进行不同形式的展示与分析，如图 6 – 16 所示。

典型的故障录波图的分析案例见二维码。

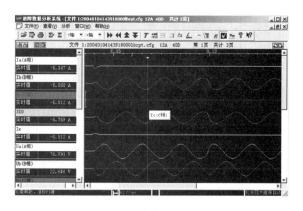

（a）

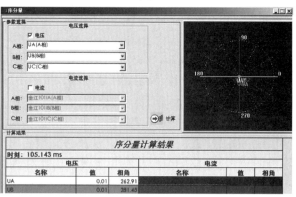

（b）

图 6 – 16　不同形式的录波波形

（a）各相波形图；（b）序分量图

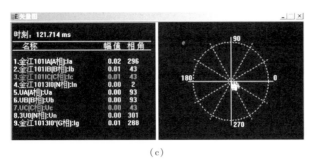

图 6 - 16　不同形式的录波波形（续）

（C）矢量图

二、监控系统的远动主站

目前，国内电力系统中远动装置（图 6 - 17）的主要功能是遥测、遥信、遥控和遥调等。遥测是远方测量，简记为 T，它是将被监视厂（站）的主要参数远距离传送给调度，如厂（站）端的功率、电压、电流等；遥信是远方状态信号，简记为 TS，它是将被监视厂（站）的设备状态信号远距离传送给调度，如开关位置信号；遥控是远方操作，简记为 TC，它是从调度发出命令以实现远方对厂（站）端的操作和切换。这种命令只取有限的离散值，通常只取两种状态指令，如命令开关的合、分指令。电力系统中的厂（站）端的参数、状态，调度所的操作、调整等命令都是"信息"，远动装置远距离传送这种信息，以实现遥测、遥信、遥控、遥调等功能。

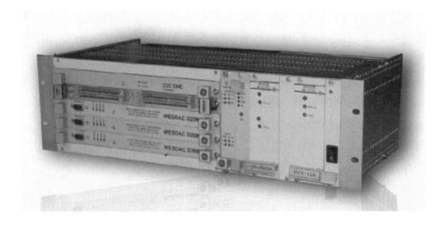

图 6 - 17　GR90 RTU 远动终端装置

远动主站作为变电站对外的通信控制器，是变电站综合自动化系统的重要组成部分，完成变电站与远方控制中心之间的通信，实现调度对变电站的远程监控。远动主站直接连接到以太网上，同间隔层的测量和保护设备直接通信，通过周期扫描和突发上送等方式采集变电站数据，创建实时数据库作为数据处理中枢，能够满足调度主站对数据的实时性要求，如图 6 - 18 所示。

远动主站提供多种通信接口，如 CAN、LonWorks、以太网 Ethernet、RS – 232/485/422 等，并可根据需要扩展；支持多种常用的通信规约，如 IEC 60870 – 5 – 101（Slave）、IEC 60870 – 5 – 104（Slave）等。各种接口和规约可以根据需要灵活配置，遥信、遥测等信息点的容量基本没有限制；与各种常用 GPS 接收机通信，实现对变电站间隔层装置的 GPS 对时。

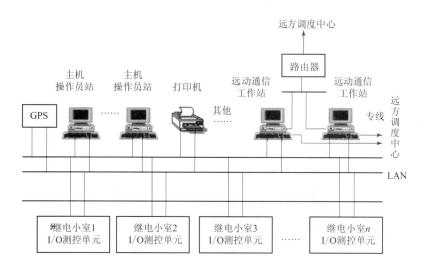

图 6 – 18　某变电站与调度中心通信图

变电站计算机监控系统由站控层和间隔层组成，其抗干扰能力、可靠性和稳定性要满足现场实时运行的要求，满足各调度端对实时数据的要求，且应具有较好的可扩充性。系统具有遥测、遥信、遥调、遥控、SOE 功能，实时信息能以不同规约，通过专线通道或网络通道向有关调度中心传送，并接收指定调度中心的控制指令。以图 6 – 18 为例，图中的 I/O 测控单元支持网络功能，直接接入站控层的以太网上，实现采集数据直接上网，减少了中间转换环节，数据传输比较快，但要求数据同时向站控主机和远动通信工作站传送，远动通信工作站独立构建向有关调度中心传送的数据库。另外，与有关调度中心的数据通信，采用专门的远动通信工作站完成，其实现方式有两种，一是通过专线利用串口实现数据传输，二是通过路由器上网实现网络数据传输。

远动主站与通信管理机虽然都是变电站的通信设备，但还是有区别的。通信管理机也可以称为规约转化器，它的作用是将其他的电力系统规约转换成后台可以识别的规约，然后解析出来，显示在后台上。一般常见的接入规约有 CDT 规约、Modbus 规约、103 规约。一般来讲，不同厂家接入的规约大多是标准规约，但是还有部分厂家的规约并非标准，在使用的过程中需注意它们之间的差别与不同点。在一个变电站中，通信管理机的作用是接入至本站的微机保护装置和其他通信设备进行的数据传输，如直流屏、电度表、智能仪表、小电流接地选线、电能质量监测装置等设备。而远动机的作用是通过远动规约将站内调度或者集控站要求的数据打包上送到对端，一般是 101 规约或者 104 规约。远动机是通信管理机的一种，不过对于远动机来讲，在远动上要求更高，根据实际要求具有主备互相切换等功能。在变电站中，远动机必须保证稳定，数据稳定上送，不能出现数据间断的情况。尤其对于上送调度的数据来说，更不能出现数据中断的现象。因此，对于变电站来讲，通信管理机和远动机区分起来，通信管理机是对于本站而言，而远动机更注重保证远动信息的稳定性。某些微机保护厂家所设置的远动机就只有远动功能，没有接入功能。

当变电站中出现数据不更新或者没有数据的情况下，运维人员应重启通信管理机或找厂家进一步解决。通信管理机和远动机虽然不像微机保护那样，对一次运行的设备起到保护作用，但是在数据传输通信方面，它起着非常重要的作用。在电力系统中，通信问题出现故障也是大问题，不能忽视。

三、 监控系统的 "五防" 工作站

1. "五防" 工作站的功能

"五防" 工作站的主要功能是对遥控命令进行防误闭锁检查，系统内嵌 "五防" 功能，并可与不同厂家的 "五防" 设备进行接口，实现操作防误和闭锁功能；根据用户定义的防误规则进行规则校验，并闭锁相关操作；根据操作规则和用户定义的模板自动开出操作票，确保遥控命令的正确性，并可在线模拟校核。此外，"五防" 工作站通常还提供编码/电磁锁具，确保手动操作的正确性。目前，大型变电站的综合自动化系统一般都要配置微机 "五防" 工作站。

2. "五防" 工作站与监控主站的配置方式

由于不同厂家与公司的 "五防" 系统采用不同的规约，连接方法也有串口和以太网之分，因此，形成了 "五防" 工作站与监控主站之间存在不同的配置方式。下面对主要的六种配置方式进行简要阐述。

（1）监控软件、"五防" 接口软件同机运行，如图 6 - 19 所示。这种 "五防" 接口、监控软件同机运行的配置方式，多用于 110 kV 以下电压等级较低的变电站，可以减少用户成本，提高了防误闭锁的能力。

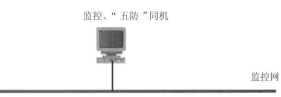

监控、"五防" 同机

监控网

图 6 - 19 监控软件与 "五防" 接口同机方式示意图

（2）以太网、单独监控主站、"五防" 机的方式，如图 6 - 20 所示，在此种配置下，监控软件和 "五防" 机可通过以太网的方式进行连接，根据用户的需求，也可连接模拟屏，并可在模拟屏上开 "五防" 工作票。

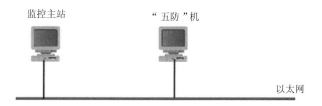

图 6 – 20　以太网、单独监控主站与"五防"机方式示意图

（3）串口、单独监控主站、"五防"机的方式，如图 6 – 21 所示，监控主站与"五防"机之间可以进行串口通信。

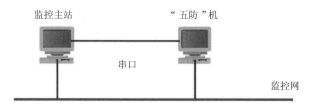

图 6 – 21　串口、单独监控主站与"五防"机方式示意图

（4）以太网、双监控、单"五防"机的方式，如图 6 – 22 所示。在 220 kV 中高压变电站采用双监控、单"五防"机，"五防"机和监控的连接方式也采用以太网。

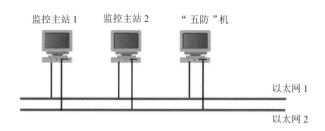

图 6 – 22　以太网、双监控与单"五防"机方式示意图

（5）以太网、双监控、双"五防"机的方式，如图 6 – 23 所示。在 500 kV 高压变电站可以采用以太网、双监控、双"五防"机这种配置方式，也可一台监控机连接"五防"机，另一台连接模拟屏，根据用户需求而定，这种配置方案可大大提高系统的稳定性和安全性。

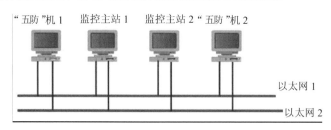

图 6 – 23　以太网、双监控、双"五防"机方式示意图

（6）以太网、双监控与双"五防"同机的方式，如图 6 - 24 所示，在 500 kV 高压变电站，也可采用以太网、双监控与双"五防"同机运行这种配置方式，在节省了成本的同时也提高了系统的安全性，如果其中一台主机发生异常，无法正常工作，另一台主机还可继续正常运行。

监控 1、"五防"1 同机　监控 2、"五防"2 同机

以太网 1

以太网 2

图 6 - 24　以太网、双监控与双"五防"同机方式示意图

任务四　监控系统的典型操作任务

 教学目标

1. 知识目标
（1）掌握监控系统的典型操作任务。
（2）理解监控系统操作任务的目的和意义。

2. 能力目标
（1）会执行监控系统典型操作任务。
（2）能分析监控系统操作任务。

3. 素质目标
（1）培养与人的协作能力以及良好的沟通交流能力。
（2）培养独立思考与处理问题的能力。
（3）培养良好的电力安全意识与职业操守。

变电站内的操作监控，是指运行人员通过操作员工作站在变电站内进行倒闸操作、继电保护及自动装置的投、退操作以及其他特殊操作工作时，对操作过程中的各类信息进行监视、控制，以保证各种变电设备及操作人员在操作过程中的安全。操作监控的内容有：一次设备的倒闸操作，继电保护及自动装置压板的投、退操作，"五防"系统操作及其他特殊操作。另外，变电站综合自动化系统运行管理中，包括交接班的管理制度。在交接班的工作内容里，涵盖了交接时必须检查的内容，如音响测试检查、网络测试等。下面以 P8000 监控系统为例，将变电站综合自动化监控系统的一些典型的操作进行阐述。

一、GPS 校时与报警音响的检查

GPS 是 Global Position System（全球定位系统）的缩写，国内变电站

主要以 GPS 时间信号作为主时钟的外部时间基准。GPS 卫星天文钟采用卫星星载原子钟作为时间标准，并将时钟信息通过通信电缆送到变电站综合自动化系统的有关装置，对它们进行时钟校正，从而实现各装置与电力系统统一时钟。因此，交接班时进行 GPS 校时是非常必要且非常重要的一环。

以 P8000 系统为例，如图 6-25 所示，单击操作下拉式菜单，选择本机校时或发校时令，在弹出的窗口中单击"是"按钮就可以进行系统校时，实现装置与系统的时钟统一。

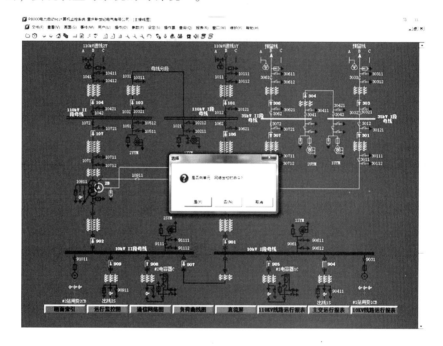

图 6-25　校时窗口

报警处理分两种方式，一种是事故报警，另一种是预告报警。前者包括非操作引起的断路器跳闸、保护装置动作或偷跳信号。后者包括一般设备变位、状态异常信息、模拟量越限报警、计算机站控系统的各个部件异常、间隔层单元的状态异常等。报警显示具有模拟光字牌分类报警画面和确认功能。报警发生时，立即推出报警条文，伴以声、光提示；对事故报警和预告报警其报警的声音不同，且音量可调。报警的发生、消除、确认用不同颜色表示。报警点可人工退出/恢复，报警信息可分时、分类、分组管理。报警状态及限值可人工设置，报警条文可人工屏蔽，有消除抖动处理，避免误报、多报。

报警一旦确认，声音、闪光立即停止，报警条文颜色消失。声音、闪烁停止，向远方控制中心发送信息，保存报警信息。

第一次事故报警发生阶段，允许下一个报警信号输入，第二次报警不覆盖上一次报警的内容，并且重复声光报警。报警装置能在任何时间进行手动试验，在试验阶段不发出远动信号。报警音量可调。预告报警发生时，其处理方式与事故报警处理大体相同，只是音响和提供信息颜色区别于事故报警。

在 P8000 系统的主窗口中，单击"操作"下拉菜单的"播放预报警声音"或"播放报警声音"命令后（见图 6-26），能听到蜂鸣器发出响声，表示音箱正常。两者的声音应该是不同的、易区别的两种报警声。如果声音没报出，则需立即进行故障处理，直到正常为止。

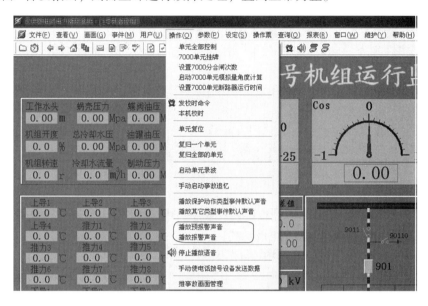

图 6-26 播放预报警声音与报警声音菜单

二、电子操作票的编写

操作票是防止误操作（误拉、误合、带负荷拉、合隔离开关、带地线合闸等）的主要措施。操作票包括编号、操作任务、操作顺序、发令人、受令人、操作人、监护人、操作时间等。电子操作票采用计算机保存、管理，对操作票进行有效的统计分析，可在执行过程中同微机"五防"系统有机结合，严格按"五防"要求进行操作，有效地防止了误操作。实现从填写至执行、记录、管理的有机统一，为以后的事故分析、操作管理提供有力的依据，安全性也得到了更好的保障。

在监控软件中，如图 6-27 所示，遵照弹出的窗口一步一步填写操作票的内容，包括操作任务、操作项目、执行类型、执行内容等，整个填写过程简单、易操作，人机对话界面友好、直观。在完成所有内容后，单击"保存"按钮就完成了操作票填写任务。保存后的电子操作票可以进行再编辑、打印、修改格式等操作。完成后的操作票可以直接与"五防"系统对接，大大避免了误操作发生。

(a)

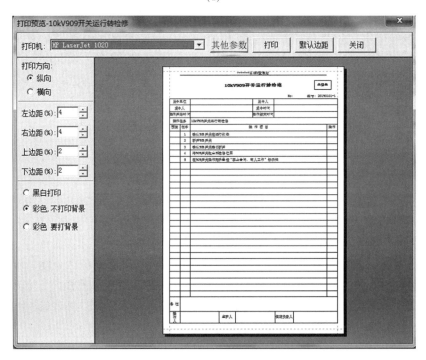

(b)

图 6 – 27 电子操作票窗口

(a) 电子操作票填写窗口；(b) 电子操作票生成及打印窗口

三、开关设备的操作

变电站内电气设备的倒闸操作，需要对相应的开关设备进行，监控软件可以方便、直观地对开关设备进行分、合控制，并设置有关的安全措施。

在 P8000 系统中，假若对 1 号主变低压侧处于合闸状态的 901 断路器进行分闸操作（见图 6－28），在单击 901 断路器后，弹出控制操作用户密码窗口，如图 6－29（a）所示，输入正确后，才会弹出操作对话框。继续在弹出的对话框中对单元进行"总复归"，再单击"远方"即遥控进行操作，如图 6－29（b）~（d）所示。最后单击"断路器分闸"按钮，在弹出的对话框中单击"执行"按钮，如图 6－29（e）、（f）所示，操作完成后将会发现，监控窗口中 901 断路器显示为分闸状态（绿色），如图 6－29（g）所示，即分闸成功了。

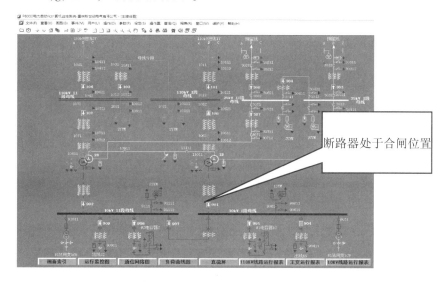

图 6－28 开关设备监控

（a）

（b）

（c）

（d）

图 6－29 断路器分闸操作窗口

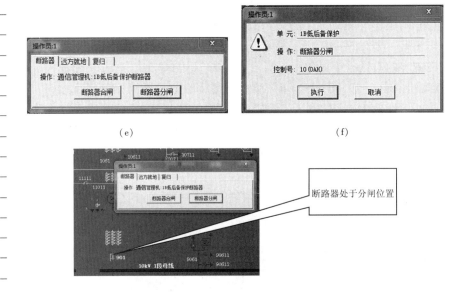

(e)   (f)

(g)

图 6 - 29　断路器分闸操作窗口（续）

当检修或正常维护时，还必须对断路器等开关设备进行安全措施的操作，图 6 - 30 所示为挂牌窗口。

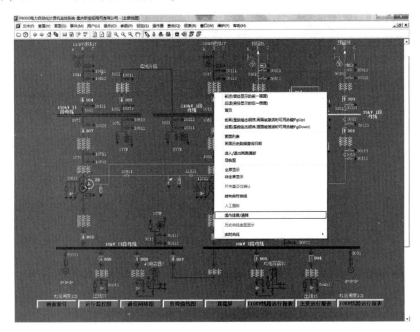

图 6 - 30　挂牌操作窗口

仍以 901 断路器为例，单击鼠标右键，在弹出的快捷菜单中选择"操作挂牌/清除"命令，选择挂牌的类型，如"禁止分操作"，单击"应用挂牌"按钮后，就会发现 901 断路器上出现了标识，表示禁止分闸操作，以达到电气安全措施的要求，操作窗口如图 6 - 31 所示。

（a）

（b）

断路器挂牌操作（视频）

（c）

图 6 – 31　挂牌操作过程

四、历史曲线与记录的查阅

监控软件可以实现实时和历史数据的查询功能，对于任何设备的遥测量，系统提供实时和历史的曲线、棒图等，如图 6 – 32 所示。显示的曲线主要包含功率曲线、电流曲线、电压曲线。

各种设备的遥测数据异常、远方用户终端装置异常以及开关变位情况等，监控系统都能详细记录事件内容及发生的时间，存放在系统历史数据库中，可以供值班员随时直观明了地查询。系统提供按事件类型、按时间查询事件历史记录的功能。对于电流和电压超上下限报警，客户可自行设定限值，并可以设定延时报警等功能，大大方便了运行值班人员快速、准确地分析处理问题的程度。

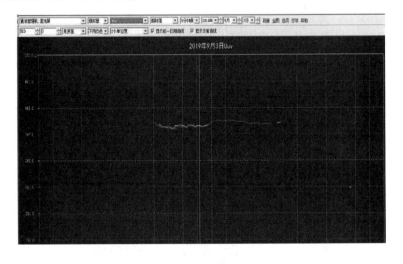

(a)

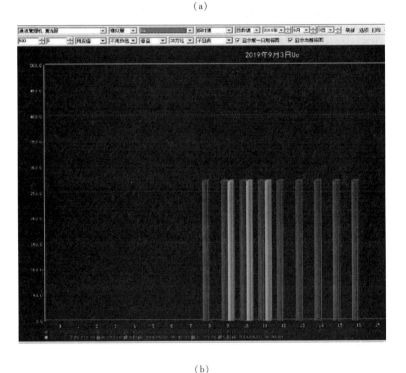

(b)

图 6 – 32　历史曲线图及棒图

(a) 历史曲线图；(b) 棒图

五、 保护定值的查询与修改

对于继电保护的整定值，继电保护调试人员无权改动运行保护装置的整定值和投入、切出状态。如因工作需要必须临时改变保护运行状态时，只能由当值运行值班人员请示当值调度，同意后方可改变。此变化由运行值班员操作并记入值班记录簿内，工作完成后必须及时恢复正常的保护运行状态。

保护定值的整定和修改操作必须在保护装置上"就地"进行，操作完毕后必须打印最新定值清单，并认真核对确保完全一致，确认无误后操作人和监护人必须在最新定值清单上签名确认后存档，同时将对应的已作废的定值清单清除，另外存放。查看保护定值也应以"就地"查看的数据为准。

在监控软件中对保护整定值，可以随时查看所有单元设备所配置的保护情况与保护定值（见图 6-33）。若需修改，必须是有权限的人员按相关的管理规定来操作。

（a）

（b）

图 6-33　保护定值查询

（a）定值组定值选择窗口；（b）挂牌操作窗口

六、监控数据的显示

将变电站的监控数据真实、有效并实时地显示至监控机，使得运行值班人员能直观地进行监测管理及分析，保证变电站安全、可靠地运行。监控的数据信息量是比较烦琐的，因此，监控界面主要用来为运行值班人员对一次设备的监视、控制提供简明、快捷的显示画面，以便简单、方便、可靠地对设备进行人工干预，为整个系统的维护提供人机对话的友好界面。

如 P8000 系统中的监控界面（见图 6 - 34），直观显示了主变压器的测量数据，包括油温、油位、中性点接地方式、高中低压三侧有功和无功功率等信息，每段母线的测量数据以及每条支路的电气量，运行值班人员对所显示的数据必须非常了解，做到心中有数。

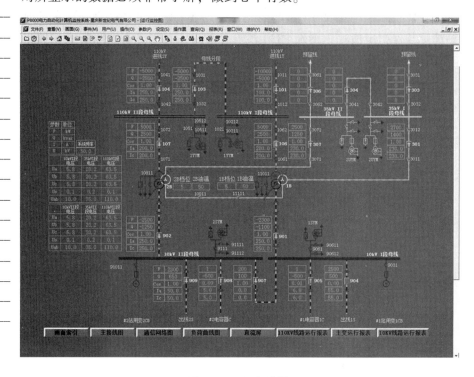

图 6 - 34 运行监控

任务五 监控系统的常见故障与处理

 教学目标

1. 知识目标

（1）了解监控系统的故障检查项目。

（2）掌握监控系统的硬件常见故障。

（3）掌握监控系统软件的"死机"故障。

2．能力目标

（1）能辨识监控系统的故障检查项目。

（2）会分析监控系统常见故障。

（3）会处理监控系统软件"死机"故障。

3．素质目标

（1）培养与人的协作能力和良好的沟通交流能力。

（2）培养独立思考与处理问题的能力。

（3）培养良好的电力安全意识与职业操守。

变电站监控系统由监控中心和监控现场两段组成，也可根据需求做到多级监控中心架构设计，每级监控中心负责辖区内设备和用户的管理。监控系统中的设备出现故障或中断都会造成严重的后果。以下对监控系统可能发生的故障及其诊断处理手段进行阐述。

一、　监控系统的故障检查项目

1．采集单元的故障检查

（1）在监控系统"遥测"画面中，如果发现某一间隔的所有遥测数据不会更新，且站内网络通信正常、支持程序运行正常、采集装置运行指示正常，即可判断该间隔的采集单元门"死机"或已损坏。

（2）在检查日负荷或电压报表时，如果发现某一间隔的所有报表数据一直都未改变过，且站内网络通信正常、支持程序运行正常、采集装置运行指示正常，此时应该检查该间隔的采集单元是否已经"死机"。

2．变电站微机监控网络通信中断检查

（1）根据监控后台的通信状况一览表，确认已中断通信的是哪一装置。

（2）检查各计算机的网卡运行是否正常。

（3）检查网线是否正常。

（4）检查光缆是否正常。

（5）检查光电转换器是否已损坏。

（6）对经过规约转换的设备，还应检查485转换机运行是否正常。

（7）检查中断通信的装置是否仍在运行状态，运行是否正常。

（8）检查光电转换器是否正常。

二、　监控系统的硬件与软件常见故障

监控系统充分利用计算机与通信技术对变电站的信息进行处理与分析，加之友好的人机界面，方便运行人员操作维护。

鉴于计算机或一些微处理器与电子元件是监控系统的主要硬件组成，因此，"死机"问题是影响微机监控系统正常运行的老大难问题，在"死机"问题上处理不好会直接影响到整个监控系统运行的稳定。众所周知，

从微机监控系统的间隔层的测控保护装置、站控层的通信主单元到后台监控系统，硬件平台都采用了微处理器，即 CPU，有的是基于单片机或高端 DSP、32 位 CPU 研发的硬件平台，有的是基于工控机、商用机一些高端工作站等所谓品牌计算机构成的系统，软件平台通常采用嵌入式操作系统、DOS 系统、Windows 系统，甚至采用 UNIX 操作系统，而且在硬件和操作系统的平台上开发了自己的应用程序，并加以运行。硬件、操作系统、应用程序任何一个出现问题，都有可能引起程序死锁，应用程序"走飞"，从而导致整个监控系统的部分功能失效，这就是通常所说的"死机"现象，也是许多微机监控系统普遍存在的问题。尽管造成死机的原因很复杂，有多方面的因素，但其原因永远也脱离不了硬件与软件两个方面。

1. 监控系统的硬件故障

（1）散热不良。显示器、电源和 CPU 在工作中发热量非常大，因此保持良好的通风状况非常重要，如果显示器过热将会导致色彩、图像失真甚至缩短显示器寿命。工作时间太长也会导致电源或显示器散热不畅而造成计算机死机。CPU 的散热是关系计算机运行稳定性的重要问题，也是散热故障发生的"重灾区"。

（2）移动不当。监控系统设备在运输过程中受到很大振动常常会使微机内部元器件松动，从而导致接触不良，引起计算机死机。所以，在运输或移动设备时应当避免野蛮装卸或剧烈振动，力求轻拿轻放。

（3）灰尘杀手。积尘会导致系统的不稳定，因为过多的灰尘附着在 CPU、主板和风扇的表面会导致这些元件的散热不良，电路印制板上的灰尘在潮湿环境中容易造成短路。对于这种情况，可以用毛刷将灰尘扫去，但是要小心不要将毛刷的毛留在电路板和元器件上而成为新的故障源。部件受潮或者是板卡、芯片的引脚氧化也会导致接触不良和不正常，对于潮湿可以用电吹风将元件烘干，但是在操作时要注意不可加热太久或者温度太高，以防止元件损坏。引脚的氧化则可以用橡皮将表面的氧化物擦拭掉。

（4）设备不匹配。如主板主频和 CPU 主频不匹配，主板超频时将外频定得太高，可能无法保证运行的稳定性，因而导致频繁死机。

（5）软硬件不兼容。第三方软件和一些特殊软件，可能在有的计算机上就不能正常启动甚至安装，其中可能存在软硬件兼容方面的问题。

（6）内存条故障。主要是内存条松动、虚焊或内存芯片本身质量所致。应根据具体情况排除内存条接触故障，如果是内存条质量存在问题，则需更换内存条才能解决问题。

（7）硬盘故障。主要是硬盘老化或由于使用不当造成坏道、坏扇区。这样机器在运行时就很容易发生死机。可以用专用工具软件排障处理，如损坏严重则只能更换硬盘。

（8）CPU 超频。超频是为了提高 CPU 的工作频率，同时，也可能使其性能变得不稳定。究其原因，CPU 在内存中存取数据的速度本来就快于内存与硬盘交换数据的速度，若超频就使这种矛盾更加突出，加剧了在内存或虚拟内存中找不到所需数据的情况，这样就会出现"异常错误"。

（9）硬件资源冲突。是由于声卡或显示卡的设置冲突，引起异常错误。此外，其他设备的中断、DMA 或端口出现冲突，也可能导致少数驱动程序产生异常，甚至死机。

（10）内存容量不够。内存容量越大越好，应不小于硬盘容量的 0.5% ~ 1%，如出现这方面的问题，就应该换上容量尽可能大的内存条。

（11）劣质零部件。少数不法厂商在组装计算机时，使用质量低劣的板卡、内存，有的甚至出售冒牌主板、CPU 或内存，这样的机器在运行时很不稳定，发生死机在所难免。因此，在选购计算机时应该保持警惕，可以采用一些较新的工具软件测试计算机，长时间连续拷机（如 72 h），以及争取尽量长的保修时间等。

2. 监控系统因软件原因引起的死机

（1）病毒感染。运行人员玩游戏、上网，容易遭到病毒的感染，病毒可以使计算机工作效率急剧下降，造成频繁死机。可采用杀毒软件如 KV300、金山毒霸、瑞星等进行全面查毒、杀毒，并做到定时升级杀毒软件，并在管理上制订禁止在监控主机上下载游戏或玩游戏等规章制度。

（2）设置不当。该故障现象很普遍，如硬盘参数设置、模式设置、内存参数设置不当，从而导致计算机无法启动。如将无 ECC 功能的内存设置为具有 ECC 功能，这样就会因内存错误而造成死机。

（3）系统文件的误删除。

（4）动态链接库文件（DLL）丢失。在 Windows 操作系统中还有一类文件相当重要，即扩展名为 DLL 的动态链接库文件，这些文件从性质上来讲属于共享类文件，也就是说，一个 DLL 文件可能会有多个软件在运行时需要调用它。如果在删除一个应用软件时，该软件的反安装程序会记录它曾经安装过的文件并准备将其逐一删去，这时就容易出现被删掉的动态链接库文件，同时还会被其他软件用到的情形，如果丢失的链接库文件是比较重要的核心链接文件，那么系统就会死机，甚至崩溃。

（5）硬盘剩余空间太少或碎片太多。一些应用程序运行时需要大量的内存，操作系统将自动开设虚拟内存，而虚拟内存则是由硬盘提供的，因此硬盘要有足够的剩余空间以满足虚拟内存的需求。同时用户还要养成定期整理硬盘、清除硬盘中垃圾文件的良好习惯。

（6）软件升级不当。大多数人可能认为软件升级是不会有问题的，事实上，在升级过程中都会对其中共享的一些组件也进行升级，但是其他程序可能不支持升级后的组件，从而导致各种问题，也会引起死机，甚至系统崩溃。

（7）滥用测试版软件。系统安装了一些处于测试阶段的应用程序，因为这些测试版的应用软件通常带有一些 BUG 或者在某方面不够稳定，使用后会出现数据丢失的程序错误、死机或者系统无法启动。

（8）非法卸载软件。不要把软件安装所在的目录直接删掉，如果直接删掉，注册表以及 Windows 目录中会有很多垃圾存在，久而久之，系统也会变得不稳定而引起死机。

（9）使用盗版软件。因为这些软件可能隐藏着病毒，一旦执行，会自动修改系统，使系统在运行中出现死机。

（10）应用软件的缺陷。应用软件因固有的技术水平限制而产生的缺陷，也会引起死机。

（11）启动程序太多。这使系统资源消耗殆尽，使个别程序需要的数据在内存或虚拟内存中找不到，也会出现异常错误。

（12）非法操作。用非法格式或参数非法打开或释放有关程序，也会导致计算机死机。

（13）非正常关闭计算机。不要直接使用机箱上的电源按钮，否则会造成系统文件损坏或丢失，引起自启动或者运行中死机。对于 Windows 98/2000/NT 等系统来说，这一点非常重要，严重的，会引起系统崩溃。

（14）内在冲突。有时运行各种软件都正常，但忽然间莫名其妙地死机，重新启动后运行这些应用程序又十分正常，这是一种假死机现象。出现的原因多是操作系统的内存资源冲突。大家知道，应用软件是在内存中运行的，而关闭应用软件后即可释放内存空间。但是有些应用软件由于设计的原因，即使在关闭后也无法彻底释放内存，当下一个软件需要使用这块内存地址时，就会出现冲突。

（15）驱动程序冲突。在安装某些硬件设备驱动程序时，由于安装不当，造成底层驱动程序发生冲突，如中断冲突、端口冲突等，这些都会造成操作系统的死锁。

（16）编制的软件是否合理。在操作系统稳定的情况下，监控应用软件的开发技术是监控系统稳定的关键。软件的开发要考虑许多细节、许多技巧来避免程序运行与操作系统的不兼容，如指针误指、数组越界、对于所采集或接收的数据缺乏合理性校验、运行进入死循环、单个进程在短时间内过分占用 CPU 时间、对共享资源（如硬盘数据库资源等）访问冲突、误用不完备的底层机制等。

（17）通信死锁。通信死锁主要与所用通信介质的处理机制有关，经常发生于需要冲突侦听检测机制的总线型通信网络上。例如，如果一路 RS-485 总线上在某一瞬间同时出现多个主设备或由于干扰等原因使得总线上瞬间出现类似电气特性的情况下，总线上某些通信芯片可能会发生"电平卡死"现象，当然，这也与通信芯片能否在此种情况下具备自身恢复机制有关。对于以太网，当出现"广播风暴"情况时，网络有可能会发生瘫痪。此外，如果一个局域以太网建立了过多的流连接，也会大大降低网络效率，甚至造成网络瘫痪。

三、监控系统常见故障的处理

监控系统的主要任务包括开关量信号采集、脉冲量信号采集、模拟量采集、控制命令的发出、调节命令的发出以及这些信号或命令的远方传送等。从硬件和软件两个方面已经讨论了监控系统中可能发生死机的环节，然后就可以根据死机发生现象和特点，采用相应的解决办法和措施。例如：

（1）完善软件开发编程能力，建立合理的软件运行机制。软件是监控自动化产品的核心，软件的稳定性主要取决于软件编制的水平和软件运行的机制。

（2）选择与软件稳定运行相适应的硬件平台。在选择硬件平台时，应注意对一些关键部件的选择，比如是否可以用低功耗产品取消风扇和硬盘等转动设备、是否可以采用性能更可靠的风扇（如磁悬浮风扇等）。

（3）选择合适的、稳定的、成熟的操作系统。

（4）如前所述，为了增加系统的稳定性，在硬、软件设计时采用冗余机制，当系统发生故障时，冗余配置的部件介入并承担故障部件的工作，由此减少系统的故障时间。

（5）采用"看门狗"（Watchdog）监视、自诊断与恢复机制。

1. 通过变电站微机监控系统判断采集单元是否"死机"的方法

在监控系统"遥测"画面中，如果发现某一间隔的所有遥测数据不会更新，且站内网络通信正常、支持程序运行正常、采集装置运行指示正常，即可判断该间隔的采集单元已"死机"或已损坏。

在检查日负荷或电压报表时，如果发现某一间隔的所有报表数据一直都未改变过，且站内网络通信正常、支持程序运行正常、采集装置运行指示正常，此时应该检查该间隔的采集单元是否已经"死机"。

2. 变电站微机监控网络通信中断的检查

应检查以下内容：

（1）根据监控后台的"通信状况一览表"，确认已中断通信的是哪一装置。

（2）检查各计算机的网卡运行是否正常。

（3）检查网线是否正常。

（4）检查光缆是否正常。

（5）检查光电转换器是否已损坏。

（6）对经过规约转换的设备，还应检查485转换机运行是否正常。

（7）检查中断通信的装置是否仍在运行状态，运行是否正常。

（8）检查光电转换器是否正常。在微机监控后台通信状况一览表中，如果发现某保护小室的通信全部中断，在检查该保护小室内各继电保护及自动装置都运行正常的情况下，应检查安装在该保护小室内的光电转换器或安装在主控制室内与该小室对应的光电转换器是否发生故障。

3. 在监控机上不能对一次设备进行操作

（1）检查发出的操作命令是否符合"五防"逻辑关系，若"五防"系统有禁止操作的提示，则说明该操作命令有问题，必须检查是否人为误操作。

（2）检查"五防"应用程序及"五防"服务程序运行是否正常，必要时可重新启动"五防"计算机并重新执行"五防"程序。

（3）检查被操作设备的远方控制是否已闭锁，若远方控制闭锁，应将"远方/就地"选择转换开关切换至"远方"。

（4）检查被操作设备的操作电源开关是否已经送上。

（5）检查被操作设备的断控装置运行是否正常，必要时可重启该设备的断控装置。

4. 在监控机上投、退保护软连接片不成功时应检查的内容

（1）监控网络是否通信中断。

（2）监控程序是否出错。

（3）监控系统从实时数据库读取的连接片位置是否对应。

每次投、退连接片后，监控系统实时数据库将把连接片的位置记录下来，但有时由于网络传输数据出错，影响到实时数据库，此时，在操作保护连接片时，因连接片实际位置为要操作的位置，位置不对应，使得操作不成功。例如，连接片实际位置为"投入"，实时数据库原记录也为"投入"位置，但由于数据库出错使记录改为"退出"位置（监控系统显示仍为"投入"位置），此时要将保护退出，因数据库记录与实际位置不对应，致使操作不成功。

（4）受有些保护运行要求的影响投退不成功。例如，LFP 系列保护装置在进入保护菜单后，远方操作保护连接片及保护定值都不能成功投退。

总之，由变电站微机监控程序出错、死机及其他异常情况产生的软故障的一般处理方法是"重新启动"。任何情况下，发现监控应用程序异常，都可在满足必需的监视、控制能力的前提下，重新启动异常计算机是最简单、有效的处理方法。

 ## 项目小结

本项目对变电站监控系统的基本功能进行了逐一讲解。变电站综合自动化的监控系统负责完成收集站内各间隔层装置采集的信息，完成分析、处理、显示、报警、记录、控制等功能，完成远方数据通信以及各种自动、手动智能控制等任务。其主要由数据采集与数据处理、人机联系、远方通信和时钟同步等环节组成，实现变电站的实时监控功能。监控系统需要采集与处理的信息量多而全面，才能很好地实现其功能，发挥其强大的处理作用。

变电站监控系统主要由硬件与软件两大部分组成，硬件包括监控主机、网络管理单元、测控单元、远动接口、打印机等部分。监控软件以 P8000 系统与 CSC-2000 系统为例，对组态软件与后台监控软件的界面进行了讲解，详细展示监控软件对数据与信息处理的强大功能。

监控系统中的继电保护工程师站的主要功能是采集继电保护装置、故障录波器、安全自动装置等厂（站）内智能装置的实时/非实时的运行、配置和故障信息，对这些装置进行运行状态监视。远动工作站是实现变电

站综合自动系统"四遥"功能的必要配置。"五防"工作站与监控主站之间主要有六种不同的配置方式。

对一些典型的监控系统软件与硬件日常操作任务,如GPS对时、历史曲线查询、填写电子操作票、保护整定值的查询与修改等的原理与必要性也进行了阐述。通过实训设备与监控软件的实际操作任务进行强化练习。

对于监控系统的常见故障与处理,重点讲述监控系统中的主要设备——计算机的维护与故障处理。对于造成计算机"死机"问题的原因及处理方法,做到及早发现、及时处理、不放过任何细小问题。进一步分析了通信出现的问题、操作不执行的问题以及其他的一些常见问题,重新启动是解决问题最直接、有效的处理方法。

 思 考 题

6-1 变电站综合自动化监控系统的主要功能有哪些?

6-2 监控系统的主要组成部分有哪些?

6-3 监控系统软件一般包括哪些?

6-4 监控系统日常监视的内容有哪些?

6-5 试分析造成监控系统的监控机"死机"的原因有哪些?

6-6 试分析监控系统的硬件故障有哪些。

6-7 "五防"工作站的作用是什么?

6-8 继电保护工程师站的主要功能有哪些?

6-9 监控主站与"五防"机之间的配置方式有哪些?

6-10 监控系统的监控主机出现"死机"的一般处理方法有哪些?

变电站综合自动化系统的管理

 项目描述

　　本学习项目共分为四个学习任务，分别为变电站综合自动化的运行管理与使用维护、变电站综合自动化系统的调试、提高系统可靠性的措施及应用和变电站典型事故案例。通过四个学习任务的学习，使学生能通过实施具体任务认识变电站综合自动化系统是确保电网安全、优质、经济运行，提高电网运行管理和电能质量水平的重要设备保障，为使自动化系统稳定、可靠运行，必须认真做好系统的运行、使用与维护和管理工作。通过学习，使学生掌握变电站中调度与运行人员的职责，掌握变电站运行维护的要求和主要内容，掌握提高变电站可靠性的措施。

 教学目标

一、知识目标

（1）掌握变电站运行管理规定。

（2）掌握变电站的调试方法。

（3）掌握变电站运行维护的要求和内容。

（4）掌握提高变电站可靠性的措施。

二、能力目标

（1）能对变电站综合自动化进行正确的使用管理。

（2）能对变电站综合自动化系统进行日常维护。

（3）能对变电站综合自动化系统进行调试。

（4）能根据基本故障现象对异常情况进行处理。

三、素质目标

（1）培养规范操作的安全及质量意识。

（2）培养细致严谨、善用资源学习的工作习惯。

（3）提高团队协作与沟通能力。

教学环境

建议在理论与实践一体化实训室展开教学。实训室具备完整的变电站综合自动化系统一套，配备监控主机、继电保护工程师站、线路保护装置、继电保护校验仪等设备，备有万用表、钳形表等基本测量表计及钳子等常用工器具。

任务一　变电站综合自动化的运行管理与使用维护

教学目标

1. 知识目标
(1) 掌握变电站综合自动化系统的运行管理规定。
(2) 掌握综合自动化装置的维护内容和要求。
2. 能力目标
(1) 能对综合自动化系统进行正确的管理。
(2) 能对综合自动化系统进行正确的日常维护。
(3) 能对综合自动化的基本故障进行分析和判断，从而针对异常情况进行处理。
3. 素质目标
(1) 培养规范操作的安全及质量意识。
(2) 培养阅读专业文件的能力。
(3) 提高团队协作与沟通能力。

为了使变电站综合自动化系统正常运行，要做好装置的日常管理和维护工作。调度人员、运行人员应了解变电站综合自动化系统的运行管理规程的有关规定，认真做好各项工作。

一、变电站综合自动化系统的运行管理

（一）调度和运行人员的职能

1. 调度人员的职责
(1) 了解综合自动化装置的原理。
(2) 监督管辖范围内各种自动化装置的正确使用与运行。
(3) 应按有关规程、规定处理事故或系统运行方式改变时，装置使用方式的变更。
(4) 在系统发生事故等不正常情况时，调度人员应根据断路器及自动化装置的动作情况处理事故，并做好记录，及时通知各有关人员。根据装

置测距结果，给出巡线范围，及时通知有关单位。

（5）参加综合自动化装置调度运行规程的审核。

2. 现场人员的职责

（1）了解综合自动化装置的一次及二次回路。

（2）负责与调度人员核对自动化装量的整定值并进行装置的投入、停用等操作。

（3）负责记录并向上级主管调度汇报综合自动化装置的运行情况及打印报告等。

（4）执行上级颁发的有关综合自动化装置规程和规定。

（5）掌握综合自动化装置显示的各种信息的含义。

（6）根据主管调度命令，对已输入装置内的各套保护定值，允许现场人员用规定的方法来改变定值。

（7）现场运行人员应掌握自动化装置的时钟校对、采样值打印、定值清单打印、报告复制、按规定的方法改变定位、保护的停投和使用打印机等操作。

（8）在改变微机继电保护的定值、程序或接线时，要有主管调度的定值、程序及回路变更通知单方允许工作。

（9）对综合自动化装置和二次回路进行巡视。

（二）运行规定

（1）现场运行人员应定期对综合自动化装置进行采样值检查和时钟校对，检查周期不得超过一个月。

（2）自动化装置在运行中需要改变已固化好的成套保护定值时，或由现场运行人员按规定的方法改变定位时，不必停用装置，但应立即打印出新的定位清单，并与主管调度核对定值。

（3）自动化装置动作后，现场运行人员应按要求做好记录和复归信号，并将动作情况和测距结果立即向调度汇报，然后复制总报告和分报告。

（4）综合自动化装置出现异常时，运行人员应根据该装置的现场运行规程进行处理，并立即向主管调度汇报，检修人员应立即到现场处理。

（5）综合自动化装置插件出现异常时，检修人员应采用备用插件更换，在更换备用插件后应对综合自动化系统进行必要的检验，不允许现场修理插件后再投入运行。

（6）在综合自动化装置使用的交流电压、交流电流、开关输入、开关输出回路作业以及综合自动化装置内部作业时，应停用装置。

（7）远方更改综合自动化定值或操作装置时，应根据现场有关运行规定执行，并有保密和监控手段，以防止误整定和误操作。

（8）运行中的综合自动化装置直流电源恢复后，时钟不能保证准确时，应校对时钟。

（三）技术管理

（1）综合自动化系统投运时，应具备以下技术文件。

①合格证明和出厂试验报告等技术文件，竣工原理图、安装图、电缆清册等设计资料。

②商家或制造厂提供的装置技术说明书或使用说明书，包括装置的硬件说明、调试大纲、运行维护注意事项、用户手册、故障检测手册等和装置插件原理图、背板端子图、背板布线图。

③新安装检验报告和验收报告。

④保护装置定位和程序通知单。

⑤制造厂提供的软件框图和有效软件版本说明。

⑥装置的专用检验规程。

（2）运行资料应由专人管理，并保持齐全、准确。

（3）运行中的装置做改进时，应有书面改进方案，按管辖范围经主管机构批准后方允许进行；改进后应做相应的试验，并及时修改图样资料和做好记录。

（4）对所管辖自动化装置的动作情况，应按照《电力系统继电保护及电网安全自动装置运行评价规程》进行统计分析，并对装置本身进行评价；对不正确的动作要分析原因，提出改进对策，并及时报主管部门。

（5）对直接管辖的自动化装置，应统一规定检验报告格式；要求检验报告应完整，内容包括被试设备的名称、型号、制造厂、出厂日期、出厂编号、装置的额定值，检验类型、检验条件和检验工况、检验结果及缺陷处理情况、有关说明和结论、使用的主要仪器、仪表的型号和出厂编号、检验日期、检验单位的试验负责人和试验人员名单及试验负责人签字。

（6）为了便于运行管理和装置检验，同一电业局、变电站的自动化装置型号不宜过多。

（7）各电业局、变电站对每一种型号的保护装置和监控装置应配备必要的备用插件。

（8）投入运行装置应有专责维护人员，建立完善的岗位责任制。

二、综合自动化系统使用注意事项

变电站综合自动化系统使用注意事项应从危及保护部分和后台机部分加以注意。

1. 危及保护装置的使用注意事项

（1）使用每种新设备首先要求详细地阅读其说明书，清楚地了解其工作原理及工作性能，确认无问题时才可投入使用。

（2）变电站整个接地系统必须遵循电力系统运行要求。

①所有二次设备的接地端应可靠接地，包括屏体、柜体、计算机外壳、打印机外壳、UPS 外壳等。

②接地电阻要求一般小于 4 Ω 。

（3）变电站防护措施应完善，以免对变电站安全运行造成威胁。在腐蚀性气体浓度较大的环境中应将二次设备与腐蚀性气体可靠地进行隔离，以免损坏设备。

（4）在温差较大及湿度较大的环境中应做好温度及湿度的控制，以保证设备的正常运行。

（5）用户可购买精度适中的多功能测试表，用于在调试和维护过程中方便地测试二次设备的输入电压、电流、功率、相角、TA 的极性和相序、TV 的极性和相序等。

（6）在变电站辅助设备的定购中，若采用通信方式与主控设备连接，则需考虑通信规约问题；为接口方便和规约的规范管理，对于直流屏、"五防"系统、小电流接地系统、综合无功调压、消谐装置等设备要求采用《CDT 规约》（DJ 451—1991），对于电能表要求采用全国电能表统一标准规约。

（7）若无特殊说明，所有的通信系统之间的连线及弱信号远传（温度、湿度、烟雾报警、直流传感器等）均要求采用双芯或多芯屏蔽电缆，以免影响测量的精度、系统数据的正常传输以及控制命令的正常下发。

（8）替换硬件或检查运行硬件故障时，要求：①必须对相应线路采取有效的安全措施；②必须严格按照以下步骤操作：关掉子系统（如监控保护装置）时，切记将该子系统通用 I/O 插件的 24 V 电源（保护出口电源）关掉；打开子系统（如监控保护装置）时，切记最后将该子系统通用 I/O 插件的 24 V 电源（保护出口电源）打开，以免引起误动作。

（9）带插件的芯片需可靠安装，防止接触不良引起插件工作不正常，如程序芯片 EPROM 及部分存储器。

（10）断开直流电源后才允许插拔插件。

（11）芯片的插、拔应注意方向。

（12）如元件损坏等原因需使用烙铁时，应使用内热式带接地线的烙铁。

（13）打印机在通电情况下，不能强行转动走纸旋钮。

2. 后台机使用注意事项

后台机是完成整个系统监测和控制的重要环节，为了保证整个系统的正常运行，对后台机的使用提出以下要求。

（1）严禁直接断电。对于 Windows 操作系统，关闭系统有严格的操作顺序。若直接断电，则有可能造成计算机硬件部分损坏、系统文件或其他文件丢失。

（2）严禁乱删除或移动文件。Windows 操作系统各文件及文件夹都有特定的位置，若随意删除或移动文件，则会造成系统不能启动或运行变得不稳定。

（3）严禁使用盗版光盘或来历不明的软件，防止病毒造成系统文件或其他文件丢失，使系统无法正常运行。

（4）严禁带电插拔计算机主机所有外围设备插头。计算机主机外围设备插头如果不断电插拔，就会造成设备接口电路损坏，使系统无法运行。

（5）计算机主机机壳、显示器外壳、打印机外壳一定要可靠接地。

三、变电站综合自动化装置的维护

变电站综合自动化系统是一项涉及多种专业技术的复杂系统工程。根据电力系统运行的特殊要求，一旦自动化系统发生问题，必须及时迅速排除，使之尽快恢复正常运行。为此，做好运行维护的基础工作是搞好维护和检修的前提、先行工作，要求维护检修人员应该掌握一些基本的故障分析及检查的方法。

1. 运行维护的基础工作

它的主要内容包括规章制度、信息管理以及标准化、定额、计量、统计工作等。结合本地区实际情况按部颁《电力工业技术管理规定》要求，严格执行"安全工作规程""运行管理规程"和"检修规程"三项规程；同时，还要建立健全与设备维护检修有关的制度。

设备台账、缺陷及检修记录等应准确、详细、符合实际，并保存齐全。这些信息资料对于正确分析事故原因，迅速排除故障，制订检修计划等方面很有益处。

对于一般维护检修人员做好技术培训工作，由于变电站综合自动化采用了大量的新设备和新技术，因而必须对检修人员进行知识更新和培训教育。这项工作可遵循"结合实际，突出重点，灵活多样，讲求实效，全面安排，循序渐进"的原则，树立"学习是工作的一部分"这一新概念，不断提高运行人员的知识素质和实践素质，使维护检修人员必须具备基本的维护和检修技能。维护检修人员应熟悉设备的系统和基本原理，熟悉检修工艺、质量和运行知识，熟悉本岗位的规章制度，同时能看懂图纸并熟练地查找故障及进行基本的维护。

2. 运行维护

要做好运行维护工作，首先应了解运行维护的内容及要求，应熟悉装置的结构、操作步骤，了解保护动作后的处理、异常情况处理、部分定期检查项目、装置故障维护指南等。下面以保护装置为例进行说明。

1）装置的投运

（1）投入电源，运行指示灯亮，其余指示灯灭。

（2）核对保护定值清单，无误后存档。

（3）电流、电压相序正确。

2）装置的运行

（1）运行指示灯亮，其余指示灯灭，保护定值选择区号应与实际系统的运行方式相对应。

（2）装置面板 LED 显示的信息应与实际相一致。

（3）MMI 工作正常。

3）保护动作信号及报告

（1）保护动作，若跳闸，跳闸信号指示灯亮；若合闸，合闸信号指示灯亮，并且可有报告输出。

（2）报警时，报警信号灯亮，报警原因排除后，可按复归按钮复归报警。

4）其他注意事项

（1）运行中，不允许不按指定操作程序随意操作面板上的键盘。

（2）特别不允许随意操作下列命令：修改定值，固化定值；设置运行CPU 数目；改变定值区；开出传动；改变装置的通信网络地址。

5）运行中出现报警时的处理

可根据报警提示处理相应的问题（可依靠厂家提供的资料）；如报告ROMERR，此为 ROM 校验出错，可以按面板上的复归按钮，如仍然报警，应更换 CPU 插件；报告 BADDRV，此为开出检测不响应，或某一路开出光耦或三极管击穿，故障可能出在 24 V 电源或开出光耦，因此要仔细检查开出回路。

3. 故障分析和检查的几种常用方法

在处理异常问题时要做到思路清晰，熟悉什么信息反映什么问题，掌握一些基本方法有利于快速、准确地查找故障点。现推荐几种在实际工作中常用的故障分析和检查方法。

（1）系统分析法。利用系统工程的相关性和综合性原理，分析判断自动化系统故障的方法，即系统分析法。该法要求对自动化系统有一个清晰的了解：系统由哪些子系统组成，每个子系统作用原理如何，每个子系统均由哪些主要设备组成，每台设备的功能如何等。如知道了系统中某设备的功用，就会知道如果该设备失效将会给系统带来什么后果。那么反过来，就可以判断系统发生什么样的故障可能是哪台（哪些）设备的原因。

（2）排除法。简单地说，排除法就是"非此即彼"的判断方法。因为自动化系统较为复杂，而且它还与变电站的一、二次设备有关联，因而应先用排除法判断究竟是自动化设备还是相关联的其他设备故障。

如操作员在对某台断路器进行遥控操作时，屏幕显示遥控返校正确，但始终未能反映该断路器变位（位置信号不变）。对于这种情况，可先利用系统分析法，检查该断路器在当地操作合分闸时其位置触点是否正确。如果断路器无论在合闸还是分闸时，其位置触点状态始终不变，则证明问题出在位置触点上，而自动化系统无问题，可以排除。如位置触点状态正确且相关电缆完好，则可以认为问题出在遥信方面，其他可以排除。此例是对于自动化系统中自动化设备与相关设备以及自动化设备内部的排除判断法。

排除法也不能绝对化，因为事情也可能存在"此"和"彼"同时发生，这就需要多积累经验。

（3）电源检查法。一般来说，运用一段时间以后的自动化系统已进入稳定期，设备本身发生故障的情况会比较少，若这时设备出现故障，查找故障时应首先检查电源电压是否正常。如有熔断器熔断、线路接触不良等都会造成工作电源不正常，因而导致设备故障。这种方法适用于通过分析法、排除法已确定故障出在哪台设备后进行。

（4）信号追踪法。自动化系统是靠数据通信来完成其功能的，可通过示波器、毫伏表追踪信号是否正常，来判断故障点。

（5）换件法。自动化系统应该是连续工作的，如发生故障应尽快恢复。为做到这一点，应配备适当数量的备品备件，以应急用。

任务二　变电站综合自动化系统的调试

 教学目标

1. 知识目标
（1）掌握系统调试前的准备工作。
（2）掌握系统的调试内容和要求。
2. 能力目标
能对综合自动化系统进行现场调试。
3. 素质目标
（1）培养规范操作的安全及质量意识。
（2）培养阅读专业文件的能力。

自动化装置调试的目的是检验其功能、特性等是否达到设计和有关规定的要求，检验自动化装置之间的连接以及装置和变电站二次回路间的连接是否正确，是否达到设计和有关规定的要求；通过现场的模拟工作检验装置动作是否正确、无误。这是确保变电站安全、可靠运行的一项重要手段。

一、调试前的准备工作

整个测试工作要在同一组织协调下，有计划、有步骤地进行，才能做好、做全，确保调试内容不遗漏。因此，工作之前要做好充分的准备工作，除了人员的组织安排外，仪表、器材、工具等要准备妥善，同时要拟定调试方案（或大纲），准备好各种记录表格等；要求调试人员工作认真负责，如实、准确、详细地记录好各种调试数据，工作之后要认真填写有关调试报告。报告和记录既是分析、判断自动化装置性能好坏，决定装置能否投运的重要依据，也是装置重要的原始资料。

二、综合自动化装置的调试内容

综合自动化装置一般由间隔层的控制单元、具有当地监控功能的站控级计算机系统及它们之间的通信网络所组成。由于各设计单位和厂商所采取的硬、软件结构配置不同，实现的功能要求不尽相同，因而装置的集成方式也不太相同。一般以厂商为主、安装单位配合进行装置的现场安装调试。通常在系统的功能检查之前应完成以下工作。

1. 间隔层测控单元的检查测试

（1）检查装置所提供的各种工作电源电压（5V、±12V 等）是否正常。

（2）检查键盘应操作灵活、感觉良好，显示器上的各种显示正确、无误。

（3）设置并核对当前时钟运行的正确性。

（4）按运行单位提供的整定值参数进行定制设置与储存，通过键盘调出定值清单并核对无误。

（5）其他功能的测试（数字输入/数字输出量测试、事件记录测试、脉冲量测试和控制操作等）。

2. 当地监控系统的硬、软件配置和参数组态

当地监控系统的硬、软件配置和参数组态应严格按厂商所提供的技术说明书和设计要求进行，主要工作如下。

（1）系统的硬件安装调试，包括前置机或通信处理机，后台主控机，调制解调器及打印机、显示器、电源等各种外设、辅助设备。

（2）系统的软件安装调试，应分别在前置机或通信处理机，后台机上安装调试各种软件（包括操作系统、系统软件和各种应用软件）。

（3）系统的参数组态和设置。

①根据变电站的主接线和系统的结构特点，进行各种参数和参数设置，如电压、电流的一、二次比例系统，Y/D 变换系数，温度补偿系数等。

②系统各间隔单元的编号设定、内部网络的组建和通信。

③在当地监控主机（如后台机）进行各监控量（遥测、遥信、遥控、保护定值等）的组态，制作特种需要的画面图形、表格，如主接线图、各种报表、曲线等。

④在前置机（或通信处理机）上根据主站系统要求，设置调度通信规约、通信速率、"三遥"量的组态等。

三、装置的调试

一般装置及其所组屏柜都在厂内经严格调试，出厂时装置及其屏柜都是完好的，接线是正确的。故装置的调试仅检查运输安装时是否有损坏和屏柜向外的接线是否正确以及系统的综合调试问题，可着重检查装置的状态输入（光耦部分）、交流输入部分，跳、合闸输出回路及信号回路（继电器触点）部分，以及装置的功能与特性的检验。以下调试步骤虽然是针对装置，但最好以屏柜为对象进行，即检测时包括屏内接线，调试时应参考厂家提供的调试大纲。对线路保护装置的调试一般包括以下内容。

（1）装置通电前的一般性检查。

①检查装置的型号及各电量参数是否与订货一致，尤其应注意装置电源电压及 TA 的额定值应与现场相匹配。

②拔出所有插件，逐一检查各插件上的元器件是否松动、脱落，有无机械损伤及连线有无被扯断掉现象。

③检查各插件与插座之间的插入深度是否到位、锁紧机构能否锁紧。

④检查连接片及操作开关。所有跳闸连接片、合闸连接片及其他功能的切换片应逐一试验，确保连接片退出回路断开、连接片投入回路接通。对于在环境潮湿场所的上述部件更应注意防止接触不良的现象发生。有关操作开关及按钮等，在做相应回路检验时应一并进行检查。

（2）电源检查。除电源插件外，拔出所有的插件，对装置通电，然后检查各插件的各级电压是否在正常范围。

（3）绝缘检查。每台装置出厂前都已做过耐压试验，在现场安装前一般不建议再做工频耐压试验，但应按技术要求测定绝缘电阻。将各插件各端子并联（通信端子可不做绝缘试验），用 500 V 摇表按插件分别对地摇绝缘，绝缘电阻应大于 1 000 MΩ。若电源模块为 24 V、220 V 出口带滤波器，对地有电容，摇绝缘时可将电源插座取下。

（4）装置通电后检查。在通电检查时不允许拔各插件，检查液晶显示是否正常，若不正常应立即切断电源，检查各插件是否连接正常。

核定值单输入各组定值到相应的定值区，然后把定值区切换成运行定值区，分别投入各保护压板，面板灯光信号指示保护投入状态。

（5）CPU – MMI 联调，一般可参考厂家提供的《面板操作手册》。

（6）采样精度检查。一般情况下，可用微机保护测试仪定性校验。严格要求时，可将装置各相电流输入端子串联，接 5 A 电流，各相 TV 并联接 50 V 电压，装置应显示准确值，并且各相一致；同时检验各模拟量通道的相位应正确。

（7）开关量输入量校验。开关量输入（开关量）分保护压板投切、信号开入、定值区切换开入，分别进行检查。

（8）开关量输出校验。开关量输出校验包括信号接点输出校验，可配合定值校验进行，每路接点输出只检测一次即可，其他试验可只观察信号指示及液晶显示。

开关量输出校验也可通过保护的开出传动菜单进行，其操作方法一般可参考生产厂家提供的使用说明书。应带断路器做一次合闸传动和一次跳闸传动，并确认断路器正确动作。

（9）额定值校验。装置的保护功能及动作逻辑已经进行多次模拟试验及其他测试，现场调试仅需校验定值即可，且只需校验某段定值及模拟一次反向故障（仅对带方向的线路保护）即可，其余可由装置保证。

（10）跳合闸电流保持试验。将装置上的跳闸压板、合闸压板投入，模拟故障时保护动作，确认跳、合闸电流保持状态的完好；进行手动分合闸操作检验该回路的完好性，在手动跳开开关后保护不应重合。

（11）校准时钟。检查装置的日历时钟，应该是准确的，如果不对，则校准，其设置方法可见厂家提供的操作指南。

（12）零漂及刻度调整。

另外，应对综合自动化装置的遥信、遥控、遥测等功能进行检查。

（1）遥信量（开入量）输入测试。首先将所有遥信输入端打开，则所有遥信量的状态均应为"分"，除非设置了遥信取反；然后接通任一路遥信输入模拟开关，则通过便携机键盘可以查看对应的遥信位的变化与开关状态是否一致；重复3~5次均应正确无误。试验所有遥信输入量；测遥信变位的响应时间，接通任一路遥信模拟开关，计算机屏幕上应能观察到对应的遥信变化，并记录下模拟开关动作到遥信变位变化的时间，此时间应不低于装置说明中的技术指标的规定，一般不大于1 s。

（2）遥测模拟量试验。任选一路模拟量输入进行测试。

（3）遥控测试。利用便携机进行遥控操作，遥控指示器应有正确指示；重复若干次，均应正确无误。试验所有遥控输出量：做任一路遥控试验，记录遥控命令从选择开始到返校成功和从执行开始到开关动作的遥控传输时间 t，该时间应符合说明书中技术指标的规定，一般不大于3 s。

同时检查键盘遥控操作。检查当地控制功能是否按以下过程执行，即选择对象（选择动作的断路器）、控制性质（发控制分、合的指令）、检验返回的操作，并将检验结果通过人机界面返回，确认执行（根据检验结果，做执行或撤销命令）。

（4）脉冲量输入测试。启动脉冲模拟器，通过键盘查看 RTU 脉冲计数值与脉冲输入量是否一致。如无脉冲模拟器，可采用遥信采集的办法，用一根导线，其一端连至电源24 V，另一端连续碰触脉冲量输入端，碰触参数应与计算机显示次数相符。

（5）事件顺序记录分辨率的测试。将状态信号模拟器的两路输出信号接至自动化装置设备任意回路状态的输入端，在状态信号模拟器上设置一个时间定值，使该定值等于厂家说明书上规定的站内分辨率或小于10 ms的任一数值；启动状态信号模拟器，这时在便携机显示器上应正确显示（接有打印机时应打印出）这两个状态的名称、状态反动作时间。两状态的动作时间差应符合上述站内分辨率的要求。重复上述试验三次。

一般还可完成以下检验：

（1）图形显示功能检查。一般图形应包括：主接线图，系统配置图和图形状态图，负荷、电压的曲线图、棒图，各种实时数据表格，定值参数表以及变电运行基本工况（含运行方式、主变压器挡位、温度和冷却装置的投退、站用电与直流系统基本参数等）。这些图形应根据设计要求与厂商的技术说明，逐一检查是否正确无误，图表上实时数据是否正确，实时数据刷新时间应小于规定时间，画面切换灵活方便，调用时间应小于预定时间，事故自动推出画面时间不大于2 s（或厂家技术指标）。

（2）音响报警功能检查。技术设计要求对各种事故和参数运行越限等应有自动报警。根据厂家提供的功能检查是否有音响报警和语音提示，报警应能手动和自动复归，各种报警应与画面显示关联，根据报警查看自动推出故障相关的画面，通过操作确认报警事项信息。

（3）打印功能检查。打印分正常打印和异常打印。

①检查能否定时自动打印预先设定的各种报表信息，如运行时报表、整点记录，打印周期可设定；各种报表格式是否符合预定要求、数据是否正确。

②检查各种事件记录、越限记录、各种遥信变位、系统故障等是否按预先的设定即时打印，模拟系统的事故障碍检查即时打印是否启动，打印信息是否正确无误。

③检查能否通过人机界面召唤打印上述两种报表信息以及系统是否提供报表编辑修改功能，对打印的报表数据进行复核、修改，无误后存入数据库，交付订印。

（4）系统安全措施检查。按厂家提供的说明，检查系统操作安全等级分类有哪些。每一安全等级所赋予的特性有哪些，如操作员户名和代码、口令、允许操作权限和操作范围等。

（5）自检与自诊断功能检查。一般系统都具备一定的自检测、自诊断功能，主要是检测系统的各保护与测控单元的自检信息，定时巡检系统网络及各网络节点的通信运行状况，监视系统工作电源的工况，以及对计算机、打印机、网络、串行扩展卡及各通信口的运行状况进行监视、诊断，发现异常能判断故障点，在当地功能上提示报警或经过通信远传到主站。通过模拟上述内部故障，检查自检信息和自诊断结果是否符合模拟故障。

（6）系统远传通信功能检查。对系统和主站监控系统通电，并接入预定的通道进行两端通信。在主站监控系统上核对遥测数据、遥信状态，数据显示能刷新，下发的逻辑命令能正确执行。检查通道的通信是否正常，两端的通信规约是否一致，系统的通信接口和 MODEM 的主要技术指标是否工作正常。在通道尚未正常运行之前，可以借助笔记本电脑，通过 MODEM 的主要技术指标与该系统通信 MODEM 对接，进行现场模拟通信检查，笔记本电脑上有相应的主站监控系统的测试软件和相同的通信规约、通信速率等，然后进行上述的远动通信功能检查。

任务三　提高系统可靠性的措施及应用

 教学目标

1. 知识目标
（1）了解系统干扰来源及对系统的影响。
（2）掌握系统抗干扰的主要措施。
2. 能力目标
能根据实际情况采取恰当的抗干扰措施。
3. 素质目标
（1）培养规范操作的安全及质量意识。
（2）提高团队协作与沟通能力。

一、变电站电磁干扰产生的原因和后果

变电站内高压电气设备的操作，低压交流、直流回路内电气设备的操作，雷电引起的浪涌电压，电气设备周围静电场，电磁波辐射和输电线路或设备短路故障所产生的瞬变过程等都会产生电磁干扰。这些电磁干扰进入变电站内的综合自动化系统或其他电子设备，就可能引起自动化系统工作不正常，甚至损坏某些部件或元器件。电磁干扰的三要素是干扰源、对干扰敏感的接收电路、干扰与接收电路的耦合途径。仔细分析电磁干扰产生的原因，是采取正确的抗干扰措施的先决条件。

1. 电磁干扰源

目前与电力系统有关的电磁干扰源有外部干扰和内部干扰两方面。外部干扰是指与变电站综合自动化系统的结构无关，而由使用条件和外部环境因素决定的干扰。对变电站综合自动化系统来说，外部干扰主要有交（直）流回路开关操作、扰动性负荷、短路故障、大气过电压（雷电）、静电、无线电干扰和核电磁脉冲等。内部干扰是由自动化系统结构、元件布置和生产工艺等决定的，主要有杂散电感、电容引起的不同信号感应，寄生振荡和尖峰信号引起的干扰，长线传输造成的波的反射，多点接地造成的电位差干扰等。从物理分析角度来看，外部干扰和内部干扰具有相同的物理性质，其消除及抑制的方法没有本质的区别。就装置而言，它们的不同之处在于，内部干扰源可以在设计和调试中使之尽量减少，而对外部干扰源则只能通过合理的措施将它"拒之门外"。总的来说，由于干扰源多种多样，应有针对性地采用不同方法来克服。

2. 干扰信号的模式

按干扰对电路的作用，干扰可分为差模干扰和共模干扰。差模干扰对微型机装置的正常运行影响不大，而共模干扰则危害较大。

以串联的方式出现在信号源回路中的干扰信号称为差模干扰，如图 7-1 所示。

差模干扰的产生来自长线传输导线之间的互感和分布电容间相互耦合引起的干扰，高频电路中的高频信号在低频电路中通过互感产生的干扰等。

共模干扰是由网络对地电位变化所引起的干扰，即对地干扰，示意图如图 7-2 所示。共模干扰可以为直流，也可以为交流，是造成自动化装置不能正常工作的主要原因。

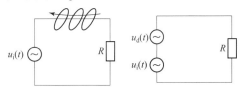

图 7-1 差模干扰产生的示意图

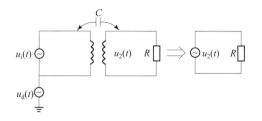

图 7 - 2 共模干扰产生的示意图

3. 电磁干扰的耦合方式

（1）静电耦合方式。图 7 - 3 为两条线路间的电容耦合关系。C_{11} 和 C_{22} 是每条导线的对地电容，C_{12} 为导线之间的耦合电容。从图中可定性地判断出两条导线的工作回路因耦合电容 C_{12} 的存在相互给对方产生干扰信号，且耦合电容 C_{12} 的数值越大，或导线工作电源的频率越高，给对方导线产生的干扰就越严重。所以，减少耦合电容 C_{11} 和 C_{22} 在一定程度上对来自相邻电路的干扰有一定的抑制作用。

（2）互感耦合方式。如图 7 - 4 所示，某一导线受相邻线路的互感耦合产生的电磁干扰信号取决于两个因素：①互感 M 的数值大小影响，互感 M 越大，干扰越强；②相邻线路工作电源的频率影响。某线路工作电源的频率越高，则对相邻电路的干扰越严重。如高频电路对其周围的低频电路影响较大，产生的干扰较严重。所以，减小导线之间的互感 M 是消除互感耦合的主要途径。

（3）公共阻抗耦合方式。当两个电路的电流经过一个公共阻抗时，将在每个电路中出现公共阻抗耦合干扰。常见有公共电源阻抗耦合和公共地线阻抗耦合。公共电源阻抗耦合将改变每个电路的参数，影响电路的正常工作；公共地线阻抗耦合是指两个电路经过导线连接只用一个接地点。在接地阻抗上产生干扰信号，改变了装置的对地电压。

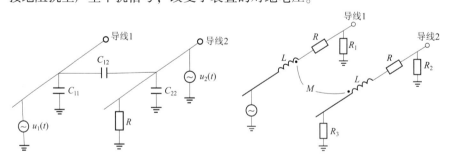

图 7 - 3 静电耦合示意图   图 7 - 4 互感耦合示意图

4. 干扰可能造成的后果

（1）对电源回路的干扰。变电站综合自动化系统的工作电源有两种，即交流电源和直流电源。监控主机系统和通信管理机往往采用交流 220 V 电源。微机保护等各子系统常采用直流电源，目前也有的采用交流 220 V 电源，取自变电站的直流屏。交流电源取自站用变压器，从站用变压器到监控主机或微机保护装置的引线很长，而且在站用变压器上还接有其他负荷。电网的冲击和电压、频率的波动都将对电源回路产生干扰，并直接影响到综合自动化系统。例如，造成计算机工作不稳定，甚至死机；造成自动化装置误发报警信号，甚至误操作等。微机保护等各子系统若采用直流电源，则电网波动对其影响比交流电源要小得多；但无论采用交流还是直流电源供电，电源与干扰源之间的直接耦合通道都很多。

（2）对模拟量纳入通道的干扰。如果有浪涌电压从电流互感器或电压互感器的二次引线进入模拟量输入通道，可能造成采样数据错误，轻则影响采样精度和计量准确性，重则引起微机保护误动作，甚至损坏元器件。

（3）对开关量输入输出通道的干扰。变电站断路器与隔离开关的辅助触点均处在恶劣的强电磁干扰环境中，若综合自动化装置采用集中式布置，则这些辅助触点需要通过长线引至开关量输入电路，必然带有许多干扰信号，有时会造成断路器或隔离开关的辅助触点抖动，甚至造成分、合位置判断错误。开关量的输出通道由微机保护装置的输出至断路器的跳、合闸回路，同样也会受到干扰。除了受外界引入的浪涌电压干扰外，装置本身在上电过程中也容易有干扰信号，严重情况下有可能造成误动作。

（4）对 CPU 和数字电路的干扰。电磁干扰对数字电路的影响有多种表现形式。如果在传送数据过程中数据线受到干扰，则可能造成数据错误、逻辑紊乱，引起微机保护装置误动或拒动，或引起死机，如果 CPU 在送出地址信号时地址线受到干扰，则可能使传送的地址出错，导致取错命令、操作码或数据出现误判断或误发命令，也可能因取到奇怪的操作码而使 CPU 停止工作或进入死循环。随机存储器 RAM 是存放中间计算结果、输入输出数据和重要标志的地方，电磁干扰信号较强时，可能引起 RAM 中部分区域的数据或标志出错，所引起的后果与数据线受到干扰相同。EPROM 中存放着自控装置的程序和各种定值，如果因受到干扰而使程序或定值遭到破坏，将直接导致自动装置无法工作。

以上分析表明，变电站综合自动化系统中的任何一部分受到电磁干扰时，都会引起局部或整体工作不正常，严重情况下可能造成整个系统瘫痪。因此，采取合理的抗干扰措施是非常必要的。

二、变电站抗电磁干扰的措施

电磁干扰信号能够通过各种途径以传导或辐射的方式耦合至变电站的一次系统和二次系统。在变电站的一、二次系统整体设计中，按规定的电磁兼容标准进行电磁兼容设计是预防出现电磁干扰的一个基本要求。电磁兼容是指电气或电子设备或系统能够在规定的电磁环境下因电磁干扰而降低工作性能，它们本身所发射的电磁能量不影响其他设备或系统的正常工作，从而达到互不干扰，在共同的电磁环境下执行各自功能的共存状态。例如，在一次系统的设计中，如果不考虑电磁兼容，不采取控制电磁干扰的措施，则会在二次回路引起很大的干扰；如果二次系统不考虑电磁兼容设计，不采用控制和抗电磁干扰技术，则会对一次系统提出不合理的技术要求。另外，二次设备本身还会发射电磁波而污染环境。因此，应对一、二次系统的电磁兼容进行经济和技术上的统一考虑；电磁环境是千变万化的，要想在整体上达到电磁兼容，保证一、二次设备运行的可靠性，需要根据具体情况，灵活采用各种技术和措施。

抗干扰应针对电磁干扰的三要素，即干扰源、传播途径和电磁敏感设备进行。可采取消除或抑制干扰源、切断电磁耦合途径、降低装置本身对电磁干扰的敏感度等措施。

（一）抑制干扰源

外部干扰源是变电站综合自动化系统以外产生的，无法消除，但这些干扰往往是通过连接导线由端子串入自动化系统中的，因此可从以下两方面抑制外部干扰源。

1. 屏蔽

（1）变电站综合自动化系统的机柜和机箱采用铁质材料，以实现对电场和磁场的屏蔽，在电场较强的场合，还可以考虑在铁壳内加装铜衬里。

（2）机箱或机柜的输入端子上对地接一耐高压的小电容，可抑制外部高频干扰。由于干扰都是通过端子串入的，当高频干扰到达端子时，通过电容对地短接避免了进入自动化系统内部。

（3）综合自动化系统中的测量和微机保护或自控装置所采用的各类中间互感器的一、二次绕组之间加设屏蔽层，可起电场屏蔽作用，防止高频干扰信号通过分布电容进入自动化系统的相应部件。

（4）自动化系统与一次设备的连接采用带有金属外皮（屏蔽层）的控制电缆，电线的屏蔽层两端接地，对电场耦合和磁场耦合都有显著的削弱作用，一般可将感应电压降低至不接地时的1%以下。

2. 减少强电回路的感应耦合

为了减少变电站一次设备对综合自动化系统的感应耦合，可采取以下方法。

（1）高压母线是强烈的干扰源，因此，增加控制电缆和高压母线之间的距离并尽可能减少平行长度，是减少电磁耦合的有力措施。避雷器和避雷针的接地点、电容式电压互感器、耦合电容器等是高频暂态电流进入地点，控制电缆应尽可能离开它们，以减少感应耦合。

（2）电流互感器引出的A、B、C三相线和中性线应在同一根电缆内，避免出现环路。

（3）电流和电压互感器的二次交流回路电缆从高压设备引至综合自动化装置安装处时，应尽量靠近接地体，减少进入这些回路的高频瞬变漏磁通。

（二）接地

接地是解决变电站一、二次设备电磁兼容问题的重要措施之一，也是变电站综合自动化系统抑制干扰的主要方法。在变电站设计和施工过程中，如果把接地和屏蔽很好地结合起来，能够解决大部分干扰问题。

1. 一次系统接地

一次系统接地对二次回路的电磁兼容有重要影响。如果接地合理，可以减少开关场内的高频瞬变电压值，特别是减少地网中各点的瞬变电位差，这样可明显减少对二次系统的电磁干扰。处理一次系统接地时，应注意对引入瞬变大电流的地方设多根接地线并加密接地网，以降低瞬变电流引起的地电位升高和地网各点电位差。例如，应将设备接地线接于地网导体交叉处；在设备接地处增加接地网络互连线；在避雷装置接地点采用两根以上的接地线和加密接地网络。

2. 二次系统接地

二次系统接地分为安全接地和工作接地两种。安全接地也称为保护接地，主要是为了避免工作人员因设备损坏或绝缘降低时遭受触电危险和保证设备的安全。安全接地是将设备的外壳（包括变电站综合自动化系统的各机柜和机箱外壳）接地，以防电击或静电放电。安全接地的接地网通常就是一次设备的接地网。接地线要尽量短和可靠，以降低可能出现的瞬变过电压。工作接地是为了给电子设备或微机保护测控装置一个电位基准，保证其可靠运行，防止地环流引起的干扰；接地线还可作为各级电路之间信号传输的返回通路。为了降低多个电路共用地线阻抗所产生的噪声电压，避免产生不必要的地环路，或造成不同接地点有电位差，对工作接地的要求有：工作接地网各点电位应一致；多个回路公用接地线时，其阻抗应尽量小；由多个电子器件组成的系统，各电子器件的工作接地应连在一起，通过一点与安全接地网相连。

在变电站综合自动化系统中，正确的工作接地尤为重要。该系统中的地线大致有以下几种：

（1）电源地和数字地，是微机直流电源和逻辑开关网络的零电位。

（2）模拟地，是 A/D 转换器和前置放大器或比较器的零电位。

（3）信号地，通常为传感器的地。

（4）噪声地，通常为继电器、电动机的噪声地。

（5）屏蔽地，即机壳接地。

根据常识和经验，高频电路应就近多点接地，低频电路应一点接地。因为在低频电路中，电线和元件间的电感并不是大的问题。但是接地电路若形成环路，则对干扰影响加大。采用一点接地，对避免地线形成环路有利。变电站综合自动化系统属低频系统，应尽量采用一点接地。变电站综合自动化系统中的各子系统都由多块插件组成，各插件板之间应遵循一点接地的原则，如图 7-5 所示。

由于 A/D 转换器的数字地通常和电源地是共地连接，数字地上电平的跳跃会造成很大的尖峰干扰，会影响 A/D 转换器模拟地电平的波动，影响转换结果的精度。因此，应保证模拟地与数字地之间只能一点相连，如图 7-6 所示。连接线应尽量短，最好是在 A/D 转换器的模拟地引脚和数字地引脚之间直接相连；或者是将模拟地和信号地连在一起，然后浮空，不与数字地连在一起；也可将模拟地和数字地通过一对反向并联的二极管相连接，使模拟地与数字地有所隔离，而又保证两者间的电位漂移被二极管所抑制。实际中采取哪种方式应根据具体情况通过反复调试确定。

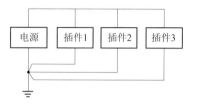

图 7-5　各插件板一点接地示意图

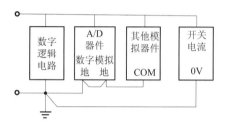

图 7-6　模拟地与数字地一点接地示意图

对于继电器和电动机等回路的噪声地，应采用独立地的方式，不与数字地和模拟地合在一起。

为了有效地抑制共模干扰，装置内部的零电位应全部悬浮，即不与机壳相连，并且尽量提高零电位线与机壳之间的绝缘强度和减少分布电容。

（三）隔离

采取良好的隔离和接地措施，可显著减少干扰传导侵入。在变电站综合自动化系统中，隔离措施一般有以下几种。

1. 模拟量的输入

变电站综合自动化系统采集的模拟量，大多来自一次系统的电压互感器和电流互感器。这些互感器均处于强电回路中，模拟量不能直接输入至自动化系统，必须经过设置在自动化系统各种交流输入回路中的小型中间变压器进行隔离。这些隔离变压器一、二次之间必须有屏蔽层，而且屏蔽层必须接安全地。所有模拟量都经光电隔离单元隔离后再送入主机，从而使微机内外系统的电源接地线在电气上完全隔离，提高系统的抗干扰能力。

2. 开关量的输入与输出

变电站综合自动化系统输入的开关量主要有断路器、隔离开关的辅助触点和主变压器分接头位置等，输出的开关量大多也是对断路器、隔离开关和主变压器分接开关的控制。这些断路器等设备都处于强电回路中，如果与自动化系统直接相连，必然会引起较强的电磁干扰，因此，需通过光电耦合器隔离或继电器触点隔离，才能取得较好的抗干扰效果。

3. 其他隔离措施

进行二次回路布线时，应考虑用隔离的方法尽量减少互感耦合，避免干扰由互感耦合侵入。强、弱信号不应使用同一根电缆；信号电线应尽可能避开电力电缆，尽量增大与电力电缆的距离，并尽量减少其平行长度。

（四）滤波

滤波是抑制变电站综合自动化系统模拟量输入通道传导干扰的主要手段之一。模拟量输入通道受到的干扰有差模干扰和共模干扰两种，对于串入信号回路的差模干扰，采用滤波的方法可以有效地消除。因此，各模拟量输入回路都需要先经过一个滤波器，以防止频率混叠。滤波器能很好地吸收差模浪涌。

如果差模干扰信号的频率比被测信号频率高，则采用低通滤波器；若低，则采用高通滤波器；若恰好落在被测信号频率附近，则采用带通滤波器。滤波器在阻带范围内要具有足够高的衰减量，将传导干扰电平降低到规定的范围内。对传输被测信号的损耗，以及对电源工作电流的损耗均应降到最低程度。

三、综合自动化系统的自动检错技术

变电站中采取各种抗电磁干扰措施是提高其综合自动化系统运行可靠性的重要措施。但电磁干扰本身是错综复杂的，很难做到在任何情况下都完全保证系统的正常运行。同时，由于综合自动化系统本身的各个子系统都是由微型机和大规模集成电路或电子器件组成的，在电磁干扰下有被损坏的可能。因此，利用 CPU 的逻辑判断能力和智能装置的故障自诊断和自纠错，也是提高综合自动化系统运行可靠性的重要措施之一。

（一）模拟量的自纠错

由于存在电磁干扰，模拟量输入通道的采样值有可能发生错误。为了保证综合自动化系统的正常工作，必须找出错误数据，并加以剔除，随后输入正确的数据供保护和监控程序使用。判断数据是否有效一般有以下几种方法。

1. 校核输入数据的相关性

电力系统的三相电压和电流是相互关联的。例如，有以下瞬时值关系，即

$$i_a(k) + i_b(k) + i_c(k) \approx 3i_0(k) \qquad (7-1)$$
$$u_a(k) + u_b(k) + u_c(k) \approx 3u_0(k) \qquad (7-2)$$

式中，k 为采样点。经过采样和模/数变换后，考虑一定的量化误差，于是有

$$|x_a(k) + x_b(k) + x_c(k) - 3x_0(k)| < \varepsilon \qquad (7-3)$$

式中，ε 为输入通道各种固有误差后给定的检验指标。式（7-3）表明，对于三相交流电，只要增加一个硬件输入通道用来引入零序量，就能达到

辨识数据是否被干扰的目的。对于三相电流量，可从零序回路取得；一相电压量可从电压互感器开口三角处取得。一般宜用三个相量相加得到零序量。

还有更简单的校核输入数据的方法：在条件允许的情况下，对某些信号可分别设置两个通道，只有在两个通道读数一致时方可取用；否则将其剔除，采集后面的数据。

2. 限值判断

任何一个模拟量都有其合理的变化范围，因此可用限值判断的方法检验所采集的数据是否正确。对于不需要检测三个相的电流和电压的情况下可采用这种力法。

3. 数字滤波

对于一些频率比较低的随机噪声干扰信号，用阻容滤波器不能把它们完全消除。若加大滤波常数必然会引起时间的滞后。因此，可考虑用数字滤波的方法减少噪声对采样信号的影响。

（二）故障自诊断

故障自诊断或称自动检测，是指综合自动化系统具有对内部各主要部件在不需要运行人员参与的情况下进行自检查的功能。如果检查出某部分运行不正常，则立即报警，以提醒维护人员进行维修。对于关键部件，则自动闭锁相应出口，以保证电力系统的正常运行。由于综合自动化系统具有故障自诊断功能，只要系统内部出现故障就被立即发现，并被告知具体的故障部位。这不仅可以免去定期检修的工作量，还能大大缩短维修时间，对提高系统运行的可靠性是非常有益的。

按照综合自动化系统的工作状态不同，故障自诊断分为静态自检和动态自检。静态自检是指综合自动化系统在刚上电，但尚未投入运行时，系统本身先进行的全面自检，一旦发现某部分不正常，则不立刻投入运行，必须检修正常后再投运。动态自检是在自动化系统投入运行的过程中插入的自检，以便及时发现故障。一般来说，静态自检可以不受时间限制，因此可以检查得仔细些，可实现故障定位；动态自检时间不能太长，以免影响正常功能的执行。

按照检测时机的不同，故障自诊断又分为即时检测和周期检测。即时检测指连续监视或检测时间间隔不大于采样周期的检测，它要求有一定的辅助硬件，或者 CPU 的处理量不大，如 CPU 和输入通道的检测。周期检测指利用正常功能执行的小块富裕时间，积零为整来进行检测，其检测周期可能较长，通常不具有即时性，一般用来进行 CPU 处理量较大情况下的检测，如 EPROM、RAM、A/D 的检测。

按照检测对象的不同，故障自诊断又分为元器件检测和成组功能检测。元器件检测是指检测各元器件是否故障或复位，主要包括检测 EPROM、RAM、A/D 转换器件、CPU、接口芯片、定值电路、开关或插件的接触情况等。成组功能检测则是通过对模拟系统故障的模拟程序和数据的处理，来判断硬件是否有缺陷。

下面介绍几种常用的检测方法。

1. CPU 的检测

一种基本的检测方法是利用定时电路。该定时器不能被 CPU 禁止，但可由 CPU 清零。CPU 正常时，由软件经过一定周期（此周期应小于定时器的定时）使定时器清零。一旦 CPU 故障，无法使定时器清零，定时器达到定时后便发出报警信号。为了在程序运行出轨时不误报警，该定时器的延时应大于出轨监视器的定时。

2. A/D 转换器的检测

最简单易行的方法是用式（7-3）进行检测。只要连续若干次发现电压或电流不满足该式，就可怀疑 A/D 转换器故障。若电压和电流均不满足，便可确定 A/D 转换器故障。若仅有电压或者电流不满足，则故障可能出现在隔离变压器、前置模拟低通滤波器、采样保持器或者多路转换器。

另外的检测方法是通过多路转换器为 A/D 转换器预留一个检测通道，该通道接有标准电平，定时读取标准电平经 A/D 转换的数值来检查 A/D 转换器的正确性和精度。

3. RAM 的检测

RAM 被用来存储微型计算机控制系统的临时数据。RAM 的常见故障有存储单元损坏、特殊数据组合故障、数据线或地址线黏结等。RAM 的检测经常采用的是模式校验法，事先选定其一种校验模式，按照这种模式将数值写入 RAM，然后读出，观察是否发生变化，从而发现 RAM 可能出现的故障。

对 RAM 的检测有破坏性测试和非破坏性测试。破坏性测试系指进行自检时，不保留原来存放在 RAM 中的内容，即破坏了 RAM 中存放的数据等。因此，破坏性测试只能用于刚上电时的静态检查，它可以检查到每个 RAM 单元的每一位。开始测试时，将一个基准寄存器和全部 CPU 单元清零；将基准寄存器与一个 RAM 单元进行比较，如果两者相等则将此单元加 1，而后检查下一个单元；对每个单元都检查后，基准寄存器加 1。重复上述检查过程。若发现错误，则显示错误存储单元的地址和内容。显然，这种测试方法较为彻底，但其改变了整个 CPU 的内容，而且耗费时间长，因此只能用于静态自检。

非破坏性测试系指对某个 RAM 单元测试时，将原来所存的数据保留，待测试完后恢复其原先数据。用非破坏性测试可对 CPU 的每一地址循环进行检测。如图 7-7 所示，先将待检查 RAM 单元的内容保存在 CPU 的寄存器中，将 55H（01010101）写入该单元，然后测试程序将此单元读出，检查是否改变。第二次写入 AAH（10101010），重复检查过程。测试完毕恢复该单元原来的内容，再进行下一单元的测试。这种方法可测试每个存储单元的每一位的两种二进制状态，对于检测坏单元和数据线的黏结均有较好的效果。但对每个 RAM 单元的测试过程不能被其他功能的程序所打断；否则容易出错，有可能误把测试数据当成原来的数据去进行判断，甚至导致保护误动作。但在检查完一个 RAM 单元后，进行第二个 CPU 单元的测试前，可以被其他功能的程序所打断。非破坏性测试可以作为动态自检，但要检查完全部 RAM，所需周期较长。

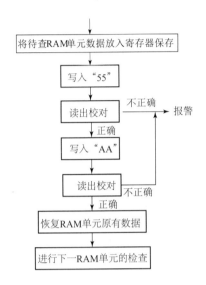

将待查RAM单元数据放入寄存器保存

写入 "55"

读出校对 ——不正确—→ 报警

正确

写入 "AA"

读出校对 ——不正确

正确

恢复RAM单元原有数据

进行下一RAM单元的检查

图 7-7 RAM 单元非破坏性测试流程框图

4. EPROM 的检测

只读存储器 EPROM 一般用于存放工作程序或参数，因此不能像检查 RAM 一样用写入和比较的方法去检查。根据其应用特点，可以用求检验和的方法进行测试。首先将 EPROM 分成若干段（如果 EPROM 不是很长也可以不分段），将每段中自第一个字节至第末字节的代码，采取按位加的方法将它们全部相加起来，得出的和数称为检验和，并将这个检验和事先存放在 EPROM 指定的地址单元中。以后在进行自检时，按上述求和方法得到一个和数，将此和数与事先存放的检验和进行比较，如果相等，则认为此段 EPROM 正常；否则认为该段有错。这种检验方法简单易行，耗时少；但当两个单元的同一位出错时不能够被发现。

5. 模拟量输入通道的检测

模拟量输入通道的自检包括对模拟滤波器、采样保持器、模拟多路开关和模/数转换器等部分的检查，可以利用所采集的三相电路中电流与电压之间的相关性和相应的限值进行校核，还可以考虑在设计数据模块时，专设置一个采样通道，将一个标准电压输入该通道，CPU 可以通过对这一通道采样值的监视来检测多路开关、A/D 转换器等是否正常。

6. 输出通道的自检

输出通道的自检包括计算机输出接口电路、光电隔离电路、继电器出口电路等部分的自检。由于涉及出口电路，自检时尤其要谨慎；否则容易造成误操作。例如，采用双工出口电路和自检反馈电路，这样不仅可以提高出口电路的抗干扰能力，而且可以保证出口电路自检的安全性，如图7-8所示。自检时，由程序送出跳闸1输出命令，并禁止跳闸2输出，然后读回反馈信号；如果跳闸1通道工作正常，则立即撤回跳闸1命令。由于输出跳闸1命令和读回反馈信号的时间很短，继电器K1未能吸合。检查跳闸2通道的过程相同，只是此时禁止的是跳闸1输出。如果在检查过程中程序出轨、未能及时撤回命令，则继电器K1或K2会动作，但因设置了双工出口电路，而检查只在一个通道进行，故不会出现两个继电器同时吸合的情况。

图7-8所示的出口电路采用了硬件冗余的设计方法，增加了一个出口通道和自检反馈电路，提高了该子系统工作的可靠性。在比较关键的环节采用这种容错技术是非常值得的。

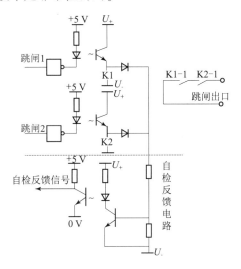

图7-8　双工出口电路和自检反馈电路

7. 重要数据的校核

综合自动化系统在运行过程中，一些重要的中间结果数据，如微机保护子系统直接实现动作判断的数据、状态标志等对执行程序有着非常关键的作用。这些结果存放在 RAM 中，为防止在强电磁干扰情况下这些重要的数据和标志出现错误，可分别将同一结果存放在内存的两个不同区域，一个区域是直接存入，另一个区域是将该数据或标志取反码后再存入；每次使用前先进行校对，即将这两个不同区域的数据或结果进行比较，如果两者不一致，说明已出现错误，该数据或标志不可信，应剔除。这种检测方法既简单又有很好的效果。

另外，遥控的码制应采用比较可靠的保护码，如 BCH 保护码。BCH 码所检查的码位不多，但编码效率高，实现电路简单，不仅可以检查错误，还可纠错，是一种抗干扰能力强、灵活性大的保护码。因为遥控的可靠性，其传输速率更为重要，所以应采用相对较慢的速率传输信息，采用经常不传输的异步工作方式，这样可排除许多经常性的干扰，并能提高单元码元在通道中的抗干扰能力。

8. 程序出轨的自恢复

前面介绍的几种自诊断方法主要是对组成综合自动化系统的主要部件的自检，也即对硬故障的诊断。但在程序的执行过程中，有时会由于电磁干扰造成程序出轨，即出现软故障。这种情况下会造成程序进入死循环或死机，甚至导致控制系统误出口、误动或拒动等严重后果。因此，当出现程序出轨时，应能够迅速发现，并自动使其重新纳入轨道。由于发生软故障时 CPU 已不再按预定的程序工作，必须设置有专门的硬件电路来检测是否发生程序出轨并实现自恢复。例如，采用 WatchDog，即看门狗电路，则可方便地实现这些功能。

按照实现功能的方式，看门狗电路有软件实现和硬件实现两种。用软件实现时，利用一个由 CPU 复位的计数器，只要应用程序工作正常，计数器不会发生溢出。如果因干扰引起程序出轨则会产生溢出脉冲，使系统自动复位，重新装入应用程序，恢复正常工作。用硬件实现时，其电路如图 7-9 所示。图中 A 点接至微机并行接口的某一输出位。当程序没有出轨时，A 点信号按一定的周期在 1 和 0 之间变化。A 点分两路，一路经反相器，另一路不经反相器，分别接至两个延时动作瞬时返回的延时元件，其延时时间应比 A 点信号的变化周期长。因此，正常情况下两个延时元件都不会动作，或门输出为 0。一旦程序出轨，A 点信号将停止变化，无论它停在 1 状态还是 0 状态，两个延时元件中总有一个动作，通过或门启动单稳态触发器，使 CPU 重新初始化，恢复正常工作。

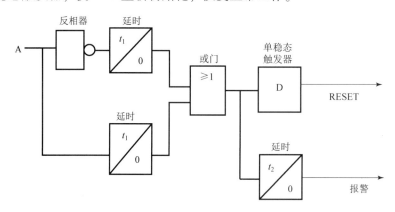

图 7-9　硬件实现的看门狗电路

以上电路不仅可用于程序出轨时的自恢复，还可用于装置的主要元件，如 CPU 损坏时发出报警信号。在这种情况下，单稳态触发器发出的复位脉冲已不能使 A 点信号恢复正常，于是经过延时后发出告警信号并将装置闭锁。

四、提高可靠性的其他措施

变电站综合自动化系统的可靠性不仅取决于所采取的抗电磁干扰措施和自动检测技术，还与装置的设计、制造及使用等各个环节有关。因此，只有多方面采取措施才能保证系统在任何情况下都安全、可靠地工作。

1. 系统的容错设计技术

系统的容错设计主要是指在硬件结构上采用冗余技术。硬件的冗余技术主要有静态冗余法、动态冗余法和混合冗余法三种。静态冗余法是通过掩蔽掉硬件故障的影响来实现容错，采用冗余工作部件来实现掩蔽作用。应用较早的有三模块冗余法，各模块以并行方式处理相同数据，输出给相同的执行部件。之后又派生出多种静态冗余方案。动态冗余法即备用冗余法，一般是一个模块工作，另一个模块作备用。根据备用模块是处在断电状态还是通电状态，又分为冷备用和热备用，在保护和监控系统中，为满足实时切换的要求，常采用热备用方式。动态冗余法在实际配置时有多种方案，如有部分备用系统、双机备用系统、重叠备用系统等。混合冗余法是静态和动态冗余法的综合应用。

2. 采用多 CPU 分层控制系统

综合自动化系统可以采用单 CPU、双 CPU 及多 CPU 的结构方式。采用单 CPU 的结构方式，一旦 CPU 出现故障则整个系统就不能正常工作。采用双 CPU 结构，尽管两个 CPU 互为备用，但外围电路没有备用，这样的系统可靠性也不高。采用多 CPU 分层控制系统，把保护和控制装置分成各个功能单元，每个功能单元独立工作、互不干扰。当某一功能单元的部件发生故障时，不影响其他回路的正常工作，可单独更换。这样可以大大提高综合自动化系统的可靠性。

3. 加强对出口回路的监视和闭锁

对保护回路的出口，可以利用几个并行接口的不同位，使 CPU 必须多执行几条指令才能构成跳闸条件，这样可以进一步降低误动作的可能；对担任出口指令执行任务的继电器，可对其常开触点长期进行监视，一旦触点状态不正常，能及时报警并自动闭锁执行回路。

4. 防止人为的操作失误

操作人员在大脑疲劳或高度紧张的情况下，往往容易发生误操作。对于那些绝对不允许误操作的地方，设计时应考虑采取可靠的预防措施。例如，对于断路器的分、合闸，必须在硬件和软件上进行多重校验；对于一些定值的设定以及重要参数的修改，在硬件上应设有操作锁，必须打开规定的操作锁方可进行操作。

总之，提高综合自动化系统可靠性涉及的内容很多，应从多方面入手才能取得良好的效果。

任务四　变电站典型事故案例

变电站综合自动化系统是一项涉及多种专业技术的复杂系统工程。根据电力系统运行的特殊要求，一旦自动化系统发生故障，必须迅速排除，使之尽快恢复正常运行。为此，要求维护检修人员应掌握一些基本的故障分析及检查方法。本任务以变电站综合自动化系统发生的部分典型事故为案例，介绍事故现象、事故处理、原因分析及预防措施。

案例 1　变电站失去监控

现象：5 日 11：16，无人值守 A 变电站三台站用变压器全部失电，该站自动化信息中断，远方监控中心监控不到该变电站任何信息，A 变电站失去监控。

1. 检查处理

监控中心通知运行维护人员立即进站检查处理，并立即恢复 A 变电站有人值守。监控人员远程合 380 V 断路器时，无法远程操作。

A 变电站三台强迫油循环主变压器所带负荷均未达到额定容量的一半，监控人员远方退出 A 变电站三台强迫油循环主变压器"冷却器全停跳闸压板"。

运行维护人员 30 min 内到达 A 变电站，进站后分两部分展开工作，一部分人检查后台机信息、监盘；另一部分人检查站用变压器系统设备情况，并处理故障。

站用电恢复后，站内监控信息正常，上送监控中心正常。

运行维护人员就地投入 A 变电站三台强迫油循环主变压器"冷却器全停跳闸压板"。

2. 原因分析

（1）A 变电站站用电 380 V 系统备自投二次回路故障，拒动。在站用电消失时，备用电源未能及时投入运行，导致站内站用系统失电。

（2）380 V 断路器均未进行远程遥控试验，所以在出现异常时，监控人员不能及时进行远程操作分、合断路器。

（3）A 变电站远动设备、监控后台机、相量测量装置（PMU）、同步时钟装置（GPS）等未接入 UPS 电源装置。在站用系统交流失电时，这些装置失电，自动化信息不能及时采集、上送、显示，严重影响无人值守变电站远程监控数据安全运行。

3. 预防措施

（1）在无人值守变电站改造、验收过程中要严格按照无人值守变电站的验收标准和准则，逐项调试、验收。

（2）无人值守变电站内必须有两套交流不间断电源 UPS 供电装置，重要二次设备及自动装置必须接入 UPS 电源回路，并且在站用电消失时能够自动切换，投入运行。

（3）正常运行中，380 V Ⅰ、Ⅱ段备自投装置应全部投入，并且能够正确动作。对无人值守变电站站用变压器电源设计和备自投装置调试、验收，应严格把关。运行中也应定期进行低压系统二次专业巡视，保护定检。

（4）在无人值守变电站改造过程中，对于 220 kV 及以上采用强迫油循环风冷变压器的变电站，低压系统的完善和验收应等同一、二次设备的验收。在无人值守变电站评估验收中，站用电系统应无遗留缺陷。变电站内 380 V 断路器均应能够实现远程遥控操作，380 V 系统遥测量应全部准确上送监控室（监控中心）。

案例2　无人值守变电站远动数据中断

现象：某无人值守变电站正常运行中频繁报"远动数据中断"。

1. 检查处理

运行维护人员进入某变电站检查与数据网有关的所有设备，发现数据网接入设备运行的两只风扇中的一只停止运转。立即投入备用风扇，数据网仍不能连续正常工作。向调度申请后重启数据网接入设备，数据传输正常。

2. 原因分析

（1）数据网接入设备异常死机所致。

（2）风扇损坏后，数据网接入设备过热死机。

3. 预防措施

改进数据网接入设备性能，使其运行稳定性提高。

案例3　主变压器监控信息突然中断

现象：监控人员发现某无人值守变电站1号主变压器监控信息突然中断。

1. 检查处理

监控人员通知运行维护人员赶赴该变电站进行检查处理。运行维护人员检查站内远动设备运行正常。但是，1号主变压器经测控装置上传的信息全部中断。检查1号主变压器测控装置，发现"装置故障"灯亮，"运行"灯灭。

经调度同意，退出该测控装置，重启装置后运行正常，"装置故障"灯灭。监控中心收到的1号主变压器所有监控信息恢复正常。

2. 原因分析

（1）1号主变压器测控装置死机。

（2）该装置存在家族性缺陷，软件版本太低。

3. 预防措施

（1）日常运行中设备运行维护人员应按时保质保量巡视测控设备，间隔二次设备定检、维护时，也应同时检验维护测控设备。在运行维护中如发现测控装置存在"DSP个数不正确"的报警日志、遥控出口继电器使用触点为25路以后的触点时，要引起高度重视，立即检查测控装置二次回路及装置软件，并进行过程检测，以便及时采取措施，防止测控装置误出口跳闸。

（2）建议厂家对装置软件进行升级，提高装置运行可靠性。

案例4　变电站一条线路通道故障时变电站调度电话不通

现象：运行中监控后台机报某变电站"AB线路通道故障"，某变电站调度电话不通。

检查处理：

（1）日常巡视中，对断路器操作箱含合闸监视回路运行灯及控制回路断线信号进行及时检查，上报处理。

二次专业巡视时，应检查二次回路接线端子，及时紧固松动的二次线。装置巡视时也应及时调取历史事件记录,分析其重要性,判断该信息对设备正常运行的影响。

(2) 雨期时,运行人员要在天气良好时及时对端子箱、机构箱进行通风晾晒。自动除潮设备应保持良好,手动除潮设备应根据天气需要保持机构箱内的湿度并可及时投入运行。

(3) 监盘时,若发现重要异常信息,即使已经复归,也应检查相关保护装置及一次设备运行情况,确保异常信息不会影响设备及电网安全运行。

案例5 运行中测控装置报"I/O模块故障"信息

现象:某变电站运行中监控后台机报"1号主变压器750 kV NS500型测控装置I/O模块故障"信号。

1. 检查处理

检查1号主变压器NS500型测控装置,装置显示"DIM故障"。向调度申请后,退出1号主变压器750 kV NS500型测控装置,更换DIM插件板后,装置异常信息消失。投入1号主变压器750 kV NS500型测控装置,运行正常。

2. 原因分析

(1) DIM插件板上有一个元件虚焊,长期运行后电路板发热,元件之间连接线断路,无法正常运行(电路板已经发黑)。

(2) 装置落灰尘、个别元件老化衰竭、过负荷都是造成DIM插件板故障的原因。

3. 预防措施

(1) 投运前应仔细检查装置各电路板的生产质量。

(2) 运行中应对装置各插件板进行定期测温,以便及时发现隐患。装置定检时应全面检查装置内各元件健康状况。

(3) 改善装置运行环境。装置定检时应清扫灰尘,定期打扫保护室卫生,冬季时及时接通保护室加热设备,夏季时及时投入保护室空调降温。及时调整装置所需的交直流电压。

案例6 打印保护定值时误修改定值区异常

现象:运行中35 kV松树线过电流保护动作跳闸,重合闸动作,重合不成功。

1. 检查处理

检查保护装置,第一次跳闸和重合后再次跳闸时的故障电流,折算为一次电流均为269 A。没有故障相别。该线路允许额定电流为300 A。检查站内35 kV松树线间隔一次设备,均正常。检查后台机历史数据,跳闸时35 kV松树线线路负荷为269 A。

输电线路检修人员检查35 kV松树线线路全线,没有发现明显故障点。

检查35 kV松树线线路保护装置定值设置,发现运行定值均小于调度下发的定值清单的定值。打印装置定值,全面核对,发现定值区错误,本应该在"0区"实际运行在"1区"。

更改定值区后，恢复了35 kV松树线供电。

2. 原因分析

（1）35 kV松树线跳闸的原因是定值错误。

（2）查阅工班对35 kV松树线保护改定值后，打印的装置定值与下发的定值清单要求一致。查找定值区修改的原因，按照保护装置定值修改时间，整理当日变电站在该装置上进行的工作票，发现三个月前，有继电保护专业人员在那个时间段对35 kV松树线保护装置打印运行定值清单（执行反事故措施，定期打印所有保护定值，进行核对）。经打印定值工作人员回忆，当日打印定值时曾经按保护装置上的上、下、左、右键，之后再按确认键，即打印定值。

（3）装置存在修改定值不要求身份密码验证缺陷。故障检验人员按照当事人所描述的方法，操作异常保护装置后，定值区确实在按键过程中发生了改变。

（4）由于定值修改后至跳闸前，该线路负荷一直较低，当日负荷突增，达到保护动作阈值，保护动作跳闸。

3. 预防措施

（1）完善保护装置功能，设定修改定值身份密码保护。

（2）打印保护装置定值以及操作保护装置面板按键后，应检查装置定值区是否发生了修改，及时与定值清单核对。

（3）运行人员在每月检查保护压板时，一起检查各保护装置定值及定值区设置是否正确，确保异常时及时发现并处理。

案例7　压板名称标反使运行线路断路器误跳闸

1. 故障经过

（1）故障前运行方式。某变电站330 kV系统为3/2接线方式，第一串为线-线串。3312断路器大修，330kV M线路由3310断路器带。3310、3311断路器共同带另一线路运行。

（2）当日进行的工作。当日在进行3312断路器大修、断路器操作箱定检工作。

（3）故障经过。当进行第二套短引线保护带3312断路器传动试验时，运行中的3310断路器跳闸，造成330kV M线路停电。

2. 检查处理

（1）M线路保护动作情况。经检查M线路两套保护均未动作出口；故障录波器显示线路无故障。

（2）3310断路器操作箱A、B、C三相跳闸灯亮。

（3）M线路对侧无异常跳闸。

（4）M线路第二套短引线保护动作情况。第二套短引线保护有动作出口信息。保护显示的动作时间内，正好检修工作人员用试验装置对3312断路器施加了试验电流。

（5）立即核查第二套短引线保护跳3310、3312断路器回路二次接线，发现第二套短引线保护跳 3310 断路器和跳 3312 断路器的硬压板名称标识相反，造成在传动 3312 断路器时，实际投入的是跳 3310 断路器，即将试验电流加到了 3310 断路器跳闸回路。

（6）立即更换压板标识，并进行传动，正确后用 3310 断路器向 M 线路供电，正常。

3. 原因分析

（1）造成本次误跳闸的原因为保护装置上硬压板名称标识错误。

（2）在投运前及定期进行的短引线保护传动中，未针对 3/2 接线方式分别对每组断路器进行传动，而是按照保护作用断路器一起传动，所以未能及时发现保护装置硬压板标识错误的问题。

（3）对回路和压板名称进行改变时，未及时记录和核对。故障后检查第二套短引线保护跳 3310 断路器和跳 3312 断路器的硬压板标识槽中，发现共计有三套不同标识，说明回路或者压板进行过多次更改。

（4）在对相关压板的两次改动过程中，未依照规程执行回路变更手续，也未将改动情况标注于图纸，为故障埋下了隐患。

（5）"图实相符"核查工作不够细致、深入。专项排查中，仅对回路编号、端子排等进行核对，没有对各回路的实际走向进行测试与校核。

（6）进行现场工作时，未按照《继电保护和电网安全自动装置现场工作保安规定》的有关要求，断开与运行设备有关的连线回路。

（7）保护压板及其标识管理不到位。没有建立相关的管理制度，硬压板功能、硬压板名称变动功能没有相应的记录，存在较大的随意性。

4. 预防措施

（1）加强继电保护标准化检修工作，细化作业指导书，规范各项传动试验步骤及方案，提高定检工作的科学性和规范性。

（2）二次系统验收工作应制订详细、完整的验收大纲和办法，提高验收工作的实效，避免由于验收把关不严给以后运行维护留下故障隐患。

（3）制定保护装置压板、标签管理制度。明确压板管理的责任单位，将压板名称的确定、变更、核对及标签的更换程序规范化、制度化。

（4）对二次回路及保护压板变更应严格执行《继电保护和电网安全自动装置现场工作保安规定》，改动前必须经有关部门审核，并认真与原图核对。改动后应及时按照"图实相符"的有关工作要求执行，并进行严格的传动试验。

（5）结合定检工作，及时核对压板功能及相关回路，保证二次回路和压板的完整、正确。

 ## 项目小结

变电站综合自动化系统内的部件尽管采用高可靠性的新型设备，但由于设备的内部和外部因素等，不可避免地还会出现故障。因此，为了设备能稳定正常地运行，必须合理、科学地做好日常维护与检修工作，要掌握变电站内的运行管理规定，掌握变电站综合自动化系统的使用注意事项，掌握系统的运行维护方法。

自动化装置调试的目的是检验其功能、特性是否达到设计和有关规定的要求，是确保无人值守变电站安全、可靠运行的一项重要手段，因此要认真、详细及按规定做好全部有关调试、检验工作。

变电站内高压电气设备的操作、低压交流和直流回路内电气设备的操作等都会产生电磁干扰，这些干扰进入系统内部，就可能引起系统工作不正常，甚至损坏某些部件或元器件。所以，要采取有效的抗干扰措施来提高系统的可靠性，包括软件抗干扰措施和硬件抗干扰措施等。

 **思 考 题**

7－1 变电站综合自动化系统的运行规定有哪些？

7－2 变电站综合自动化系统日常运行监视的内容有哪些？

7－3 变电站综合自动化系统日常巡视检查项目有哪些？

7－4 变电站综合自动化系统技术管理内容有哪些？

7－5 变电站综合自动化系统使用注意事项有哪些？

7－6 变电站综合自动化系统的抗干扰措施有哪些？

7－7 变电站综合自动化系统的自动检测手段有哪些？

7－8 什么是系统的容错技术？

7－9 正确分析、判断异常问题一般有哪些方法？

参 考 文 献

［1］丁书文，胡起审．变电站综合自动化原理及应用［M］．北京：中国电力出版社，2010．

［2］丁书文．变电站综合自动化现场技术［M］．北京：中国电力出版社，2008．

［3］张晓春．变电站综合自动化［M］．北京：高等教育出版社，2006．

［4］国家电网公司人力资源部．变电站综合自动化［M］．北京：中国电力出版社，2010．

［5］湖北省电力公司生产技能培训中心．变电站综合自动化模块化培训指导［M］．北京：中国电力出版社，2010．

［6］张惠刚，变电站综合自动化原理与系统［M］．北京：中国电力出版社，2004．

［7］丁书文，贺军荪．变电站综合自动化现场技术［M］．北京：中国电力出版社，2015．

［8］杨利水．变电站综合自动化实训指导［M］．北京：中国电力出版社，2010．

［9］王显平．变电站综合自动化系统运行技术［M］．北京：中国电力出版社，2012．

［10］福建省电力有限公司．变电站综合自动化系统实用技术［M］．北京：中国电力出版社，2013．

［11］沈诗佳．电力系统继电保护及二次回路［M］．北京：中国电力出版社，2013．

［12］刘建英，苏慧平．变电站综合自动化［M］．北京：北京理工大学出版社，2014．

［13］马大中．变电站综合自动化技术及应用［M］．北京：人民邮电出版社，2014．

［14］肖艳萍．发电厂变电站电气设备［M］．北京：中国电力出版社，2015．

［15］戴宪滨．变电站二次回路及其故障处理典型实例［M］．北京：中国电力出版社，2013．

［16］黄栋，吴轶群．发电厂及变电站二次回路［M］．北京：中国水利水电出版社，2007

［17］国网江西省电力公司检修分公司．变电站二次系统运行维护实用技术［M］．北京：中国电力出版社，2014．

［18］郑新才，蒋剑．怎样看110 kV变电站典型二次回路图［M］．北京：中国电力出版社，2009．

［19］路文梅，李铁玲．变电站综合自动化技术［M］．北京：中国电力出版社，2012.

［20］张儒，胡学鹏，等．变电站综合自动化原理与运行［M］．北京：中国电力出版社，2008

［21］程明，金明．无人值班变电站监控技术［M］．北京：中国电力出版社，2009.

［22］杨素行．微型计算机原理及其应用［M］．北京：清华大学出版社，1998.

［23］王远璋．变电站综合自动化现场技术与运行维护［M］．北京：中国电力出版社，2004.

［24］王显平．变电站综合自动化系统运行技术［M］．北京：中国电力出版社，2012.

［25］阳宪惠．现场总线技术及其应用［M］．北京：清华大学出版社，1999.

［26］韩绪鹏，李含霜．电力系统自动装置［M］．武汉：华中科技大学出版社，2017.

［27］黄益庄．变电站综合自动化技术［M］．北京：中国电力出版社，2000.

责任编辑：陈莉华

策划编辑：王艳丽

封面设计：

"十四五"职业教育国家规划教材

变电站
综合自动化

北京理工大学出版社
BEIJING INSTITUTE OF TECHNOLOGY PRESS

通信地址：北京市海淀区中关村南大街5号
邮政编码：100081
电　　话：（010）68914775（总编室）
　　　　　（010）82562903（教材售后服务热线）
　　　　　（010）68944723（其他图书服务热线）
网　　址：www.bitpress.com.cn

关注理工职教
获取优质学习资源

ISBN 978-7-5682-8609-1

9 787568 286091

定价：49.80元

变电站综合自动化任务单

主　编　曾　毅　黄亚璇　苏慧平
参　编　程立川
主　审　吕泽承

北京理工大学出版社
BEIJING INSTITUTE OF TECHNOLOGY PRESS

目　录

项目一　变电站综合自动化系统的组建　任务单

任务单1-1　根据某变电站的电气主接线图，列出该变电站的一次设备的文字符号与图形符号进行展示；写出变电站电气主接线方式；辨识该变电站一次设备的功能与作用；识读该变电站电流、电压互感器的配置；识读该变电站综合自动化系统中的二次设备及配置情况。

任务单 某110 kV 变电站综合自动化系统中的一次设备与二次设备	
任务内容	（1）识读该变电站主接线方式，分析该变电站电流电压互感器的配置方式 （2）列出该变电站全部一次设备的标准电气图形符号与文字符号 （3）列出该系统中，110 kV、10 kV 线路及变压器的二次设备配置
任务资源	（1）110 kV 变电站电气主接线工程图 （2）变电站综合自动化系统设备一套
任务目标	（1）掌握变电站一次设备的功能、作用及符号表达 （2）掌握变电站二次设备的配置 （3）掌握变电站电流、电压互感器的配置
任务实施要求	（1）分小组，小组长负责分工与督促组员，共同讨论完成任务 （2）明确所需设备、图纸与任务内容 （3）采用小组讨论并以列表方式记录任务内容（2）并提交 （4）任务内容（3）以小组代表发言形式进行汇报
检查与评价	自 评 学生对本任务的整体实施过程进行评价□　｜　互 评 小组之间分别对任务结果进行评价□　｜　师 评 教师对小组进行点评，提出不足与优点□

任务单1-2　变电站综合自动化系统的分层分布式结构是按设备的功能来划分的，识读工程图并对变电站的设备进行分层，明确每一层的设备与作用，从而强化理解二次设备与一次设备的关系以及变电站综合自动化系统的整体性。

任务单 变电站综合自动化系统的结构配置	
任务内容	（1）根据某变电站综合自动化的一次设备工程图及变电站综合自动化系统成套设备，绘制该变电站综合自动化系统的结构配置图 （2）讲述分层分布式结构中各层所针对的设备及各层之间的联系 （3）识读系统工程原理图，并将图与现场的设备相对应
任务资源	（1）变电站电气主接线图、网络原理图及保护配置图 （2）变电站综合自动化系统设备一套

任务单 变电站综合自动化系统的结构配置		
任务目标	（1）掌握分层分布式结构 （2）掌握每层所针对的设备及每层之间的联系 （3）掌握系统工程原理图的识读	
任务实施要求	（1）分小组，小组长负责督促组员完成任务 （2）明确所需图纸与任务内容，以及应观察的设备部分 （3）独立绘制结构配置图	
检查与评价	自评 学生对本任务的整体实施过程进行评价□	互评 小组之间分别对任务结果进行评价□	师评 教师对小组进行点评，提出不足与优点□

项目二　线路保护测控柜的安装与运行维护　任务单

任务单2-1　利用图纸，对照二次屏柜，对屏柜布局及二次设备配线进行认知。

任务单 保护测控屏柜配线及二次设备接线认知	
任务实施说明	通过对保护屏柜及接线认知，了解屏柜安装及二次接线的方法、质量控制要求。 （1）依据保护屏柜布置图、接线图、原理图图纸，对照实物，认识保护屏柜的组成、二次设备元器件布置及二次配线的关系，抽检二次设备及二次配线是否合乎规范要求 （2）了解图纸的分类与应用，并能用相对编号法核查屏柜接线的正确性
知识要求	（1）熟悉二次屏柜安装、屏柜上电器安装及二次接线的质量控制要求 （2）熟悉相对编号法，并能在工程中应用
任务资源	（1）功能完备的成套变电站综合自动化系统 （2）配套完整的变电站综合自动化系统工程图纸一套
任务实施认知心得	
任务评价	教师检查、评价任务实施过程中学生应用知识、任务实施质量、团队协作情况

任务实施评价	团队协作评价	第_____小组总分

任务单2-2　保护测控装置硬件认识及保护定值调阅、压板投退操作。

任务单 保护测控装置硬件认识、保护定值调阅及压板投退操作	
任务实施说明	通过对装置的拆装，认识设备的硬件组成及功能，了解压板的作用及投退方法、会查阅定值。 （1）拆装微机保护装置插件，了解硬件结构组成及功能；依据图纸能查找出装置的交流电压、电流回路端子、开入及开出端子、直流电源端子等功能区并做记录 （2）在保护装置上进行定值的输入、修改、固化及调阅操作 （3）在保护装置及屏柜上正确进行保护软、硬压板投退的操作
知识要求	（1）理解保护测控装置硬件结构的组成、装置各插件的功能 （2）了解软、硬压板的作用；了解定值调阅及压板投退的操作方法
任务资源	（1）功能完备的成套变电站综合自动化系统、微机保护装置若干 （2）配套的变电站综合自动化系统工程图纸、微机保护装置说明书

任务单 保护测控装置硬件认识、保护定值调阅及压板投退操作		
任务实施心得		
任务实施评价	教师检查、评价任务实施过程中学生应用知识、任务实施质量、团队协作情况		
	任务实施评价	团队协作评价	第_____小组总分

任务单 2-3　完成某保护测控装置与 CT、PT 的接线，以实现其保护测量功能。

任务单 完成某保护测控装置与 CT、PT 的接线	
任务说明	根据某保护测控装置背板端子图，完成其与开关柜中电流互感器 CT、电压互感器 PT 的二次连接，使其具备采集交流测量电流、保护电流、交流电压的功能
知识要求	（1）理解电流 CT、电压 PT 互感器原理及接线方式，理解互感器运行中的注意事项 （2）理解保护测控装置硬件结构、端子功能定义
任务资源	（1）功能完备的变电站综合自动化系统一套 （2）微机保护装置若干、控制电缆若干、成套电工工器具 （3）成套开关柜及配套电流互感器、电压互感器若干
接线心得	
任务评价	教师评价任务实施过程中学生应用知识情况、任务实施质量、团队协作情况

任务实施评价	任务成果评价	团队协作评价	第_____小组总分

任务单 2-4　依据断路器控制回路图，学习断路器控制原理，并进行断路器分、合操作。

任务单　断路器控制回路识图及断路器分、合操作	
任务说明	通过对控制回路工作过程的分析，熟悉控制原理及工作过程，为故障处理打下基础。 （1）分析讨论断路器控制回路原理，分析断路器手动合闸、分闸及位置信号灯变位情况，在识图中融入识图规则与技巧 （2）按看图规则、技巧，讨论断路器控制回路图中遥控合闸、分闸及位置信号灯变位情况 （3）分析讨论防跳回路功能的实现 （4）对断路器进行手动分、合及遥控分、合操作

任务单	断路器控制回路识图及断路器分、合操作			
知识要求	(1) 掌握二次识图方法、规则；理解分合闸回路、防跳回路工作原理 (2) 熟悉控制回路中各元器件的名称、作用，以及元器件在屏柜、断路器中的安装位置			
任务资源	(1) 功能完备的变电站综合自动化系统、高压断路器、微机保护装置及屏柜等 (2) 配套的综合自动化系统控制回路工程图纸			
任务实施心得				
任务评价	教师评价项目实施过程中学生应用知识情况、项目实施质量、团队协作情况			
	任务实施评价	任务汇报评价	团队协作评价	第_____小组评分

任务单 2-5 对断路器控制回路常见故障进行分析与排查。

任务单 断路器控制回路故障分析与排查				
任务说明	通过对控制回路常见故障的分析、排查与处理，掌握排查故障的基本方法与思路，提升故障处理应对能力。 (1) 在控制回路中预设故障并通过操作暴露问题 →学生记录监控系统报警信号→根据设备运行工况、控制回路工程图纸→分析判断可能的故障原因→汇报分析思路及查找方法→教师点评、纠错→学生正确选择工器具进行故障查找→指出应检测的设备端子号、应测量的参数及测量目的→测量结果分析→通过逐项查找直至找到故障点→消除故障→恢复系统正常运行 (2) 通过分析、排查、找出故障点，写出故障处理流程、反思与体会			
知识要求	(1) 熟悉断路器控制原理 (2) 了解排查故障的基本思路与方法 (3) 熟悉控制回路中各控制元器件在现场设备中的安装位置			
任务资源	(1) 功能完备的成套变电站综合自动化系统、完备的设备间隔及保护屏柜 (2) 控制回路工程图纸、接线图、端子图 (3) 电工工器具、电笔、万用表、钳表			
分析排查故障反思				
任务评价	教师检查、评价任务实施过程中小组学生应用知识情况、任务实施质量、团队协作情况			
	任务实施评价	任务汇报评价	团队协作评价	第_____小组评分

项目三　变压器保护测控屏柜的运行与维护　任务单

任务单 3 – 1　变压器的保护测控装置按照一个独立的间隔进行配置，包括变压器各侧及本体部分，不同电压等级的变电站对变压器保护测控装置的要求是不一样的。不同的厂家（公司）会针对变压器的保护配置出具相应的规格书，明确它所配置的保护并解释其保护的工作原理，方便变电站人员更好地进行变压器的维护。

任务单　识读某变压器保护测控装置的保护配置		
任务内容	（1）根据某变压器所配置的保护测控装置，查询变压器所配置的保护 （2）阐述变压器所配置保护的工作原理	
任务资源	（1）变压器保护测控装置的规格书 （2）变电站综合自动化系统设备一套	
任务目标	（1）掌握变压器保护测控装置的保护配置 （2）理解变压器所配置的保护的工作原理	
任务实施要求	（1）小组成员独立完成任务内容并提交任务记录 （2）明确所针对的设备、规格书与任务内容	
检查与评价	自　评 学生对本任务的整体实施过程进行评价□	互　评 小组之间分别对任务结果进行评价□	师　评 教师对小组进行点评，提出不足与优点□

任务单 3 – 2　保护测控装置开入量检查是装置常规检测项目之一，其目的是检验装置对各开入量反应的正确性，检测方法可采用短接端子或投、退压板的方法，改变接点的通、断状态，检查装置的状态显示是否正确。

任务单　某变压器保护测控装置的开关量的识读与测试	
任务内容	（1）根据某主变开入原理工程图纸，查找变压器非电量保护的类型 （2）查找某变压器开入量，设计测试方案，对其开入量进行对位测试 （按测试方案对现场设备进行开关量输入的检查，确认其状态显示的正确性）
任务资源	（1）系统变压器保护测控装置的工程图及规格书 （2）变电站综合自动化系统设备一套
任务目标	（1）掌握变压器开关量输入原理图的识读 （2）理解变压器非电量保护的工作原理 （3）掌握开关量输入的检测方法及对位测试

续表

任务单	某变压器保护测控装置的开关量的识读与测试		
任务实施要求	（1）小组合作完成本任务，小组长负责分工与督促组员，认真观察，记录结果 （2）明确所需设备、图纸、规格书与任务内容 （3）按小组提交测试方案与测试结果		
检查与评价	自 评 学生对本任务的整体实施过程进行评价□	互 评 小组之间分别对任务结果进行评价□	师 评 教师对小组进行点评，提出不足与优点□

任务单 3-3　主变压器保护测控装置接入的模拟量有高、中、低三侧的三相电流，从而通过软件程序可以计算出三相电流的有效值、有功功率、无功功率、谐波等，进而按照保护原理实现对变压器的保护控制。

任务单	识读某 110 kV 变电站、主变压器的交流回路原理图		
任务内容	（1）识读主变压器交流回路原理图中符号与字母的含义 （2）辨识主变压器差动保护的范围及原理接线 （3）识读主变压器保护测控装置的保护测量回路		
任务资源	（1）主变压器的交流回路原理工程图 （2）变电站综合自动化系统设备一套		
任务目标	（1）掌握变压器差动保护的范围及原理接线 （2）掌握变压器保护测量回路工程图的识读		
任务实施要求	（1）小组讨论得出结果并记录，小组长负责督促组员完成任务 （2）明确所需图纸与任务内容		
检查与评价	自 评 学生对本任务的整体实施过程进行评价□	互 评 小组之间分别对任务结果进行评价□	师 评 教师对小组进行点评，提出不足与优点□

任务单 3-4　变压器保护测控装置进行控制的对象有变压器三侧的断路器和隔离开关、变压器中性点接地开关、变压器有载调压分接头。以变压器保护测控装置的断路器控制回路来进行分析分、合闸的实现过程，从而深入理解保护测控装置控制功能。

任务单	某变压器保护测控装置的断路器控制回路分析
任务内容	（1）根据某变压器断路器的控制回路工程图纸，分析手动分、合闸的工作过程 （2）根据某变压器断路器的控制回路工程图纸，分析遥控分、合闸的工作过程 （3）分析断路器防跳回路的实现过程

任务单	某变压器保护测控装置的断路器控制回路分析		
任务资源	(1) 变压器保护测控装置的断路器控制操作回路工程图 (2) 变电站综合自动化系统设备一套		
任务目标	(1) 掌握变压器的断路器控制回路和手动分、合闸的工作过程 (2) 掌握变压器的断路器控制回路和遥控分、合闸的工作过程 (3) 理解变压器的断路器防跳回路的实现原理		
任务实施要求	(1) 分小组，小组长负责督促组员，共同讨论完成任务。分析过程需详细描述位置指示灯变位情况及各触点的动作过程 (2) 明确所需设备、图纸与任务内容		
检查与评价	自 评 学生对本任务的整体实施过程进行评价□	互 评 小组之间分别对任务结果进行评价□	师 评 教师对小组进行点评，提出不足与优点□

任务单3-5 变压器保护测控装置的控制回路中，会因为人为、设备本身或外界环境的影响造成不同情况的故障。如何快速、有效地处理控制回路故障是变电站人员的必备技能，但由于二次控制回路故障不直观，二次电缆多，回路繁杂，导致故障点判别不清，查找时难度较大。因此，需要一步一步按照常规方法进行细致排查，做到思路清晰，熟悉检查的步骤；找到关键点，缩小故障范围，再针对故障范围进一步查找故障点。

任务单	某变压器保护测控装置控制回路中断路器合闸不成功的故障排查		
任务内容	(1) 识读主变压器保护测控装置的断路器控制回路图 (2) 阐述控制回路故障分析的一般步骤和方法 (3) 分析断路器合闸不成功的可能因素并排查		
任务资源	(1) 变压器保护测控装置的断路器控制回路原理图 (2) 变电站综合自动化系统设备一套		
任务目标	(1) 掌握变压器保护测控装置的断路器控制回路图 (2) 掌握控制回路分析的方法与思路 (3) 理解控制回路故障的可能因素		
任务实施要求	(1) 小组长负责督促组员，共同分析排查故障，并形成结果记录 (2) 明确所需设备、图纸与任务内容		
检查与评价	自 评 学生对本任务的整体实施过程进行评价□	互 评 小组之间分别对任务结果进行评价□	师 评 教师对小组进行点评，提出不足与优点□

项目四　直流系统的安装与运行维护　任务单

任务单 4-1　直流系统原理识图。

任务单　直流系统原理识图	
任务实施说明	通过对直流系统屏柜及接线认知，掌握直流系统的构成和工作原理及接线。 （1）查看直流系统原理图接线图，说明直流系统工作原理，说明两路交流电源进线电气闭锁原理 （2）依据图纸，对照直流系统屏柜，认识屏柜内各主要元器件 （3）查找交流电源进线、直流负荷出线的位置，了解其供电电缆走向
任务资源	（1）直流系统原理图、接线图 （2）直流系统屏柜
知识要求	（1）理解直流系统的工作原理 （2）掌握直流系统的各部件及其作用 （3）掌握直流系统中电气闭锁实现的原理
任务实施心得	

任务评价	教师检查、评价任务实施过程中学生应用知识情况、任务实施质量、团队协作情况			
	任务实施评价	任务汇报评价	团队协作评价	第＿＿＿＿小组评分

任务单 4-2　直流系统接地的故障分析。

任务单　直流系统接地故障的危害分析	
任务实施说明	分析直流系统两点接地的危害。 （1）根据控制回路图，讨论直流系统正极接地后再出现一点接地的可能后果 （2）根据控制回路图，讨论直流系统负极接地后再出现一点接地的可能后果 （3）根据控制回路图，讨论直流系统正负极各出现一点接地的可能后果
任务资源	（1）直流系统屏柜及相关图纸 （2）控制回路图纸
知识要求	（1）掌握直流系统接地的定义 （2）掌握直流系统引起接地的原因 （3）掌握直流系统出现一点接地的运行情况 （4）掌握直流系统两点接地可能的危害与后果

续表

任务单　直流系统接地故障的危害分析	
任务实施心得	
任务评价	教师检查、评价任务实施过程中学生应用知识情况、任务实施质量、团队协作情况

任务实施评价	任务汇报评价	团队协作评价	第_____小组评分

任务单 4 - 3　直流系统接地故障的排查。

任务单　直流系统接地故障的排查	
任务实施说明	通过完成直流系统接地故障的排查，掌握直流系统接地故障的排查方法和规范操作。 （1）小组讨论，确定直流接地的查找方法 （2）教师设置故障，学生根据故障查找办法，完成直流系统接地故障排查 （3）在排查过程中，联系企业工作人员进一步使操作规范化 （4）学生总结查找方法及思路
任务资源	（1）直流系统工程图纸 （2）功能完备的直流系统屏柜
任务要求	（1）掌握直流系统两点接地可能的危害与后果 （2）掌握查找直流接地故障的方法 （3）掌握直流系统接地故障排查的注意事项
任务实施心得	
任务评价	教师检查、评价任务实施过程中学生应用知识情况、任务实施质量、团队协作情况

任务实施评价	任务汇报评价	团队协作评价	第_____小组评分

任务单 4 - 4　直流系统运行与维护。

任务单　直流系统的运行与维护	
任务实施说明	通过任务实施，掌握直流系统运行维护的方法和直流监控系统的操作。 （1）结合现场设备，核对蓄电池的巡查项目及内容，并说明运行与维护方法 （2）在直流系统监控系统上进行正确的操作和设置 （3）小组总结蓄电池的运行维护注意事项，并演示直流系统的操作

续表

	任务单　直流系统的运行与维护			
任务资源	（1）功能完备的直流系统屏柜 （2）蓄电池组			
知识要求	（1）掌握蓄电池的性能参数 （2）掌握蓄电池的充放电制度 （3）掌握蓄电池的运行与维护 （4）掌握监控系统的操作与设置			
任务实施心得				
任务评价	教师检查、评价任务实施过程中学生应用知识情况、任务实施质量、团队协作情况			
	任务实施评价	任务汇报评价	团队协作评价	第＿＿＿小组评分

项目五 系统的数据通信与网络构建 任务单

任务单 5-1 数据通信认知。

任务单 数据通信认知	
任务实施说明	（1）说明变电站的通信内容及"四遥"功能 （2）结合变电站及综合自动化系统内的硬件设备，说明远距离数据通信的模型及工作过程
任务资源	（1）变电站综合自动化系统设备一套 （2）作业纸与任务单
知识要求	（1）掌握数据通信的内容 （2）掌握远距离数据通信的模型 （3）掌握数据的调制与解调
任务实施心得	
任务评价	教师检查、评价任务实施过程中学生应用知识情况、任务实施质量、团队协作情况

任务评价	任务实施评价	任务汇报评价	团队协作评价	第_____小组评分

任务单 5-2 网线制作与测试。

任务单 网线制作与测试	
任务实施说明	通过完成网线的制作与测试，掌握制作网线的方法及工艺要求。 （1）领取剥线钳、水晶头、网线等工器具，按 T568A 或 T568B 的线序方式、按网线制作工艺要求，制作直通网线或交叉网线 （2）用测试工具测试网线制作的正确性 （3）上交制作的网线作品，教师根据制作工艺情况评价、评分
任务资源	（1）剥线钳、水晶头、网线、网线测试仪等工器具 （2）任务单
知识要求	（1）掌握数据通信的传输方式 （2）掌握数据通信的传输介质 （3）掌握网线制作的工艺
任务实施心得	
任务评价	教师检查、评价任务实施过程中学生应用知识情况、任务实施质量、团队协作情况

任务评价	任务实施评价	任务总结反思评价	团队协作评价	第_____小组评分

任务单 5 – 3 数据通信接口认知。

任务单　数据通信接口认知	
任务实施说明	（1）结合实物 EIA – 232 标准 DB – 9 型连接器，认知其引脚分配，描述其机械特性 （2）说明 RS – 232 标准接口和 RS – 485 标准接口的电气特性及应用特点
任务资源	（1）变电站综合自动化系统设备一套 （2）EIA – 232 标准 DB – 9 型连接器 （3）作业纸与任务单
知识要求	（1）掌握 RS – 232 接口的机械特性、电气特性及应用范围 （2）掌握 RS – 485 接口的特性及应用范围
任务实施心得	
任务评价	教师检查、评价任务实施过程中学生应用知识情况、任务实施质量、团队协作情况

任务实施评价	任务汇报评价	团队协作评价	第＿＿＿＿小组评分

任务单 5 – 4 远动规约认知。

任务单　远动规约认知	
任务实施说明	通过分析给定规约的含义，掌握不同规约的体系结构。 （1）从变电站综合自动化监控系统中查询报文，或由教师给出不同规约简单报文实例 （2）分析给定报文的含义 （3）总结不同规约的体系结构
任务资源	（1）变电站综合自动化系统设备一套 （2）综合自动化系统常用规约 （3）作业纸与任务单
知识要求	（1）掌握循环式规约的含义、帧结构和帧的组织方式 （2）掌握问答式远动规约的含义及报文的格式 （3）掌握循环式远动规约和问答式远动规约的应用范围
任务实施心得	
任务评价	教师检查、评价任务实施过程中学生应用知识情况、任务实施质量、团队协作情况

任务实施评价	任务汇报评价	团队协作评价	第＿＿＿＿小组评分

任务单 5 – 5　绘制 110 kV 变电站通信网络双线连接图。

任务单　绘制 110 kV 变电站通信网络双线连接图			
任务实施说明	通过绘制变电站通信网络双线连接图，构建变电站综合自动化通信网络。 （1）根据网络、各屏柜电源及通信网络图，查找核对实训室中网络结构 （2）绘制出变电站综合自动化系统通信网络连接图 （3）总结系统网络构成方式，展示网络图作业		
任务资源	（1）变电站综合自动化系统设备一套 （2）综合自动化系统网络工程图纸、各屏柜电源及通信网络图 （3）作业纸与任务单		
知识要求	（1）掌握局域网通信网络 （2）掌握现场总线及其通信网络 （3）掌握采用 LonWorks 网络的变电站综合自动化通信系统 （4）掌握采用 CAN 现场总线的变电站综合自动化通信网络		
任务实施心得			
任务评价	教师检查、评价任务实施过程中学生应用知识情况、任务实施质量、团队协作情况		
	任务实施评价	任务汇报评价	团队协作评价　第＿＿＿小组评分

项目六　变电站监控系统的运行与操作 任务单

任务单 6-1　变电站的监控系统构成应为网络拓扑的结构形式，变电站向上作为调度和集控中心的网络终端，同时又相对独立，站内自成系统，结构应分为站控层和间隔层两部分，层与层之间应相对独立。采用分层、分布、开放式网络系统实现各设备间连接。计算机装置的硬件配备必须满足整个系统的功能要求和性能指标要求。

任务单　监控系统基本构架的组建	
任务内容	（1）组建某变电站监控系统的硬件与软件 （2）绘制某监控系统结构配置图 （3）识读系统软件的安装环境要求，并安装监控系统的软件
任务资源	（1）变电站监控系统的硬件设备和软件系统 （2）监控系统相关的配套规格书
任务目标	（1）掌握监控系统的硬件与软件构成 （2）掌握监控系统结构及配置 （3）理解监控系统中软件安装环境要求
任务实施要求	（1）小组长负责督促组员共同完成任务 （2）明确所需设备与任务内容，利用互联网查阅相关资料 （3）小组讨论并提交组建方案及结构图
检查与评价	自　评 学生对本任务的整体实施过程进行评价□　　互　评 小组之间分别对任务结果进行评价□　　师　评 教师对小组进行点评，提出不足与优点□

任务单 6-2　监控系统中的继电保护工程师站、远动主站及"五防"工作站是系统的重要组成部分，对不同变电站的监控系统所配置的工作站数量与方式会有所差异。

任务单　某监控系统主要工作站的认识	
任务内容	（1）识读某监控系统结构图中主要工作站及其作用 （2）分析、判断不同的监控系统网络图中"五防"机与监控主站的配置方式
任务资源	（1）某变电站监控系统结构图与网络图 （2）变电站监控系统的硬件设备
任务目标	（1）掌握监控系统的主要工作站的功能作用 （2）掌握监控系统中"五防"机与监控主站的配置方式

任务单	某监控系统主要工作站的认识		
任务实施要求	(1) 小组成员独立完成本任务，小组长负责督促检查 (2) 明确图纸与任务内容 (3) 记录并提交任务记录纸		
检查与评价	自 评 学生对本任务的整体实施过程进行评价□	互 评 小组之间分别对任务结果进行评价□	师 评 教师对小组进行点评，提出不足与优点□

任务单 6–3 变电站监控系统完成一次设备监视、控制、数据采集等功能，都可通过监控软件方便、快捷地进行操作维护。熟练操作监控软件、执行典型的操作任务、准确分析所监控的数据是变电站人员的必备技能。

任务单 变电站综合自动化系统的监控软件的典型操作			
任务内容	(1) 操作监控软件进行开关设备的分、合闸及挂牌等安全措施的设置 (2) 查询历史报警记录及某设备的电流与电压曲线并分析 (3) 查询并分析变压器与 10 kV 线路所配置的保护整定值 (4) 查询并分析监控界面所监控的数据 (5) 开出一张电子操作票		
任务资源	(1) 变电站监控软件的规格书 (2) 变电站综合自动化系统设备及其配套的监控软件		
任务要求	(1) 掌握监控系统的典型操作 (2) 理解监控系统典型操作任务的意义		
任务实施要求	(1) 小组合作，共同制订方案，小组长负责分工与督促组员，共同讨论完成任务 (2) 明确所需设备、规格书与任务内容 (3) 开出一张电子操作票（以小组号命名文件提交）		
检查与评价	自 评 学生对本任务的整体实施过程进行评价□	互 评 小组之间分别对任务结果进行评价□	师 评 教师对小组进行点评，提出不足与优点□

任务单6-4 变电站监控系统的常见故障必须能及时判断并处理，以保证监控数据信息的准确性与实时性。通信中断时，应判断装置是保护装置异常还是站内计算机网络异常，对计算机网络异常引起的通信中断，处理时不得对该保护装置进行断电复位。

任务单 变电站监控系统的故障分析与处理			
任务内容	（1）分析监控系统遥控执行不成功的原因并处理 （2）根据故障现象，分析遥信数据不刷新的原因 （3）分析并处理监控机"死机"现象		
任务资源	（1）监控系统的规格书及相应的保护测控装置的说明书 （2）变电站综合自动化系统设备一套		
任务目标	（1）掌握监控系统的简单故障的处理 （2）掌握监控系统软件死机的处理 （3）掌握监控系统硬件故障的原因分析原则		
任务实施要求	（1）小组合作完成本任务，小组长负责分工与督促组员，共同讨论完成任务 （2）明确所需设备、图纸与任务内容 （3）小组讨论并提交任务记录纸		
检查与评价	自 评 学生对本任务的整体实施过程进行评价□	互 评 小组之间分别对任务结果进行评价□	师 评 教师对小组进行点评，提出不足与优点□

项目七　变电站综合自动化系统的管理　任务单

任务单 7-1　变电站综合自动化系统的运行管理与使用维护。

任务单　变电站综合自动化系统的运行维护			
任务实施说明	（1）查找专业文件，说明综合自动化系统的运行管理规定和使用注意事项 （2）结合现场装置，对综合自动化系统部分项目进行维护，说明综合自动化系统的维护方法 （3）小组总结综合自动化系统的运行管理规定和使用维护方法		
任务资源	（1）综合自动化装置一套 （2）系统及相应的保护测控装置的说明书		
知识要求	（1）掌握综合自动化系统的运行管理规定 （2）掌握综合自动化系统的使用注意事项 （3）掌握综合自动化系统的巡查项目及维护方法		
任务实施心得			
任务评价	教师检查、评价任务实施过程中学生应用知识情况、任务实施质量、团队协作情况		
	任务实施评价	任务汇报评价	团队协作评价	第＿＿＿小组评分

任务单 7-2　变电站综合自动化系统的调试。

任务单　变电站综合自动化系统的调试			
任务实施说明	（1）做好调试前的准备工作 （2）结合现场装置，对综合自动化系统装置部分功能（投入运行后的装置可进行调试的功能）进行调试，对综合自动化系统需要调试的内容进行核对 （3）小组总结综合自动化系统的调试内容和调试要求		
任务资源	（1）综合自动化装置一套 （2）系统及相应的保护测控装置的说明书		
知识要求	（1）掌握综合自动化系统调试前的准备工作 （2）掌握综合自动化系统的调试内容 （3）掌握综合自动化系统的调试要求		
任务实施心得			
任务评价	教师检查、评价任务实施过程中学生应用知识情况、任务实施质量、团队协作情况		
	任务实施评价	任务汇报评价	团队协作评价	第＿＿＿小组评分

任务单 7-3 提高综合自动化系统的可靠性措施认知。

任务单　提高综合自动化系统的可靠性措施认知	
任务实施说明	(1) 结合现场设备，说明提高综合自动化系统可靠性的硬件措施 (2) 讨论、总结提高综合自动化系统可靠性的软件措施 (3) 查找资料，说明、总结系统自动检错技术 (4) 提高综合自动化系统可靠性的其他措施认知
任务资源	(1) 综合自动化装置一套 (2) 系统及相应保护测控装置的说明书
知识要求	(1) 了解系统的干扰源及干扰对系统的影响 (2) 掌握综合自动化系统提高可靠性的措施
任务实施心得	

任务评价	教师检查、评价任务实施过程中学生应用知识情况、任务实施质量、团队协作情况			
	任务实施评价	任务汇报评价	团队协作评价	第＿＿＿小组评分

ISBN 978-7-5682-8609-1

定价：49.80 元